"十四五"职业教育国家规划教材

"十三五"职业教育国家规划教材

高等职业教育计算机系列教材

# 产品包装设计案例教程
## （第3版）

黄毅英　桂　恬　主　编

黄英琼　刘　凯　黄　韵　副主编

电子工业出版社

Publishing House of Electronics Industry

北京·BEIJING

## 内容简介

本书共分 7 章，介绍了产品包装设计的发展历程、产品包装设计的定义及功能、产品包装设计的分类、产品包装设计的流程、产品包装设计的定位与构思的基础知识，以及产品包装的标志设计及应用案例、产品包装的结构设计及设计方法、产品包装的造型设计及制作案例、产品包装的装潢设计和系列化包装设计，并通过红酒系列化包装设计、茶系列化包装设计、糕点系列化包装设计的案例分析，系统阐述了产品包装设计的知识、需要掌握的技术及应用平面设计软件 Photoshop CC 和 CorelDRAW 进行包装设计图形绘制的方法。通过案例的分析与制作，帮助读者快速掌握产品包装设计的技术和方法。此外，在每章后半部分都提出了相应的实践项目训练要求，体现了"教学做一体化"的课程理念。

本书可作为高等职业院校、高等专科学校相关课程教材及参考书，也可作为产品包装设计人员及爱好者的参考书。

未经许可，不得以任何方式复制或抄袭本书之部分或全部内容。
版权所有，侵权必究。

图书在版编目（CIP）数据

产品包装设计案例教程 / 黄毅英，桂恬主编. —3 版. —北京：电子工业出版社，2023.1

ISBN 978-7-121-44720-4

Ⅰ. ①产… Ⅱ. ①黄… ②桂… Ⅲ. ①产品包装－包装设计－高等学校－教材 Ⅳ. ①TB482

中国版本图书馆 CIP 数据核字（2022）第 241151 号

责任编辑：徐建军　　　　特约编辑：田学清
印　　刷：北京缤索印刷有限公司
装　　订：北京缤索印刷有限公司
出版发行：电子工业出版社
　　　　　北京市海淀区万寿路 173 信箱　　邮编：100036
开　　本：787×1 092　　1/16　　印张：17　　字数：413.71 千字
版　　次：2012 年 8 月第 1 版
　　　　　2023 年 1 月第 3 版
印　　次：2025 年 1 月第 9 次印刷
印　　数：3 000 册　　　　定价：68.00 元

凡所购买电子工业出版社图书有缺损问题，请向购买书店调换。若书店售缺，请与本社发行部联系，联系及邮购电话：（010）88254888，88258888。
质量投诉请发邮件至 zlts@phei.com.cn，盗版侵权举报请发邮件至 dbqq@phei.com.cn。
本书咨询联系方式：（010）88254570，xujj@phei.com.cn。

# 前言

在漫长的历史长河中，包装伴随着人类社会文明的不断进步、更新、变化发展而产生，并随着时代的发展不断变化。包装的产生起源于原始社会为了储存食物与携带食物而产生的原始包裹，当今社会互联网和电子商务飞速发展，新技术、新形态促进了新商业贸易形式的发展，产品的流通以更快速和便捷的方式进行，对产品包装的保护、运输及展示功能有了更高的要求。为满足更多的商品流通要求，产品生产者、各级产品经销商、网络创业者、自媒体经营者等各种不同类别有可能参与产品营销的群体，对产品包装设计的知识和技能均有了更广泛和迫切的学习需要。

我国具有丰富的产品资源和活跃的交易市场，这些天然的产品资源由于销售渠道的限制，往往达不到理想的预期销售目标。市场调研显示，产品包装、物流条件及宣传效果不理想是大多数产品无法在电子商务市场上提升销量的主要原因。因此，本书以商业产品包装作为载体，详尽介绍了产品包装设计的基础方法和技能，并通过相应的案例分析，让读者既掌握产品包装设计的基础知识，又能够通过实际训练掌握产品包装设计的方法和技术，适应高等职业教育理论结合实践，以技能训练为目的的教学目标。本书选取的案例大多源自国内产品包装设计行业优秀案例，让读者既掌握产品包装设计的基础知识，又能够通过实际训练掌握产品包装设计的方法和技术。案例主要围绕产品包装设计领域的新技术新产业，案例内容积极向上，在培养学生技能水平的同时，更加注重为学生讲好中国故事、传播好中国声音。

本书注重思政育人，挖掘思政元素融入教材，每个项目任务设置有"思政目标"栏目，体现思政教学目标，同时适应高等职业教育理论结合实践、技能训练的教学目标。以商业产品包装作为载体，详尽介绍了产品包装设计的基础方法和技能，创新思维，以适应高等职业教育人才建设需求。让学生在学习过程中，充分认识到我国发展独立性、自主性、安全性的重要性，激发爱国情怀。

本书为强化现代化建设人才支撑，秉持"尊重劳动、尊重知识、尊重人才、尊重创造"的思想，以人才岗位需求为目标，突出知识与技能的有机融合。本书在编写过程中，笔者深入产品生产、营销、设计企业，进行岗位调研，与相关企业共同制定了教材内容目录，根据产品包装相关标准对内容及知识点进行编排，并得到了企业人士提供的参与意见及相关的素材资料支持，在此表示感谢。

本书由广西经贸职业技术学院的教师组织编写，由黄毅英、桂恬担任主编，由黄英琼、刘凯、黄韵担任副主编。全书由黄毅英制定编写大纲及整体写作风格。其中，第 1 章、第 4 章由黄毅英、黄韵编写，第 2 章和第 3 章由黄英琼、桂恬编写，第 5 章由刘凯编写，第 6 章和第 7 章由桂恬、黎强编写，所有参加编写的人员皆为专业教师及企业从事产品包装设计的设计人员，具有丰富的教学经验和行业设计经验。

为了方便教师教学，本书配有电子教学课件及相关教学资源，请有此需要的教师登录华信教育资源网（www.hxedu.com.cn）注册后免费进行下载，若有问题，可在网站留言板留言或与电子工业出版社联系。

在编写过程中，编者参考了部分网络资源及同类著作，在此对相关作者表示感谢。由于篇幅有限，未能一一列出，敬请见谅。

编　者

# 目录

## 第1章 产品包装设计理论基础 ... 1

### 1.1 产品包装设计概述 ... 1
- 1.1.1 产品包装设计的发展历程 ... 1
- 1.1.2 产品包装设计的定义及功能 ... 5

### 1.2 产品包装设计的分类 ... 8
- 1.2.1 按包装材料分类 ... 8
- 1.2.2 按产品价值分类 ... 9
- 1.2.3 按包装容器分类 ... 10
- 1.2.4 其他分类 ... 11

### 1.3 产品包装设计的流程 ... 11
- 1.3.1 市场调研 ... 11
- 1.3.2 设计定位 ... 16
- 1.3.3 设计技术和工艺 ... 16
- 1.3.4 设计流程 ... 16

### 1.4 产品包装设计的定位与构思 ... 17

思政园地 ... 21

实训 ... 21

## 第2章 产品包装的标志设计 ... 23

### 2.1 产品标志概述 ... 24
- 2.1.1 产品标志的概念 ... 24
- 2.1.2 产品标志的功能 ... 24
- 2.1.3 产品标志的分类 ... 25
- 2.1.4 产品标志的表现形式 ... 28

### 2.2 产品标志设计 ... 29
- 2.2.1 产品标志设计的原则 ... 29
- 2.2.2 产品标志设计的步骤 ... 30

## 2.3 设计实例 ........................................................................................................... 31
### 2.3.1 广西创美电器有限公司的标志设计 ........................................................... 31
### 2.3.2 跟斗云商务秘书有限公司的标志设计 ....................................................... 34
## 思政园地 ................................................................................................................... 36
## 实训 ........................................................................................................................... 36

# 第3章 产品包装的结构设计 ................................................................................. 37
## 3.1 包装结构设计概述 ........................................................................................... 38
### 3.1.1 包装结构设计的概念 ................................................................................... 38
### 3.1.2 包装结构设计的功能 ................................................................................... 38
### 3.1.3 包装结构设计的原则 ................................................................................... 38
## 3.2 常见的包装结构 ............................................................................................... 39
## 3.3 纸包装的结构设计 ........................................................................................... 42
### 3.3.1 纸包装概述 ................................................................................................... 42
### 3.3.2 纸盒包装结构的分类 ................................................................................... 42
### 3.3.3 折叠纸盒包装设计的原则 ........................................................................... 44
## 3.4 常见的纸盒的结构设计 ................................................................................... 45
### 3.4.1 管式折叠纸盒的结构设计 ........................................................................... 45
### 3.4.2 盘式折叠纸盒的结构设计 ........................................................................... 49
### 3.4.3 管盘式折叠纸盒的结构设计 ....................................................................... 52
### 3.4.4 其他形式折叠纸盒的结构设计 ................................................................... 53
### 3.4.5 粘贴（固定）纸盒的结构设计 ................................................................... 57
## 3.5 设计实例 ........................................................................................................... 59
### 3.5.1 桂花茶包装的设计 ....................................................................................... 59
### 3.5.2 青梅酒包装的设计 ....................................................................................... 67
### 3.5.3 桃酥包装的设计 ........................................................................................... 78
## 思政园地 ................................................................................................................... 91
## 实训 ........................................................................................................................... 92

# 第4章 产品包装的造型设计 ................................................................................. 93
## 4.1 造型设计概述 ................................................................................................... 93
### 4.1.1 容器造型设计的基本要求 ........................................................................... 93
### 4.1.2 容器、造型与造型设计的定义 ................................................................... 94
### 4.1.3 产品包装容器造型的分类 ........................................................................... 95
## 4.2 产品包装造型的构成及遵循的艺术规律 ....................................................... 97
### 4.2.1 产品包装造型的构成 ................................................................................... 97
### 4.2.2 产品包装遵循的艺术规律 ........................................................................... 99
### 4.2.3 实例制作 ..................................................................................................... 102

  4.2.4 造型设计作品欣赏 ............................................................................................ 124
 4.3 设计实例 ........................................................................................................................ 124
  4.3.1 绘制造型线形图 ................................................................................................ 124
  4.3.2 绘制造型效果图 ................................................................................................ 129
  4.3.3 制作容器的石膏模型 ........................................................................................ 137
  4.3.4 制模作品 ............................................................................................................ 138
 思政园地 ..................................................................................................................................... 139
 实训 ............................................................................................................................................. 139

## 第5章 产品包装的装潢设计 ............................................................................................ 141
 5.1 包装装潢设计概述 ........................................................................................................ 141
 5.2 产品包装的色彩设计 .................................................................................................... 142
  5.2.1 色彩技巧的把握 ................................................................................................ 142
  5.2.2 包装装潢色彩的构成 ........................................................................................ 146
 5.3 产品包装的图形设计 .................................................................................................... 149
  5.3.1 决定包装图形的因素 ........................................................................................ 149
  5.3.2 包装设计图形要素 ............................................................................................ 151
  5.3.3 包装图形的表现形式 ........................................................................................ 153
  5.3.4 出口包装的设计 ................................................................................................ 155
 5.4 产品包装的文字设计 .................................................................................................... 156
  5.4.1 文字与字体 ........................................................................................................ 156
  5.4.2 文字在包装设计中的应用 ................................................................................ 164
  5.4.3 文字在包装设计中的编排 ................................................................................ 166
 5.5 产品包装的构图设计 .................................................................................................... 167
  5.5.1 构图的根本任务 ................................................................................................ 167
  5.5.2 构图的基本要求 ................................................................................................ 167
  5.5.3 构图技巧的把握 ................................................................................................ 167
  5.5.4 常见的构图类型 ................................................................................................ 170
 5.6 设计实例 ........................................................................................................................ 176
 思政园地 ..................................................................................................................................... 177
 实训 ............................................................................................................................................. 177

## 第6章 系列化包装设计 ........................................................................................................ 178
 6.1 系列化包装设计概述 .................................................................................................... 178
  6.1.1 系列化包装设计的概念 .................................................................................... 179
  6.1.2 系列化包装设计的应用 .................................................................................... 179
 6.2 设计实例 ........................................................................................................................ 180
 思政园地 ..................................................................................................................................... 185

实训 ........................................................................................................... 185

## 第7章　产品包装设计的案例制作 ........................................................... 186

### 7.1　红酒系列化包装设计 ........................................................................ 186
　　7.1.1　设计背景 ................................................................................ 186
　　7.1.2　设计定位 ................................................................................ 187
　　7.1.3　制作一个红酒包装 .................................................................... 187
　　7.1.4　其他款式包装效果的制作1 .......................................................... 199
　　7.1.5　其他款式包装效果的制作2 .......................................................... 201
　　7.1.6　红酒系列化包装陈列 .................................................................. 204

### 7.2　茶系列化包装设计 ............................................................................ 206
　　7.2.1　设计背景 ................................................................................ 206
　　7.2.2　设计定位 ................................................................................ 207
　　7.2.3　设计实例 ................................................................................ 208

### 7.3　糕点系列化包装设计 ........................................................................ 232
　　7.3.1　设计定位 ................................................................................ 232
　　7.3.2　设计实例 ................................................................................ 232

　思政园地 ........................................................................................... 262
　实训 ................................................................................................. 262

## 参考文献 ........................................................................................... 264

# 第 1 章 产品包装设计理论基础

本章就产品包装设计的发展历程，现代产品包装设计的定义及功能，产品包装设计的分类及现代包装的材料，产品包装设计的流程及市场定位分析等问题，以农产品流通及销售过程中的包装设计为载体，进行分析概括，并配以实例进行说明，让读者充分理解现代产品包装设计的基础知识，为产品包装设计实践打下基础。

### 要点

- ◇ 产品包装设计的发展历程
- ◇ 产品包装的定义及功能
- ◇ 产品包装设计的分类
- ◇ 产品包装设计的流程
- ◇ 产品包装设计的定位与构思

### 重点内容

- ◇ 了解产品包装设计流程，掌握产品包装设计定位与构思的方法。

## 1.1 产品包装设计概述

### 1.1.1 产品包装设计的发展历程

从原始的食品包裹到现代商业包装设计，产品包装经历了原始包装萌芽阶段、古代器物包装阶段、近代工业包装阶段、现代商业包装阶段 4 个阶段。

### 1. 原始包装萌芽阶段

原始社会的产品包装处于包装设计的萌芽时期，即产品的包裹阶段。随着对工具的使用，人类开始有了部分剩余食物，为了便于移动、存储食物，人们开始用植物叶、果壳、兽皮、贝壳、龟壳、竹筒、骨管等物品来盛装、转移食物和饮水。这些几乎没有经过技术加工的动、植物的某部分，被用来盛放和存储生活必需品，就是原始形态的包装。虽然它不能算真正意义上的包装，但从包装的含义来看，它已是萌芽状态的包装。

此阶段的包装完全采用天然材料，就地取材，加工简单，成本低廉，适合短程、少量物资的转运。由于部分原始包装自然材料不可替代的特点，其一直被沿用到现代生活，如在我国广西的少数民族地区，用竹叶包粽子（见图 1-1）、用芭蕉叶包糍粑、用竹筒煮饭等。

图 1-1　用竹叶包粽子

### 2. 古代器物包装阶段

古代器物包装阶段历经了人类原始社会后期、奴隶社会、封建社会的漫长过程。农业和手工业的社会大分工促进了产品交换的发展，这时人类开始以多种材料制作的器物作为产品的生产工具和生活用具。对自然材料的深加工促使人工材料产生，特别是陶瓷、漆器、金属材料、纸张的出现，推动了包装的进步。

此阶段的包装适应了日益扩大的产品流通和市场销售。同时，结合产品内容、性质与消费需求，此阶段开始注重对包装方式和人造材料的选择应用，主要为了保护大批量的产品在长途运转过程中不受损，同时达到美化产品的功能要求。为此，这个时期的包装容器在材料、技术和造型上都有一定的特点。

从包装材料上看，彩陶（见图 1-2）、青铜器（见图 1-3）的相继出现，以及造纸术的发明，使得包装水平有了明显提高。

图 1-2　彩陶　　　　　　　　　图 1-3　青铜器

从包装技术上看，这个时期已经采用了透明、遮光、透气、密封和防潮、防腐、防虫、防震等技术，以及便于封启、携带、搬运的一些方法。

中国先秦典故《买椟还珠》（见图 1-4），说明了我国早在先秦时期就有了对产品进行精致包装的意识。

从造型上看，世界各地的包装工艺不断发展，这个时期已经掌握了对称、均衡、统一、变化等形式美的规律，并采用了镂空、镶嵌、堆雕、染色、涂漆等装饰工艺，使包装不仅具有容纳、保护产品的实用功能，而且具有审美价值，如图 1-5 所示。

图 1-4　先秦典故《买椟还珠》

图 1-5　北宋划花人物纹执壶

广西钦州坭兴陶（见图 1-6）使用了一种传统民间工艺。据史志记载："我钦陶器，谅发明于唐以前，至唐而益精致。"江苏宜兴紫砂陶、云南建水紫陶、广西钦州坭兴陶、重庆荣昌安富陶并称"中国四大名陶"，共同体现了这个时期包装及制陶技术的特点。

### 3. 近代工业包装阶段

自 18 世纪中期到 19 世纪晚期，西方经历了两次工业革命，先后出现了蒸汽机、内燃机，使电力得到广泛使用，人类的社会生产力成倍增长，产品贸易迅速发展，这使得大规模、远距离的产品在运输过程中需要有产品包装。

对产品包装的大量需求使一些发展较快的国家开始形成机器生产包装产品的行业，包装设计从传统手工生产向

图 1-6　坭兴陶入选世博会产品

机械工业包装过渡。在电力得到广泛应用后，机器生产包装行业成为一个独立行业，包装进入一个新的发展阶段，主要表现在印刷、造纸、容器制造等方面生产机械的发展。

在包装材料上，除继续采用陶瓷、木材和一些天然材料外，随着塑料的出现和陆续发明，人们已经开始使用新材料。18 世纪发明了马粪纸及纸板制作工艺，出现了纸制容器（见图 1-7），19 世纪初发明了用玻璃瓶（见图 1-8）和金属罐（见图 1-9）保存食品的方法。

图 1-7　瓦楞纸箱包装

图 1-8　可口可乐玻璃瓶包装的演变

图 1-9　金属罐包装

图 1-10　冲压密封的王冠盖

在包装技术上，各种容器的密封技术更为完善。16世纪中期，欧洲已普遍使用了锥形软木塞密封包装瓶口。17世纪60年代，香槟酒问世时就是用绳系瓶颈和软木塞封口。到 1856 年，发明了加软木垫的螺纹盖。1892 年，又发明了冲压密封的王冠盖（见图 1-10），使密封技术更简捷可靠。

同时，近代包装开始注重产品包装的标识作用。1793 年，西欧国家开始在酒瓶上贴挂标签。1817 年，英国药商行业规定对有毒物品的包装要有便于识别的印刷标签等。

### 4. 现代商业包装阶段

进入 20 世纪以后，伴随着产品经济的全球化扩展和现代科学技术的高速发展，包装的发展也进入了全新时期，如图 1-11 所示。

第二次世界大战以后，随着经济飞速发展，超级市场相继出现。20 世纪 50 年代至 60 年代，世界范围的经济复苏使超级市场得到了普遍的发展，人们对包装设计商业化的重视程度也发生了变化。从 20 世纪中后期开始，国际贸易飞速发展，包装被世界各国重视，大约 90%的产品需要经过不同程度、不同类型的包装，包装已成为产品生产和流通过程中不可缺少的重要环节。

目前，电子技术、激光技术、微波技术被广泛应用于包装工业，包装设计实现了计算机辅助设计（CAD），包装生产也实现了机械化与自动化生产。专用礼盒包装如图 1-12 所示。

图 1-11　1913 年的香烟包装设计

图 1-12　专用礼盒包装

**5. 互联网和电子商务时代包装阶段**

随着互联网的高速发展，互联网与传统行业深度融合带来了新的发展，电子商务在我国也得到出巨大的发展，产品的消费需求呈现出多维特征，产品包装的概念和价值需要重新认识，网络购物的特殊性使产品包装设计进入一个全新的互联网阶段。

电子商务中的产品包装与普通包装最大的区别是，直接对产品本身的选择，而不是通过产品的包装进行选择。产品包装设计的画面、颜色等更应该符合网上购物人群的喜好与审美，同时要考虑到物流运输中包装材质、大小、包裹质量问题等，耐用性、可持续性和易用性是在设计电子商务产品包装期间主要需要考虑的问题。

## 1.1.2　产品包装设计的定义及功能

从产品包装设计的发展历程中可以看出，产品包装设计从最初的产品包裹需求演变到现代包装的商业化功能，定义、功能均有了新的内涵。

包装设计是以产品的保护、促销、使用便利为目的，将科学、社会、艺术、心理等要素综合起来的专业技术，内容包括造型设计、结构设计、装潢设计等。

现代产品包装设计具有多种功能，其中最主要的是以下 3 种功能。

**1. 保护功能**

保护功能是产品包装的主要功能。对产品的包装不仅要防止由外到内的损伤，而且要防止由内到外产生的破坏。保护产品既要保护产品各种物理性的损坏，如防冲击、防震动、耐压等，又要保护产品各种化学性及其他方式的损坏。例如，化学品的包装如果达不到要求导致渗漏，则会对环境造成破坏；啤酒瓶的深色包装可以保护啤酒免受光线的照射，不变质（见图 1-13）；各种复合膜的包装可以在防潮、防光线辐射等方面同时发挥作用（见图 1-14）。

图1-13　凯旋1664啤酒包装

图1-14　复合膜包装

此外，包装对产品的保护还有一个时间的问题，有些包装需要提供较长时间甚至几十年不变的保护，如葡萄酒包装（见图1-15），而有些包装则可以运用简单的方式设计制作，用完可以很容易销毁，如大米包装（见图1-16）。

图1-15　葡萄酒包装

图1-16　大米包装

保护功能，是产品包装设计的过程中应该首先考虑的因素。

### 2. 促销功能

对于产品的流通来说，保护功能是它的首要功能；而对于产品的销售来说，包装设计的首要功能则是其促销功能。

图1-17　超市中的特产专区

随着当今社会中物质生产的高速发展和社会生产的不断扩大，市场中同类产品的竞争日益激烈，超市自选成为人们购买产品的普遍途径。而在现代超市中，标准化生产的产品云集在货架上，不同厂家的产品依靠各自的包装展现自己的特色。这些包装都以精巧的造型、醒目的商标、得体的文字和明快的色彩等艺术语言宣传自己（见图1-17）。

促销功能以美感为基础，现代包装要求将"美化"的内涵具体化。包装的形象不但要体现出生产企业的性质与经营特点,而且要体现出产品的内在品质,能够反映不同消费者的审美情趣,满足他们的心理与生理需求。因此,产品包装设计成为大多数生产企业 VI 设计中主要的应用要素之一。

3. 便利功能

便利功能即便于运输与装卸,便于保管与储藏,便于携带与使用,便于回收与废弃处理。便利功能要求在产品包装设计中,考虑产品在存储和流通过程中的时间、空间及人体工学上的便利性。

(1)时间方便性。科学的包装能为人们的活动节约宝贵的时间,如快餐、易开包装(见图 1-18)等。

(2)空间方便性。包装的空间方便性对降低流通费用至关重要。尤其对于一些产品种类繁多、周转快的超市来说,更是十分重视货架的利用率,因而其更加讲究包装的空间方便性。规格标准化包装(见图 1-19)、挂式包装、大型组合产品拆卸分装等,都能比较合理地利用物流空间。

图 1-18　易开包装

图 1-19　规格标准化包装

(3)符合人体工程学。按照人体工程学的原理,结合实践经验设计的合理包装(见图 1-20),能够省力方便,使人产生一种现代生活的便捷感。

图 1-20　符合人体工程学的包装

## 1.2　产品包装设计的分类

现代产品的种类繁多，形态各异，且功能、作用、外观、内容各有千秋，因此产品包装形式多样。按照产品本身特性、产品包装功能及内涵的不同，对包装进行以下分类。

### 1.2.1　按包装材料分类

按包装材料分类，是包装分类中常用的一种方法。按包装材料分类，产品包装可以分为纸包装、塑料包装、金属包装、玻璃包装、陶瓷包装、木包装、纤维制品包装、复合材料包装和其他天然材料包装等，如图1-21～图1-29所示。

图1-21　纸包装

图1-22　塑料包装

图1-23　金属包装

图1-24　玻璃包装

图 1-25　陶瓷包装

图 1-26　木包装

图 1-27　纤维制品包装

图 1-28　复合材料包装

图 1-29　天然材料包装

## 1.2.2　按产品价值分类

按产品价值分类，产品包装可以分为低档包装、中档包装和高档包装，如图 1-30～图 1-32 所示。

图 1-30　低档包装

图 1-31　中档包装

图 1-32　高档包装

### 1.2.3　按包装容器分类

按包装容器分类，产品包装可以分为软包装、硬包装和半硬包装，如图 1-33～图 1-35 所示。

图 1-33　软包装

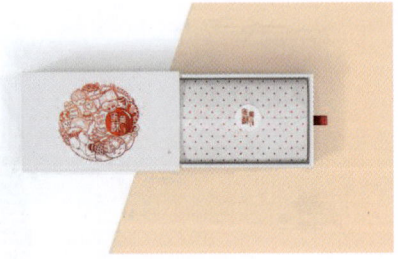
图 1-34　硬包装

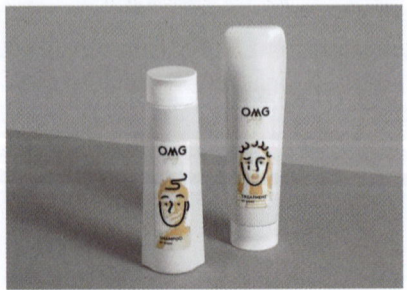
图 1-35　半硬包装

## 1.2.4 其他分类

（1）按包装容器造型的结构特点分类，产品包装可以分为便携式包装、易开式包装、开窗式包装、透明式包装、悬挂式包装、堆叠式包装、喷雾式包装、挤压式包装、组合式包装和礼品式包装等。

（2）按包装在物流过程中的使用范围分类，产品包装可以分为运输包装、销售包装和运销两用包装。

（3）按在包装件中所处的空间地位分类，产品包装可以分为内包装、中包装和外包装。

（4）按包装适应的社会群体分类，产品包装可以分为民用包装、公用包装和军用包装。

（5）按包装适应的市场分类，产品包装可以分为内销包装和出口包装。

（6）按内装物内容分类，产品包装可以分为食品包装、药包装、化妆品包装、纺织品包装、玩具包装、文化用品包装、电器包装、五金包装等。

（7）按内装物的物理形态分类，产品包装可以分为液体包装、固体（如粉状、粒状和块状物）包装、气体包装和混合物体包装。

（8）按产品的特殊用途分类，产品包装可以分为网络包装、个性化定制包装、奢侈品包装等。

## 1.3 产品包装设计的流程

思考：如图 1-36 所示，产品从无包装到销售包装需要经过哪些程序？

图 1-36　加工现场及销售包装

设计者在接到设计任务后，首先，要对设计项目进行市场调研及分析，了解该产品包装设计的目的及各个方面的需求；其次，确立包装设计的设计定位，根据定位绘制草图，进行可行性分析；再次，进行设计创作定稿，完成后打样；最后，交付生产，并进行市场评价和反馈收集活动。

### 1.3.1 市场调研

在进行包装设计创作前，首先要了解包装的相关信息和资料，这就需要进行市场调研。

市场调研既是保证产品包装设计成功、适销对路的关键，又是开阔思路、深化构思必不可少的步骤。市场调研过程可以按照以下步骤进行。

1. 确定调研目的

设计者首先要根据产品与包装的营销性质来确定市场调研的目的，如企业是需要进行新产品推出的包装设计，还是需要对已有产品包装进行改良或扩展。

例如，下面两个产品的包装设计任务有着明显的区别，应根据不同的需要来制定调研的目的。

1. 产品：农业化工产品（农药）
2. 公司名称：××××农业科技有限公司
3. 需要设计的包装尺寸要求

简易袋装：尺寸（长）55cm×（高）72cm　　桶装：尺寸（直径）30cm×（高）40cm

4. 包装上需显示的内容（仅英文及图标）

1）公司名称：××××农业科技有限公司

2）公司商标

3）资质证书

　　　　REACH Pre-registered

HACCP　GMP food hygiene　ISO9001　HALAL　KOSHER

5. 要求

（1）美观、大方、协调。

（2）包装的中间部分需空出来，用于粘贴产品标签。

很明显，这个设计任务的要求是为新产品的推出进行包装设计。在调研中，应根据要求来制定内容和计划。

下面为另一个公司的产品包装设计任务要求。

1. 产品名称：罗汉果苦瓜清汁
2. 内容要点：减肥、瘦身、清脂
3. 设计修改要求

（1）将设计原始稿件中核心图标中的文字"汇特无糖甜"替换为"罗汉果苦瓜清汁"，并对文字进行艺术或创意性设计。要求整体效果和谐，并保持一致。

（2）原始稿件如下。

（3）以原始稿件为蓝本，在保持原始稿件风格的基础上，进行适当发挥与修改。

（4）由于该产品系铁罐包装，因此整体设计要显示出产品的高档，标识及文字要醒目且贴合产品功效，在有较强的视觉冲击力和较高的产品辨识度。

（5）随稿附上立体效果图和创意说明。

这个设计任务的要求是为原有包装进行改造。在调研中，应根据要求来制定内容和计划。

### 2. 制定调研计划

制定调研计划，包括市场调研内容的制定、调研对象的抽样选择、调研方法的选择，以及调研时间、地点及经费预算等。

（1）调研内容的制定。

了解自己要设计的产品的市场情况，包括品种、品牌、销售市场、材料等；了解客户竞争对手的产品包装情况；了解相同产品或同类产品的包装设计的成败情况，以及对销售的影响等因素；了解产品包装现状等基本信息，特别是竞争对手和模仿品牌的设计情况。具体内容如表 1-1 所示。

表 1-1　市场调研内容一览表

| 调查项目 | 主 要 内 容 |
| --- | --- |
| 产品 | a. 市场需求<br>b. 产品文化脉络及定位理念<br>c. 价格定位及策略<br>d. 产品层次及价格差<br>e. 产品时效、地域差异、气候因素<br>f. 市场变化及竞争程度<br>g. 耐用品或日用品、一次性用品、馈赠礼品<br>h. 宗教因素、民俗习惯 |
| 销售市场 | a. 消费者的购买行为、方式、途径<br>b. 相同类型产品在市场上的特点及差异，如销售模式、销售区域、销售环境、陈列方式、促销手段、广告支持等 |
| 目标消费者的相关背景 | a. 年龄结构<br>b. 受教育程度<br>c. 家庭结构<br>d. 经济收入<br>e. 民族类别<br>f. 性别差异 |
| 消费者的行为及意向 | a. 产品的购买（自主购买、代理购买）及使用<br>b. 产品的知名度及市场占有率<br>c. 对产品的印象<br>d. 对产品的忠诚度<br>e. 对包装及材质的感受<br>f. 对产品销售服务态度的反应 |
| 同类产品的包装设计信息 | a. 包装材质<br>b. 包装造型结构<br>c. 包装尺寸<br>d. 印刷方式<br>e. 包装定位 |

(2) 调研对象的抽样选择。

根据市场调研的目的，选择符合条件的市场活动参与者，如性别、文化水平、收入水平、职业、购买行为等方面符合条件的消费者，选定样本的数目作为调研对象实施有效的市场调研。例如，选定产品现有的主要消费群体中的部分消费者或同类产品的部分消费者作为调研对象。

(3) 调研方法的选择。

调研方法可以分为直接调研法和间接调研法。直接调研指为当前特定的目的收集一手资料和原始信息的过程，常用的直接调研法有观察法、专题讨论法、问卷法和实验法；间接调研指二手资料的收集，二手资料的来源很多，如政府出版物、公共图书馆、大学图书馆、贸易协会、市场调查公司、广告代理公司和媒体、专业团体、企业情报室等。对于产品包装设计的市场调研来说，常用的调研方法是观察法和问卷法。

观察法指调研人员对产品、竞争产品的包装信息，消费者及其消费行为，市场营销状况等相关调研内容进行的观察、对比和分析。

问卷法指调研人员将调研内容，通过科学的问卷编制方法，制作成调查问卷，向调查抽样对象发放并回收，通过对答卷的分析获取调查结果的方法。

（4）调研时间、地点及经费预算。

① 时间：相对于市场营销的专业市场调研来说，产品包装设计所需的市场调研的内容和深度较浅，因此不适宜进行长时间的调研安排。应根据整个设计任务的时间期限，合理地进行切合实际的工作进度的日程安排。

② 地点：要确定调查地点，应考虑产品面对的消费区域范围，以及包装设计针对不同的销售区域是否有不同的要求，因此调查范围要以此为依据进行设计。

③ 经费预算：在制订计划时，应根据整个产品包装设计任务的总经费支出预算，在坚持调查费用有限的条件下，力求取得较好的调查效果。

在现代信息技术迅速发展和互联网资源不断充实的条件下，编制调研计划，可以充分考虑运用网络资源，获得全面、快捷的信息。

### 3. 实施调研

组织相关人员形成调研小组，按照调研计划组织内容，到实地进行调查或使用网络进行调研，收集相关的数据，并统计分析。

### 4. 撰写调研报告

对调研过程中收集产品包装设计定位所需的各项数据，加以分析、整理，形成产品包装设计的调研报告，为产品包装设计定位提供依据。

规范的市场调研报告，一般包含下列5个部分。

（1）序言。

序言主要介绍研究项目的基本情况，包括扉页和目录或索引。

（2）摘要。

摘要概括地说明本次调研活动获得的主要成果，是调研报告中极其重要的一部分，一般不超过报告内容的20%。

（3）引言。

引言介绍研究进行的背景和目的。

（4）正文。

正文对调研方法、调研过程、调研结果，以及所得结论和建议进行详细叙述或阐述，包括研究方法、调研结果、结论和建议。

（5）附录。

附录呈现与正文相关的资料，以备阅读者参考，包括调查问卷、技术性附录（如统计工具、统计方法）、其他必要的附录（如调研地点的地图等）、原始资料的来源、本次调研获得的原始数据图表。

### 1.3.2　设计定位

　　经过市场调研后，对所要设计的产品及与之相关的生产、销售情况都会有一个比较明晰的印象。此时，设计者要确立产品包装设计的风格和主题，进行不同类型的包装创意设计。

　　设计定位可用文案的形式进行定位，包装是为产品服务的，它的定位是多方面、多角度的，不仅受产品本身的外造型、内结构、材料、色彩的限制，而且和品牌定位、价格定位、销售定位息息相关。

　　设计定位是一个产品包装设计项目成功的基础，影响整个设计的整体效果，因此是产品包装设计课题中重要的内容之一。

### 1.3.3　设计技术和工艺

　　随着工业技术的不断改进，越来越多的新技术、新工艺被运用到产品包装的印刷与制作中，这为包装设计效果呈现提供了技术的保证，如彩色数字印刷技术、喷印技术、3D打印技术等。先进的技术使包装更加绚丽夺目，也使包装显得更加精美、细致、耐看。

　　彩色数字印刷技术的发展，使图像和色彩质量更加优良、可靠，也更加方便。包装喷印工艺为产品包装带来了更多的灵活性，能够满足不同市场的多种需求。它能够将不同的产品编码、不同的客户商标，以及其他市场信息，直接快速地印制在产品包装上，使印刷更具灵活性，且不会增加生产成本。3D打印技术的出现，使得更多复杂、新奇的形态能够完美地实现，使得在产品包装设计中可以创造出更新、更美、更人性化的包装新形态。

　　近几年，由于包装新技术、新工艺的研发产生了许多新的成果。使用离子体蒸汽沉淀技术，能够使瓶内装的食物保持新鲜，并且使塑料瓶在回收时不需要进行特殊处理。新型电子警示包装技术的应用，使得容易腐败的食物在高温下受热而质量不能得到保证时，包装上的传感条可以改变颜色，电子芯片发出警报，让食用者发现食物已变质。同时，电子包装技术也能够为缺乏保鲜措施的食品出口商提供帮助，厂商可以通过卫星跟踪、监督运往海外的食品在运输途中的温度变化，使他们的产品能够安全地出口到国外。

　　总之，无论多么先进的技术和工艺，设计者和生产者在产品包装设计、生产、制作及技术选择的过程中都应该尽可能地降低或减少包装对环境的污染和对人体的危害，以确保绿色生产的全过程，为消费者带来更多的便利，为社会多尽一份责任。

### 1.3.4　设计流程

**1. 根据设计定位绘制草图**

　　包装的创意设计一般通过草图来体现，首先设计者把创作完成的设计草图提交给客户，由客户组织相关人员与设计者共同对草图进行可行性研究论证，然后设计者在此基础上对草图不断加以修正。草图既可以手绘，又可以用计算机绘图软件如 Photoshop、CorelDRAW、Illustrator 等软件进行绘制。无论是手绘还是使用计算机绘图，都需要经过结构及造型设计、装饰纹样设计、色彩效果设计和版式构图设计。这四大部分构成了产品包装设计的主要内容。

2. 设计定稿、出样

只有在通过可行性研究论证后，设计者才可以开始进行创作，并经再审或再修改直至定稿，这样才算完成了包装设计。

把包装设计生产出来后，仍需要设计者先制作印刷制版稿，把文件发排，生产出要使用的印版，然后打样并将其移交客户确认，最后投入生产。

3. 交付生产

包装印刷会涉及多种印刷工艺，如烫金、压凸、上光等。在投入生产前，设计者要根据设计方案进行一些印刷工艺的工作，如进行模切版设计、浮雕压凸版设计和烫金等。在印刷完成后，进行样品核对，确认设计无误后方可进入成型工序，交付生产。

4. 评价反馈

在新包装生产出来后，可以先少批量上市，然后设计者通过市场对包装的评价和反馈，了解新包装的使用情况。对于存在的问题应及时修改，同时为以后的设计积累经验，这样就完成了产品包装设计的全过程。

## 1.4 产品包装设计的定位与构思

产品包装设计的定位，即将产品的销售诉求通过画面的基本信息传递给消费者。定位的主要意义在于把自己优于其他产品的特点强调出来，把他人忽略的部分重视起来，将产品的内在意义与目标消费群体的心理需求契合在一起，确立设计的主题和重点。通俗来说，定位就是明确我是谁、卖什么、卖给谁，构思就是解答这些问题的过程。

产品包装设计的构思，就是要回答"产品包装要表现什么"及"如何表现"这两个问题，可以通过表现重点和角度、表现手法和形式来实现。表现重点和表现角度、表现手法和表现形式构成包装设计的定位与构思的主要内容。

1. 表现重点和表现角度

表现重点和表现角度，主要回答"产品包装要表现什么"这个问题。

表现重点是包装设计中要重点突出的产品的内容信息。

表现角度是确定表现重点后的深化，即按照表现重点的要求，选择相应的图文，表现产品包装需要重点表现的要素。

包装设计要在有限的画面内进行。同时，包装在销售中又应在短暂的时间内被购买者认识。这种限制要求在进行包装设计时不能盲目求全，而要对包装的表现重点和表现角度进行选择，选择的目的是提高销售量。

表现重点指表现内容的集中点与视觉语言的冲击点。包装设计的画面是有限的，这是空间的局限。同时，产品也要在很短的时间内被消费者认可，这是时间的局限。由于时间与空间的局限，设计者不可能在包装上做到面面俱到。这就要求在进行包装设计时把握重点，在有限的时间与空间中打动消费者。总之，不论如何表现，都要以传达明确的内容和信息为重点。

表现重点要求对产品、消费、销售3个方面的有关资料进行比较和选择。一般可以重点突出的内容主要包括产品的品牌、产品本身具有的某种特性（如功能效果、质地属性、产地背景等），以及产品面对的主要使用对象。

对于不同的表现重点，在具体设计时，可以通过不同的角度来表现。如果以品牌为表现重点，应明确是表现商标、牌号形象还是表现牌号具有的某种含义；如果以产品本身为表现重点，应明确是表现产品的外在形象还是表现产品的某种内在属性，如功能、产地等；如果以使用对象为表现重点，应明确是表现对象形象还是表现对象特征。

（1）表现产品的品牌。

具有较高知名度的品牌，可以以商标、牌号为表现重点。它向消费者表明"我是谁"，往往与广告策划配合用于市场竞争。百事可乐、可口可乐的包装设计（见图 1-37），就是以品牌商标定位设计的突出例子。

图 1-37　表现产品的品牌

在角度的选择上，可以选择使用商标、牌号的 VI 形象来表现，也可以使用牌号具有的某种含义来表现，如可以用"百年老号""中华老字号"等品牌本身具有的含义来辅助体现。商标、牌号是产品生产厂家的标志。如果是新设计的商标、牌号，本身就有一个设计定位的问题。对于商标、牌号的设计定位来说，一是应联系产品，二是应联系生产厂家，三是应易认、易记。

（2）表现产品的特性。

具有突出的某种特色的产品或新产品的包装，可以用产品本身作为重点产品的功能效用、质地属性。对于具有地方特色的产品，如旅游地区的纪念产品等，可以重点表现其产地背景，强化产品的纪念意义和产地意义，如图 1-38 所示。

图 1-38　表现产品的产地背景

（3）表现产品的使用对象。

产品的使用对象是在对现代包装设计时必须重视的。忽略了消费者的需求也就谈不上适销对路，应当让消费者感受到这件产品正是为他的需要而生产的。对于针对性强的产品包装设计定位，可以以消费者为表现重点，使消费者一看就明白该产品是为谁生产的，是卖给什么人的。对具有特定消费者的产品包装设计定位，如消费对象是儿童、女性、老年人，或消费对象有特定职业、特定使用需求等，在设计处理上往往采用对应的消费者形象或相关形象为主体，加以体现，如图 1-39 所示。

图 1-39　表现产品的使用对象

2. 表现手法和表现形式

在明确包装设计需要重点表现的元素及表现的角度后，设计者应考虑运用怎样的方法去体现包装所需表达的内容，包装装潢主要就是想方设法地表现产品（内装物）或产品的某种特点。其方法包括表现手法和表现形式。表现手法和表现形式都是解决如何表现的问题。

包装设计的表现手法指包装设计中运用什么类型的图像、文字、色彩、版面去表达产品需要表现的内容；表现形式则指图像、文字、色彩、版面等元素如何具体地在包装设计中运用。

表现手法主要可以分为直接表现和间接表现两大类。

（1）直接表现。

直接表现是将所需表达的重点元素使用图形、文字直接、明了地表述出来，使消费者在看到包装的第一眼时就能了解到包装上表达的产品的相关内容是什么。其常用的方法是运用产品形象摄影图片或运用开窗包装直接表现，如图1-40和图1-41所示。

图1-40　运用产品形象摄影图片直接表现

图1-41　运用开窗包装直接表现

此外，也可以运用辅助性的方式为其服务，这样可以起到烘托主体、渲染气氛、锦上添花的作用。但应切记，当作辅助性烘托主体的形象，在处理中不能喧宾夺主。辅助方式一般用衬托、对比、特写等手法来表现。

直接表现通常在表现重点是内装物本身时使用。这种手法直接将产品推向消费者，使消费者对宣传的产品产生一种亲切感和信任感。通常，运用摄影或绘画等写实技巧，着力突出产品品牌和产品本身最容易打动人心的部位，将产品精美的质地引人入胜地呈现出来，给人以逼真的现实感，以增强包装画面的视觉冲击力。

（2）间接表现。

间接表现是一种较为含蓄的表现手法，在画面上不通过产品本身形象而是借助其他有关事物来表现，即在构思上重点表现产品的某种属性或牌号、意念等。

间接表现通常用在无法进行直接表现的产品包装上，如香水、酒、饮料、洗衣粉等。常用的间接表现手法有比喻、联想和象征等。另外，还有不少包装使用间接表现的方式，尤其是一些高档礼品包装、化妆品包装、药品包装等往往不直接采用联想或寓意手法，而以纯装饰性的手法（即无任何含义）进行表现。

直接表现和间接表现除了可以通过以上所述的手法来实现，还可以互相结合运用。

在对包装设计进行创意构思时，确定了表现手法之后，下面就要考虑表现形式的问题，这仍然属于如何表现的范围。手法是内在的"战术"，而形式是外在的"武器"，是设计表达的具体语言，是具体的视觉传达设计。

## 思政园地

进行产品包装设计，既是一个产品销售的需要，又是一个产品形象的需要。在当前竞争日益激烈的形势下，产品包装设计更要体现出具有时代特色的、鲜明的、积极向上的品牌风貌，以适应消费者不断增长的审美文化需求。

## 实训

完成对家乡农产品包装设计的市场调研，过程如下。

1. 准备工作。
（1）分组，每个小组选定一名组长。
（2）拟定调研计划，包括调研产品、调研内容、调研时间。
2. 调研要求。
（1）收集所选定产品不同种类的包装。
（2）将考察实物进行平面化处理（如拍照）。
（3）记录每个包装的不同的面所展示的信息。
（4）对包装进行文字、图形、色彩分析。
（5）分析产品包装的定位。
3. 撰写调研报告。
（1）根据调研结果撰写调研报告。
（2）将调研报告制作成演示文稿并进行展示。
4. 调研报告内容。
（1）收集基本包装信息。
① 产品：产品的形态、原料、容量，产品的功能，产品的档次级别、价格等。

② 消费：包括消费对象的所有特点及消费需求的变化。
③ 销售：包括产品的销售地区和销售方式。
④ 包装样式：包装的形态、尺寸，以及印刷方式。
（2）包装设计构思。
① 表现重点。
② 表现角度。
③ 表现手法。
④ 表现形式。

# 第 2 章 产品包装的标志设计

随着人类文明的发展，语言、文字、符号、图形等成为人们互相交流的有力手段，它们在现代消费者心目中往往是特定的企业和品牌的象征。标志作为一种用特殊文字或图形构成的传播符号，包含着特殊意义，以精练的形式传达特定的文化或商业内涵，是人们相互交流、传递信息的视觉媒介，也因此成为其拥有者与他人和社会沟通的桥梁，有助于其拥有者树立与传播形象。

标志是产品包装设计中的主要内容之一，是产品包装设计的核心。因为标志给客户的心理暗示是影响产品市场营销的主要因素之一，所以一般的商业性标志更讲究内涵和寓意，忌讳锋利、散乱、不完整。在设计标志时，采用的主题一般有企业名称、企业名称首字母、企业名称含义、企业文化与经营理念、企业经营内容与产品造型、企业与品牌的传统历史或地域环境等。

本章主要概述产品标志产生及发展的历程，产品标志的概念、功能和分类，以及产品标志的表现形式。同时，笔者配合实例将标志设计中体现的具体原则，以及标志设计的详细步骤加以概括，力求在实例中加深读者对相关知识的认识，使其能够独立完成标志设计。

## 要点

◇ 产品标志的概念、功能和分类
◇ 产品标志的表现形式
◇ 产品标志设计的步骤

## 重点内容

◇ 了解产品标志的概念、功能和表现形式等内容，掌握产品标志设计的构思和制作方法。

## 2.1 产品标志概述

标志的来历，可以追溯到上古时代的图腾。那时，每个氏族和部落都选用一种自认为与自己有特别神秘关系的动物或自然物象作为本氏族或部落的特殊标记（即图腾）。例如，女娲氏族以蛇为图腾，夏禹的祖先以黄熊为图腾，还有的氏族以太阳、月亮、乌鸦为图腾。最初，人们将图腾刻在居住的洞穴和劳动工具上，后来图腾作为战争和祭祀的标志，演变成族旗、族徽。国家产生以后，图腾又演变成国旗、国徽。

到 21 世纪，公共标志、国际化标志开始在世界普及。随着社会经济、政治、科技、文化的飞跃发展，经过精心设计而具有高度实用性和艺术性的标志，已被广泛应用于社会的一切领域，对人类社会性的发展与进步发挥着巨大的作用和影响。发展到现在，标志可以说已经成为现代经济的产物。它承载着企业的无形资产，是企业综合信息传递的媒介。标志作为企业 CIS 战略的主要部分，在企业形象宣传的过程中，是应用非常广泛、出现频率非常高，同时也是十分关键的元素。它是所有视觉设计要素的主导力量，是统合的所有视觉设计要素的核心。更为重要的是，在消费者心目中已经将标志与特定企业和品牌视为同一物了。

标志设计则是将具体的事物、事件、场景和抽象的精神、理念、方向通过特殊的图形固定下来，使人们在看到标志的同时，自然地产生联想，从而对企业产生认同。标志与企业的经营紧密相关，是企业日常经营活动、广告宣传、文化建设、对外交流必不可少的元素。随着企业的成长，标志的价值也在不断增长。

### 2.1.1 产品标志的概念

标志是一种视觉识别符号，在生活中犹如语言，起着传递信息的作用。它通过精练的艺术形象，使人一目了然，具有很强的概括性和象征性。标志的英文单词为 Symbol，有符号、记号之意，与"象征"为同一词。标志是一种图形传播符号，将具体的事物、事件、场景和抽象的精神、理念、方向通过特殊的图形固定下来，以精练的形象向人们传达企业精神、产业特点等。

总之，标志指代表特定内容的标准识别符号，是表明事物特征的记号。它以简洁、醒目、易识别的物象、图形或文字符号为直观语言，不仅具有标示、代替之意，而且可以表达意义、情感和指令行动等。

### 2.1.2 产品标志的功能

标志，是标明事物特征的记号。标志的标准符号性质，决定了它的主要功能是象征性、代表性。在心理上，人们习惯于将某一标志与其象征和代表事物的信用、声誉、性质、规模等信息联系起来。标志具有以下功能。

### 1．识别功能

标志表现出产品的个性特点，形象直观，不受语言和文字障碍的约束。

商业标志（简称商标）代表了产品生产或经营企业的信誉，是产品质量的保证，是消费者选择和购买产品时的重要依据。

在当今大生产的社会中，市场上的产品花色品种繁多。在产品的海洋里，消费者只能根据不同的商标，区别同类产品的不同品牌和不同生产厂家，并以此进行比较与选择。商业企业在经营产品时，有些也通过自己的商标表示各自的经营特色。商标的这种作用，是商标取得法律保护的主要依据。在国际贸易中，这种作用也得到了普遍的承认。

### 2．传播功能

标志代表了某组织、某项活动、某企业或品牌的形象和精神。对内，标志使企业增强凝聚力；对外，标志使企业树立企业形象，提高企业的知名度。

对产品及产品的生产和销售企业而言，商标本身就具有信息浓缩的广告作用。同时，商标也有利于强化产品和企业的品牌地位，增加产品对市场的占有率。尤其在现代企业经营策略的 CI 理念中，更强调以商标为核心，构建完整的企业形象识别体系。企业以商标为工具，通过创著名品牌扩大商标的知名度，提高商标的美誉度，从而使商标在激烈的市场竞争中，起到无声的"产品推销员"的促销作用。

### 3．权益保护功能

注册的商标不仅可以使某组织、企业或品牌拥有某标志的知识产权，受到国家商标法的保护，而且可以作为有形资产登入企业账户。

在市场经营活动中，品牌本身就是一种无形资产。商标的知名度、美誉度越高，含金量也就越高。在市场竞争的规则中，产品的生产企业，可以通过注册商标的专用权，有效维护其企业和产品已经取得的声誉、地位。企业可以以注册商标为依据，使用有关商标的法律，保护企业的合法权益和应得的经济利益不受损害。

### 4．审美功能

标志的审美功能指有亲和力、讨人喜欢、耐看、易认易记、有装饰性、让人赏心悦目、给人视觉享受。

标志具有装饰和美化的功能，这一功能在商标的使用中尤为显著。商标在产品包装造型的整体设计中，是一个不可缺少的部分。形式优美的商标可以"画龙点睛"地起到对产品的美化、作用。社会对标志的审美和设计水平，既可以反映出一个国家或一个地区的文化传统和社会意识，又可以从侧面反映出一个国家或一个地区的艺术设计水平。

## 2.1.3 产品标志的分类

在对产品标志进行分类时，可以按照不同的目的与要求将标志划分为不同的类型，以适应不同标志策划与设计的需求。只有分类准确、合理才能为策划提供基础，为设计、制作和使用提供依据,从而达到最佳效果。

1. 从功能上分类

(1) 商业类标志:主要以产品的生产或经营为目的。具有很强商业性的标志,主要作用就是为广告企业带来更大的利益,针对性较强,如图2-1所示。

图2-1　商业类标志

(2) 非商业类标志:不以营利为目的,具有一定的团体性和专业性,具有一定的公益性。如交通类标志、安全类标志、体育类标志等,不仅具有教育意义和象征意义,而且具有社会意义和集体意义。公约类标志和体育类标志如图2-2和图2-3所示。

图2-2　公约类标志

图2-3　体育类标志

2. 从表现形式上分类

(1) 文字类标志:指仅用文字构成的标志。目前,文字类标志在世界各国中使用比较普遍。其特点是简明,便于称谓。

① 汉字标志:使用表示一定含义的词汇,可以使产品购买者产生亲近感。这种商标能

加深产品购买者的印象,并使其直接知道产品的生产者或经营者,很好地树立企业形象,如图 2-4 所示。

图 2-4　汉字标志

② 字母标志：将字母变形设计而成,如图 2-5 所示。

图 2-5　字母标志

③ 数字标志：特点是不落俗套,别具一格,逐渐被一些人认识。使用数字标志。可以收到较好的效果。同时,一些周年庆典标志,也是以数字为主体设计而成的,如图 2-6 所示。

图 2-6　数字标志

④ 组合文字标志：文字商标也有其不足之处,受民族、地域的限制。比如,汉字商标在国外就不便被识别。同样,外文商标在我国也不便被识别。此外,还有少数民族文字,也受到一定的地域限制。因此,在使用民族文字的同时,一般需要加其他文字说明,以便识别,如图 2-7 所示。

图 2-7　组合文字标志

（2）图形类标志：指仅用图形构成的标志。

图形类标志丰富多彩，千变万化，可以采用各种动物、植物，以及几何等图形构成。图形类标志的特点是比较直观，艺术性强，并富有感染力。此外，图形类标志还有一大特点，就是不受语言的限制，不论任何国别任何语言，一般都可以看懂。有些图形类标志一看即可呼出名称，而有些图形类标志即使不能直呼名称，也可以给人留下较深的印象。

① 具象图形标志：以具体、生动的形象特征来象征某种含义。

② 抽象图形标志：以简单、抽象的几何形态构成的标志图形，较多地采用现代的构成形式来进行表现。

③ 象征图形标志：以某些简洁的图形进行艺术处理，表现相关含义，具有较好的艺术象征性。

（3）图文结合类标志：由文字和图形结合构成的标志，能更好地融合文字标志与图形标志的优点。

### 2.1.4　产品标志的表现形式

产品标志的表现形式很多，主要有 3 种。

**1. 具象形式**

具象形式用一个基本的形象表达特定的含义。它以动物、植物、景物等形象进行加工变化，造型基本忠于客观对象的自然形态，将客观对象经过提炼、概括和简化，突出与夸大其本质特征给人以直观的感觉。这种经过艺术加工后的具体形象，与原本对象已有所不同，是现实形象的浓缩与提炼，是一种虽源于生活却高于生活的艺术图形。

这类标志手法直接、明确、一目了然，具有鲜明的形象性，含义清晰，指向明确，易懂、易认、亲切明朗，很容易被人接受。

图 2-8 所示标志由花朵构成，象征着鲜花具有无穷的生命力。

**2. 意象形式**

意象形式以某种物象的形态和意义为基本意念，以影射、示意、暗示的方式表现标志的内容和特点。其关键是把握住某一形象在某一特定情景下具有的特殊意义，准确地表达意念，用独特的视角去挖掘形象的内在特性，使其具有深刻的寓意。这种形式往往有更高的艺术格调、内涵和现代感。

如图 2-9 所示，中国工商银行设计的标志就是利用意象表达出工商银行的内涵，寓意表现清楚、明确。整个中国工商银行标志的设计在单纯中又追求一定的变化。例如，将工字上下断开，这个小小的变化，体现了工商银行会实行对外开放、财路畅通的深刻寓意。这个标志设计极具中国格调，是一种通过汉文字与图像象征方式的结合，准确地表达了设计的内涵。

图 2-8　具象形式的标志　　　　　　图 2-9　意象形式的标志

**3. 抽象形式**

抽象形式以点、线、面、体等造型元素设计而成，以完全抽象的几何图形、文字或符号来表现。它具有深邃的抽象含义、象征意味和神秘感，提供了较大的想象空间，能产生强烈的视觉刺激。这种形式往往具有更强烈的现代感和符号感，易于记忆，但在理解上容易产生不确定性。抽象形式的标志富有象征性，尤其擅长表现事物的本质特征和精神理念等内容。

图 2-10 所示标志将"中国"的英文单词首字母 C 幻化成张口怒吼的形状，吼出了中国人的精神和力量。强烈和动感的图形，准确地传达出了中国铁路高速代表的更加深层的内涵。采用抽象的图形突出了铁道行业。线条既代表着速度，又体现出规范，象征着不断发展，勇往直前。整个标志稳重、厚实，具有强烈的信任感、安全感，节奏富于变化，静中有动、稳中求变。其视觉冲击力强，韵律现代，寓意丰富，便于传播。

图 2-10　抽象形式的标志

## 2.2　产品标志设计

### 2.2.1　产品标志设计的原则

产品标志设计不只是实用物的设计，还是一种图形艺术的设计。它与其他图形艺术的表现手段相比，既有相同之处，又有自己的艺术规律。在进行产品标志设计时，必须体现前述的特点，才能更好地发挥其功能。由于对其简练、概括、完美的要求十分苛刻，即要完美到几乎找不到更好的替代方案，所以其难度比其他任何图形艺术设计都要大。

产品标志设计者应遵循以下 4 条原则。

**1. 富于个性，新颖独特**

品牌标志是用来表达品牌个性的。要让消费者认清品牌的独特品质、风格和情感，标志在设计上就必须与众不同，别出心裁，展示出品牌的个性。在设计标志时，要特别注意避免与其他品牌的标志雷同，更不能模仿他人的设计。创造性是标志设计的根本性原则。要设计出可视性高的视觉形象，就要善于使用夸张、重复、节奏、寓意和抽象的手法，使设计出来的标志易于识别、便于记忆。

**2．简练、明朗，通俗易记**

由于标志是一种视觉语言，要求产生瞬间效应，因此标志设计应简练、明朗、醒目，切忌图案复杂，过分含蓄，构图要凝练、美观、适形，图形、符号既要简练、概括，又要讲究艺术性。这就要求设计者在设计中不仅要体现构思的巧妙和手法的洗练，而且要注意清晰、醒目，适合各种使用场合，做到近看精致、巧妙，远看清晰、醒目，使其从各个角度、各个方向看上去都有较好的识别性。同时，设计者还必须考虑标志在不同媒体上的传播效果或放大、缩小时的视觉效果。

**3．符合美学原理**

标志设计是一种视觉艺术，要符合人们的直观接受能力、审美情趣、社会心理和禁忌，要遵循一定的艺术规律。同时，在设计标志时，要创造性地探求恰当的艺术表现形式和手法，锤炼出精当的艺术语言，这样才能使设计的标志具有高度的整体美感，获得最佳视觉效果。

**4．体现时代精神**

标志是企业同一化的表征，在企业识别系统中，居于核心和领导地位。而时代性又是标志在企业形象树立中的核心。商业标志既是产品质量的保证，又是识别产品的依据。商业标志代表一种信誉，这种信誉是企业几年、几十年，甚至上百年才培植出来的。经济的繁荣、竞争的加剧、生活方式的改变，以及流行时尚的趋势导向等，都要求商业标志必须适应时代。

此外，在设计标志时，还必须考虑它与其他视觉传达要素的组合运用，必须满足系统化、规格化及标准化的要求，形成必要的应用组合规模，以避免非系统性的分散和混乱，产生负面效应。

## 2.2.2　产品标志设计的步骤

标志可以分为企业标志和品牌商标（即产品标志）。标志是企业识别系统的核心，把抽象的企业形象或品牌形象转化成具象的符号，把潜在、无形的观念塑造成具体、有形的图腾。好的标志是企业形象、品牌形象的最佳代言人，具有简明、易认、个性突出、永久性等特征。一个好的标志来之不易，需要创意构想、模拟测试、反复周密地修改和评估，并且还要经受市场的考验。

标志设计一般采用以下4个步骤。

**1．调研分析**

商标、Logo 设计不仅仅是一个图形或文字的组合，而且是依据企业的组成结构、行业类别、经营理念并充分考虑标志接触的对象和应用环境，为企业或产品制定的标准视觉符号。在设计之前，首先要对企业进行全面、深入的调查，包括经营战略、市场分析及企业最高领导人员的基本意愿，这些都是标志设计开发的重要依据。此外，对竞争对手的了解也是这一步骤中的重要内容，标志的重要作用是识别性，需要建立在对竞争环境的充分掌握上。

#### 2. 要素挖掘

要素挖掘是为设计开发工作进行进一步的准备。依据对调查结果的分析，提炼出标志的结构类型、色彩取向，列出标志所要体现的精神和特点，挖掘相关的图形元素，找出标志设计的方向，使设计工作有的放矢，而不是对文字、图形的无目的组合。

#### 3. 设计开发

有了对企业的全面了解和对设计要素的充分掌握，就可以从不同的角度和方向上进行设计开发工作。通过设计者对标志的理解，充分发挥想象，用不同的表现方式，将设计要素融入设计中。标志必须达到含义深刻、特征明显、造型大气、结构稳重，以及色彩搭配适合企业的目的，避免流于俗套或大众化。不同的标志反映的侧重或表象会有所区别，经过讨论分析或修改，可以找出适合企业的标志。

#### 4. 标志修正

提案阶段确定的标志，可能在细节上还不太完善，需要对标志的标准制图、大小修正、黑白应用、线条应用等不同表现形式进行修正，使标志在使用时更加规范。同时，在不同的环境下使用标志时，其特点、结构也不会改变，从而达到统一、有序、规范的传播。

## 2.3 设计实例

标志是应用非常广泛、出现频率非常高的要素，是所有视觉设计要素的主导力量，是所有视觉设计要素的核心。更重要的是，标志在消费者心目中是特定企业、品牌的同一事物。因此，标志的设计不仅要考虑企业的产品，还要注入企业的思想与理念。

### 2.3.1 广西创美电器有限公司的标志设计

#### 1. 要求

本例以广西创美电器有限公司为蓝本，创意设计一款标志。要求该标志能体现该公司的奋斗理念，展现一种健康、积极向上的精神风貌，给人以振奋精神的心理感受，以符合产品的特点和社会的潮流。

### 2. 设计思路

本标志设计采用该公司名称汉语拼音首字母 C 稍做变形，再配以一对飞翔的翅膀寓意企业展翅高飞的远大理想。本例设计制作过程中主要使用 CorelDRAW 软件中的"钢笔"工具绘制图形；色彩上主要运用蓝色与灰色两种色彩，蓝色代表科技，刚好也与该公司产品相匹配。标志设计如图 2-11 所示。

### 3. 操作步骤

（1）启动 CorelDRAW 软件，执行"文件"→"新建"命令，在"创建新文档"对话框中进行设置，如图 2-12 所示。

图 2-11　标志设计

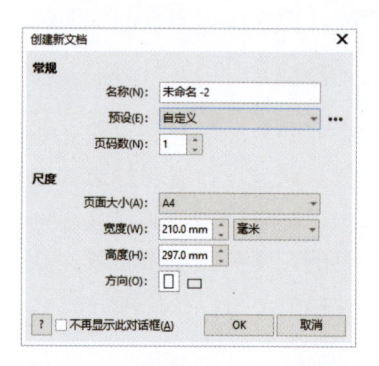

图 2-12　"创建新文档"对话框

（2）选择"钢笔"工具绘制左翅形状，并使用形状工具进行修改，如图 2-13 所示。

（3）选中左翅形状中的一部分，并复制，执行"排列"→"变换"→"比例"→"镜像"命令，对形状进行翻转变形，并使用形状工具进行调整，绘制右翅形状，如图 2-14 所示。

（4）继续使用"钢笔"工具将右翅形状绘制完成，并使用形状工具进行调整，如图 2-15 所示。

图 2-13　绘制左翅形状

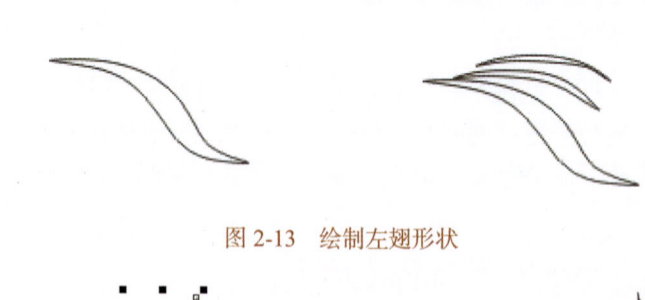

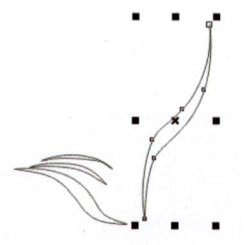

图 2-14　绘制右翅形状

图 2-15　右翅形状绘制完成

（5）使用"文字"工具输入字母 C，字体为 Batang。先将字母 C 设置到适当大小，再将字母 C 转换为曲线，使用形状工具调整成如图 2-16 所示的形状。

图 2-16　制作变形字母 C

（6）打开"对象"对话框，选中图层 1 中的所有对象并复制，新建图层 2，并在图层 2 中粘贴，如图 2-17 所示。

（7）选中图层 1 中所有形状，并将其无轮廓填充为黑色，如图 2-18 所示。

（8）选中图层 2 中所有形状，并将其无轮廓填充为灰色与蓝色，如图 2-19 所示。

（9）先选中图层 2 中所有形状，并单击"选择"按钮，打开"变换"对话框，设置参数如图 2-20（a）所示，然后单击"应用"按钮，将其稍做移动，如图 2-20（b）所示。

（10）输入文字，并画一条蓝色的线，最终效果如图 2-21 所示。

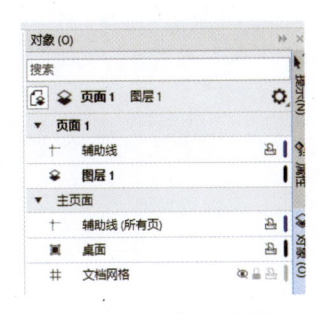

图 2-17　"对象"对话框

图 2-18　填充为黑色

图 2-19　填充为灰色与蓝色

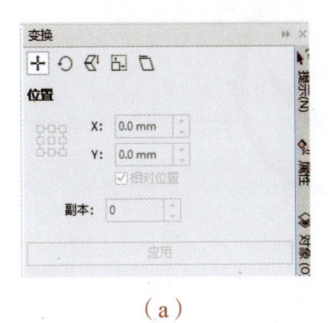

（a）

（b）

图 2-20　制作阴影

图 2-21　最终效果

**注意**：为了更好地运用 Photoshop 等其他软件对已经绘制好的标志进行编辑，最好将文件保存为一个位图文件。转换的方法是选取所有组件，按 Ctrl+G 组合键组合图形，并执行"位图"→"转换为位图"命令，在弹出的对话框中，将"颜色"设置为"灰阶（8位）"，"分辨率"设置为 300dpi。

## 2.3.2　跟斗云商务秘书有限公司的标志设计

### 1. 要求

本例以跟斗云商务秘书有限公司为蓝本，创意设计一款标志，要求该标志能体现公司的特色。正如人类的性格是复杂的一样，公司也必然是一个复杂的组合体，一个成功的企业 Logo 就是把复杂的特征提炼并升华，以形成一个简洁、明了的信息，从而传达出企业的价值。

### 2. 设计思路

本标志设计以公司名称中"跟斗云"的字样转化为云的形状为主要构思，以形状中由远及近的云来展示该公司的办事效率如同"跟斗云"般迅速。在本例的设计制作过程中，主要使用 Photoshop 软件中的"钢笔"工具绘制图形；色彩上以红色为基调，红色代表热情，刚好也与公司的服务与宗旨相匹配。标志设计如图 2-22 所示。

图 2-22　标志设计

### 3. 操作步骤

（1）启动 Photoshop 软件，创建文件，尺寸的设置如图 2-23 所示。

图 2-23 尺寸的设置

（2）新建图层，选择"椭圆"工具并按住 Shift 键在画布中间绘制一个正圆，将正圆填充为无数值，描边为红色，如图 2-24 所示。

（3）新建图层，选择"钢笔"工具，绘制上面的云朵形状路径，并按住 Alt 键对路径进行修改，右击填充路径，填充前景色为红色，如图 2-25 所示。

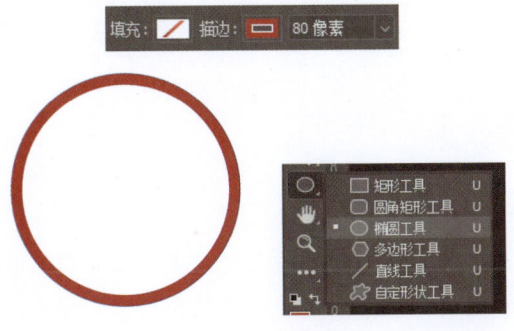

图 2-24　绘制圆

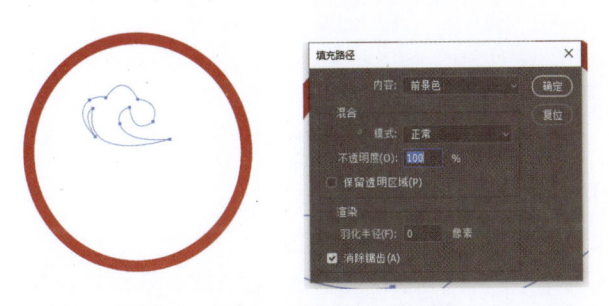

图 2-25　绘制上面的云朵形状路径

(4）新建图层，选择"钢笔"工具，绘制下面的云朵形状路径，并按住 Alt 键对路径进行修改，右击填充路径，填充颜色为红色，如图 2-26 所示。

（5）新建图层，选择"椭圆"工具，并按住 Shift 键在云朵下方绘制一个正圆，右击填充路径，填充颜色为红色，如图 2-27 所示。

图 2-26　绘制下面的云朵形状路径　　　　图 2-27　绘制装饰

（6）最终效果如图 2-28 所示。

图 2-28　最终效果

## 思政园地

由于标志设计使用简洁的文字、图形等表现形式，容易忽略版权的冲突问题，因此在设计过程中，应多比较和观察，注意设计的原创性，树立正确的设计职业道德观，提高责任意识。

## 实训

1. 设计一个运动会上具有本班特色的标志。
2. 为学校的各个专用教室设计一个标志。
3. 为学校的音乐会、艺术节、讲演比赛、故事会、家长会、书法比赛、绘画比赛、校庆等活动各设计一个标志。要求形象鲜明，传递信息准确、独特、美观。

# 第 3 章

# 产品包装的结构设计

包装结构指包装设计产品的各个有形部分之间相互联系、相互作用的技术方式。这些方式不仅包括包装体各个部分之间的关系,如包装瓶体与封闭物的啮合关系、折叠纸盒各个部分的配合关系等,还包括包装体与内装物之间的作用关系、内包装与外包装的配合关系,以及包装系统与外界环境之间的关系。

在学习本章内容之前,读者应了解包装材料、包装机械及包装工艺等方面的知识,掌握造型和装潢设计的基本知识和基本技能,具备一定的审美情趣和鉴赏能力。在学习中,读者要不断加强立体空间物体的想象能力。同时,要加强实践环节的练习,多模仿,多设计,多思考,多创新。

本章内容主要概述包装结构设计的概念、功能及其设计原则,对常见的包装设计结构详细举例,并对纸盒结构进行详细介绍,如粘贴、折叠等内容。通过实例达到对以上内容学习的升华。

## 要点

- ◇ 包装结构设计概述
- ◇ 包装结构设计的分类
- ◇ 常见的纸盒的结构设计

## 重点内容

◇ 了解包装结构设计的分类,以及包装结构设计的具体流程,通过实例掌握产品包装结构设计的实际制作方法。

## 3.1 包装结构设计概述

包装结构指包装设计产品的各个有形部分之间相互联系、相互作用的技术方式。

### 3.1.1 包装结构设计的概念

包装结构设计是从科学的原理出发,根据不同包装材料、不同包装容器的成型方式,以及包装容器各个部分的不同要求,对包装的内、外构造进行的设计。其从设计的目的上主要解决科学性与技术性;从设计的功能上主要体现容装性、保护性、方便性和"环境友好"性,同时与包装造型和装潢设计共同体现展示性与陈列性。

### 3.1.2 包装结构设计的功能

#### 1. 保护功能

保护功能即保护产品使用价值,既是包装的首要功能,又是包装的重要功能。

为了保护被装的产品不被损坏,在进行包装结构设计时必须考虑其所载重量,以及抗压力、振动、跌落等多方面的力学情况,考虑是否符合保护产品的科学性。而决定包装保护功能的主要是结构和材料。好的结构和合适的材料,对于保护产品可以起到决定性作用。

#### 2. 方便功能

方便功能主要体现在方便储运、方便使用和方便销售上。

在设计时,要考虑消费者的实际需要,必须注意以下两点。

(1)在搬运时,要便于携带,在设计上要有手提搬运的形态和构造,如烟、点心盒、电热水瓶等。

(2)在使用时,要便于开启/关闭,如饮料罐的易开装置,小食品袋的封口边上有一个或一排撕裂口,洗发水、沐浴露的按压式结构等。

#### 3. 促销功能

促销功能主要表现在包装件的外观方面,造型和装潢是否符合新潮流将起主要作用。

### 3.1.3 包装结构设计的原则

#### 1. 科学性

科学性原则就是应用先进、正确的设计方法,使用恰当的结构材料及加工工艺,使设计标准化、系列化和通用化，符合有关法规，使产品适应批量机械化自动生产。

### 2. 可靠性

可靠性原则就是包装结构设计应具有足够的强度、刚度和稳定性，在流通过程中能承受住外界多种因素的影响。

### 3. 美观性

美观性原则指包装结构设计应达到造型和装潢设计中的美学要求，包括结构形态六要素和结构形式六法则。

### 4. 经济性

经济性原则是包装结构设计的重要原则，要求合理选择原材料、减少原材料的成本、降低原材料的消耗，并且要求设计程序合理、提高工作效率、降低成本等。

可口可乐的玻璃瓶包装，至今仍为人们所称道。玻璃瓶的设计不仅美观，而且使用非常安全，手握不易滑落。更令人叫绝的是，瓶子的中下部是扭纹型，而瓶子的中段则圆满、丰硕，给人以甜美、柔和、流畅、爽快的视觉和触觉享受。此外，由于瓶子的结构采用"中大下小"的形式，所以当它盛装可口可乐时，会使人感觉分量很多，如图3-1所示。

图3-1　可口可乐的玻璃瓶包装

## 3.2　常见的包装结构

产品的包装结构是多种多样的，而这些结构的形成主要基于产品对包装的需要，包括保护性、销售性、展示性等需要，另外也基于包装材料的特性，包括优越性和可塑性需要。常见的包装结构主要有盒（箱）式结构、罐（桶）式结构、瓶式结构、袋式结构、盘式结构、套式结构、管式结构、篮式结构。

### 1. 盒（箱）式结构

盒（箱）式包装结构是十分常见的一种包装结构形式，根据材料及制作工艺的不同，可以有无数种形态的盒（箱）式结构。盒（箱）式包装结构简单，且盛装效率高，目前已经成为主流的包装结构形式，多用于包装固体状态的产品。其既有利于保护产品，又有利于堆放和运输产品，如图3-2所示。

### 2. 罐（桶）式结构

罐（桶）是用金属、纸、塑料、陶瓷等材料制成的。其包装结构多用于液体或液体与固体混装的产品，如图3-3所示。其密封性好，有利于保鲜；对产品的防护性能好，防水、防潮；耐酸、耐冲击、耐压性能也很好；质量轻，价格低，使用方便，是常见的食品包装，如易拉罐、茶叶罐等。若其配以喷雾阀结构，则可以制成各式喷雾罐，被广泛应用于各个领域。

图 3-2　盒（箱）式结构

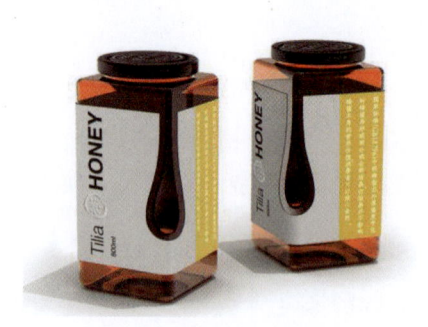

图 3-3　罐（桶）式结构

### 3. 瓶式结构

瓶式结构多用于液体产品。这些产品的包装通常用塑料、玻璃、陶瓷等材料制作而成，特点是密封性比较强、坚固、易加工成各种形状，其中有不少还采用特殊结构。瓶式结构耐水性强且成本价格低廉，被广泛用于化工、医药、日用品、食品等领域。此外，瓶式结构还具有线条流畅、美观实用等优点，如图 3-4 所示。

图 3-4　瓶式结构

### 4. 袋式结构

袋一般采用布、塑料或纸等材料制作而成。袋式结构多用于包装固体产品。容积较大的袋式结构的包装有布袋、麻袋、编织袋等；容积较小的袋式结构的包装有手提的塑料袋、纸袋等，如图 3-5 所示。

### 5. 盘式结构

盘式结构是具有盘形的结构，大多数包装属于此种结构。它用途广泛，如食品点心、杂货、纺织品、成衣、礼品等产品都可以采用这种包装结构，如图 3-6 所示。

图 3-5　袋式结构

图 3-6　盘式结构

## 6. 套式结构

套式结构的包装一般使用布、塑料或纸为材料，多用于包装筒状、条状、片状等产品。例如，伞套、领带套、光盘唱片、卷筒纸套等，如图 3-7 所示。

## 7. 管式结构

管式结构的包装一般由金属软管（如铅、铝、锡、PVC 等）、塑料软管制作而成，以便使用时挤压，不少管式结构的封装盖采用特殊结构。此类包装在化妆品中经常使用，适合灌装液体、膏体等产品，如图 3-8 所示。

图 3-7　套式结构 　　　　　图 3-8　管式结构

#### 8. 篮式结构

篮式结构的包装多用于包装综合性礼品。例如，将一组礼品装在一个精心设计的篮子里，外面再用透明的塑料薄膜或玻璃纸加以包扎，可以形成一个美观、大气又看得见内装物的花篮，多为送礼之用。

## 3.3 纸包装的结构设计

### 3.3.1 纸包装概述

纸质包装制品，简称纸包装。即以纸或以纸为主要材料的包装制品，如纸盒、纸箱、纸袋、纸管、纸罐、纸桶及各种纸浆模塑制品等。此外，还包括近年来出现的纸杯、纸盘、纸碗、纸瓶等。

纸包装是我们日常生活中接触到的十分广泛的一种包装形式。这主要是因为纸材轻便，易于加工，且可以与其他材料复合使用，还可以比较自由地加工成各种所需款式。它表面可以适应多种印刷技术，能较好、较方便地美化纸盒的外观。此外，在销售过程中，纸包装便于运输和携带，使用完成后，也比较容易处理。

当然，纸包装既有优点又有缺点。

#### 1. 优点

（1）原材料丰富、品种多、成本低。
（2）比重轻，比同类容器的塑料盒轻。
（3）生产设备投资非常少。
（4）虽然纸盒式样千变万化，但是不需要更新设备。
（5）装饰性、陈列性非常强。
（6）适应性强，携带、使用、运输方便，生产设备可全部自动化。
（7）废弃无公害，回收可再生利用。

#### 2. 缺点

（1）承重小，只能作为小件或轻物的销售包装。
（2）机械性能差，只能做易损产品的外皮。
（3）没有阻隔性，怕潮。
（4）一次性使用。

### 3.3.2 纸盒包装结构的分类

我们日常接触到的纸盒包装，形状大小不一，且种类繁多，可谓五花八门，琳琅满目。

按照构造方法与结构特点分类,纸盒包装可以分为折叠纸盒和粘贴(固定)纸盒两大类。其中,折叠纸盒又可以分为管式折叠纸盒、盘式折叠纸盒、管盘式折叠纸盒及其他形式折叠纸盒;粘贴(固定)纸盒又可以分为管式粘贴纸盒、盘式粘贴纸盒和组合式粘贴纸盒,如图3-9所示。

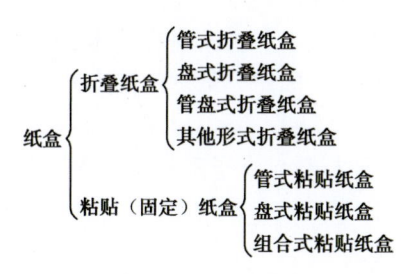

图 3-9　纸盒的分类

## 1. 折叠纸盒

折叠纸盒用厚度为 0.3mm~1.1mm 的耐折纸板制造。白纸板和白卡纸是重要的包装材料,经彩色套印后制成纸盒(见图3-10)。在装运产品之前,可以用平板状折叠堆码进行运输和储存。折叠纸盒有以下特点。

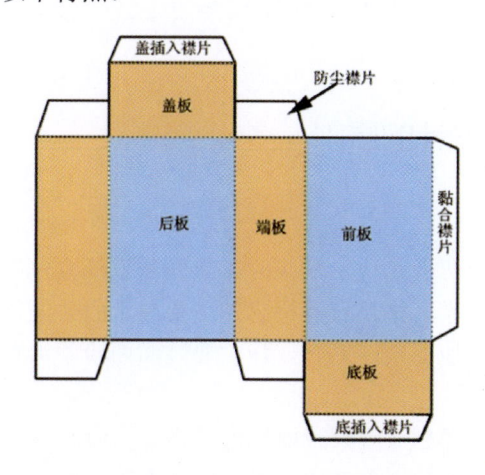

图 3-10　折叠纸盒的结构名称

(1)优点。

① 成本低,强度较好,具有良好的展示效果,适合大、中批量的生产。

② 与粘贴纸盒和塑料盒相比,占用空间小,运输、仓储等流通成本低廉。

③ 在包装机械上的生产效率高,可以实现自动张盒、装填、折盖、封口、集装、堆叠等。

④ 结构变化多,能进行盒内间壁、摇盖延伸、曲线压痕、开窗、展销台等多种处理。

(2)缺点。

① 强度较粘贴纸盒及塑料盒等多种刚性容器低。

② 外观质地不够高雅,不宜作为贵重礼品的包装。

## 2. 粘贴（固定）纸盒

粘贴（固定）纸盒是用贴面材料将基材纸板黏合而成的，成型后不能再折叠成平板状。基材主要选择挺度较高的非耐折纸板，厚度为 0.41mm～1.57mm，常用厚度为 1mm～1.3mm。内衬选用白纸或白细瓦楞纸、塑胶、海绵等。贴面材料品种较多。盒角可以采用胶纸带加固、钉合、纸（布）黏合等多种方式进行固定。表面装潢手段虽然多种多样，但造型与结构的变化不应太大。粘贴（固定）纸盒的特点如下。

（1）优点。
① 可以选用众多品种的贴面材料。盒子高雅、华丽，可以提高产品的身价。
② 防戳穿，保护性好。
③ 堆码强度高，外形稳定。
④ 较为经济，适合小批量订货。
⑤ 具有展示促销功能。

（2）缺点。
① 生产成本高。
② 不能折叠堆码。
③ 贴面材料一般手工定位，印刷面容易偏移。
④ 生产速度低，储运困难。

### 3.3.3　折叠纸盒包装设计的原则

#### 1. 整体设计三原则

（1）整体设计应满足消费者在决定购买时，首先观察纸盒包装的主要装潢面（即包括主体图案、商标、品牌、厂家名称及获奖标志的主要展示面）的需求，或满足经销者在进行橱窗展示、货架陈列及其他促销活动时，让主要装潢面给予消费者十分强的视觉冲击力的需求。

（2）整体设计应满足消费者在观察或取出内装物时由前向后开启盒盖的需求。

（3）整体设计应满足大多数消费者用右手开启盒盖的需求。

#### 2. 结构设计三原则

依据整体设计三原则，纸盒包装的结构设计应遵循以下三原则。

（1）纸盒黏合襟片应连接在后板上。在大多数情况下，纸盒黏合襟片应连接在后板上。在特殊情况下，纸盒黏合襟片可以连接在能与后板黏合的边板上，但绝对不要连接在前板上。

（2）纸盒盖板应连接在后板上（黏合封口式主盖板除外）。

（3）纸盒主要底板一般应连接在前板上。

这样，当消费者正视纸盒包装时，就看不到接缝或由接缝不良而引起的外观缺陷，也不会造成由后向前开启盒盖而带来取包装内装物的不便。

## 3. 装潢设计三原则

依据整体设计三原则，纸盒包装的装潢设计应遵循以下三原则。

（1）纸盒包装的主要装潢面应设计在纸盒前板（管式盒）或盖板（盘式盒）上，说明文字及次要图案应设计在端板或后板上。

（2）当纸盒包装需直立展示时，装潢面应考虑盖板与底板的位置，整体图形以盖板为上，底板为下（此情况适用于内装物为不宜倒置的各种瓶型的包装），开启位置在上端。

（3）当纸盒包装需水平展示时，装潢面应考虑消费者用右手开启的习惯，整体图形以左端为上，右端为下，开启位置在右端。

遵从上述原则在中文与外文图案并存的设计中，内销产品包装的中文图案应作为主要装潢面设计在前板上，而出口产品包装则反之，外文图案应设计在前板上。

"高露洁"牙膏包装盒的设计就很符合折叠纸盒包装设计的原则。它的主色调是暖色，色彩以消费者都非常喜欢的红色作为外包装的主题色彩，在纸盒展开图的每个主展示面板上都展示了"高露洁"的品牌和牙膏的效果，同时在前翻盖和后翻盖上也重点标明了牙膏的特性及产品说明，满足了在货架陈列及其他促销活动时给予消费者十分强的视觉冲击力的需求，如图3-11所示。

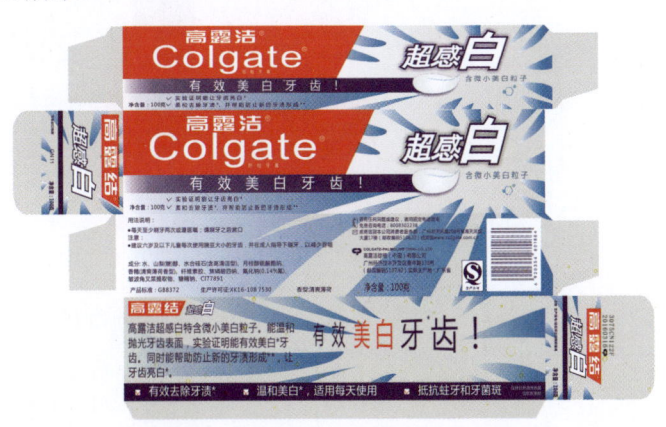

图3-11 "高露洁"牙膏包装盒的设计

## 3.4 常见的纸盒的结构设计

### 3.4.1 管式折叠纸盒的结构设计

管式因开口面较小，形体较高，似管状而得名。管式多为单体结构，展开为一个整体。管式折叠纸盒是在纸盒成型过程中，将纸板按设计要求切裁、压痕后，盒体板沿单向旋转成型，纵接缝黏合或钉合连接，盒盖、盒底用襟片按照一定的结构形式封合的折叠纸盒。

### 1. 管式折叠纸盒的盒盖结构

盒盖是产品内装物进出的门户，盒盖的结构既要便于内装物的装填且在装入后不容易自开，又要便于消费者开启和取出内装物。盒盖有多种结构形式，有些具有多次开启功能；有些只能开启一次，具有防再封功能；有些可在开启后做成POP广告板。管式折叠纸盒的盒盖结构主要有摇盖插入式、黏合封口式、连续折叠式、一次性防伪式等。

（1）摇盖插入式。

摇盖插入式纸盒的盒盖只有 3 个摇翼。主摇翼适当伸长，封盖时插入盒体，具有再封盖的作用。图 3-12 所示为摇盖插入式。在插入式盒盖的摇翼上，可以通过一些小变形来进行锁合，即摇盖插入锁口式，如图 3-13 所示。

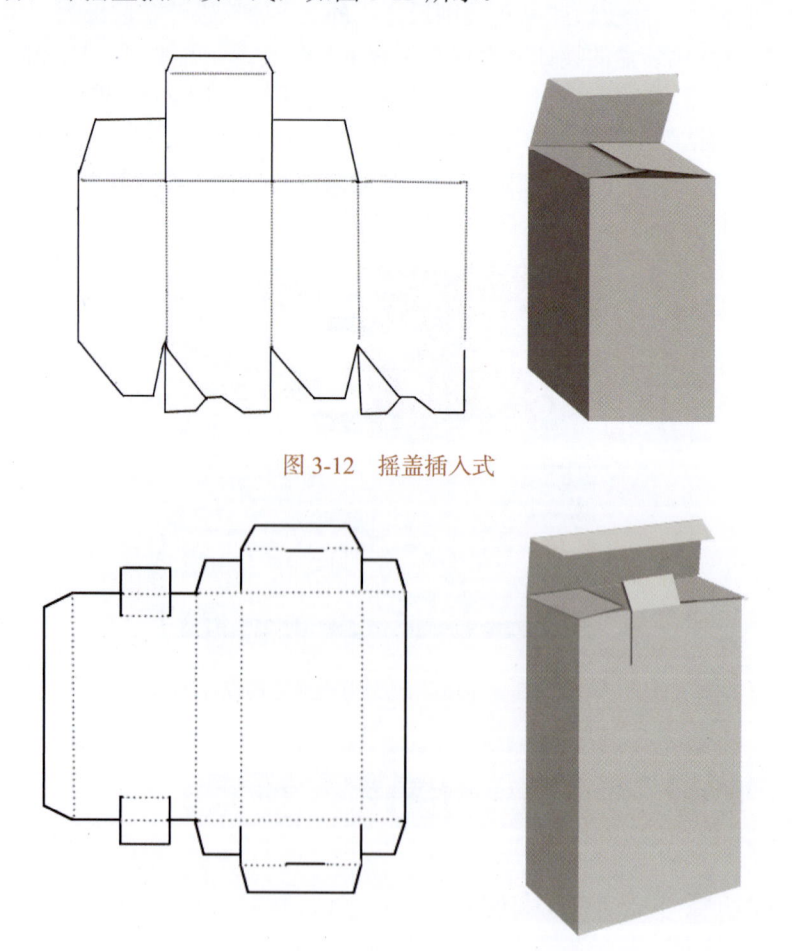

图 3-12　摇盖插入式

图 3-13　摇盖插入锁口式

（2）黏合封口式

黏合封口式（见图 3-14）是将盒盖的 4 个摇翼互相黏合。它有两种黏合方式，一种是双条涂胶，另一种是单条涂胶。

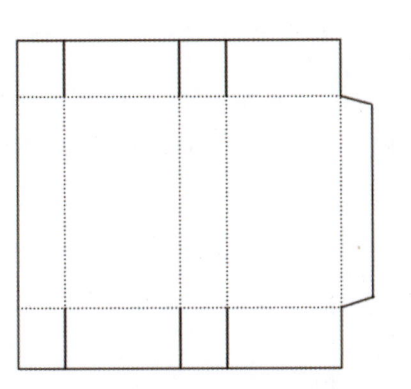

图 3-14　黏合封口式

（3）连续折叠式

连续折叠式（见图 3-15）是一种特殊锁口形式，可以通过折叠组成造型优美的图案，装饰性极强，可以用于礼品包装，但是手工组装比较麻烦。

（4）一次性防伪式

一次性防伪式（见图 3-16）的主要作用是盒盖开启后不能恢复原状，也就是盒盖开启后将留下痕迹，以引起经销者和消费者的警惕，所以一次防伪式也就是防再封式。一次性防伪式盒盖目前主要用于与公众生命息息相关的医药品包装。

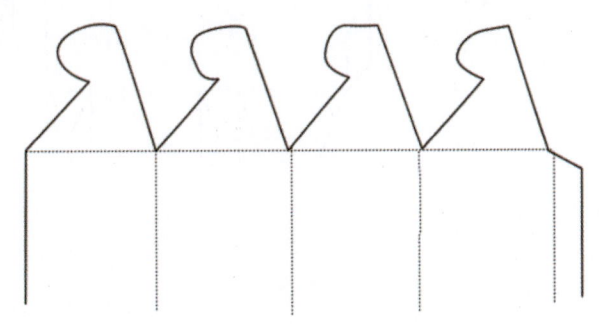

图 3-15　连续折叠式

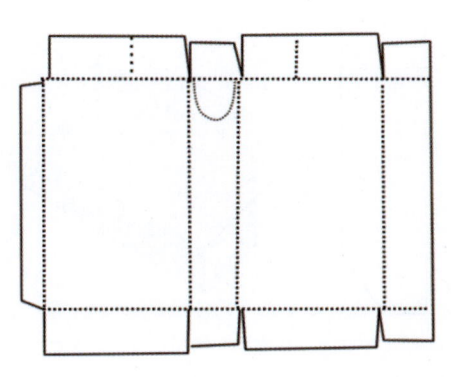

图 3-16　一次性防伪式

**2. 管式折叠纸盒的盒底结构**

对于管式折叠纸盒来说，盒底结构尤为重要。在设计时，盒底既要保证强度，又要在成型时力求简单。这主要是因为盒底不仅要承受内装物的重量，而且要受压力、振动、跌落等情况的影响。如果盒底结构过于复杂，将会使包装结构变得复杂或包装速度降低。

盒底结构有许多种，如插入盖、锁口盖、插锁盖、正揿封口盖、黏合封口盖等。本书主要介绍锁底式、别插式及自动锁底式盒底结构。

（1）锁底式

锁底式（见图3-17）要求能包装多种类型的产品，且盒底能承受一定的重量，在大、中型纸盒设计中被广泛采用。

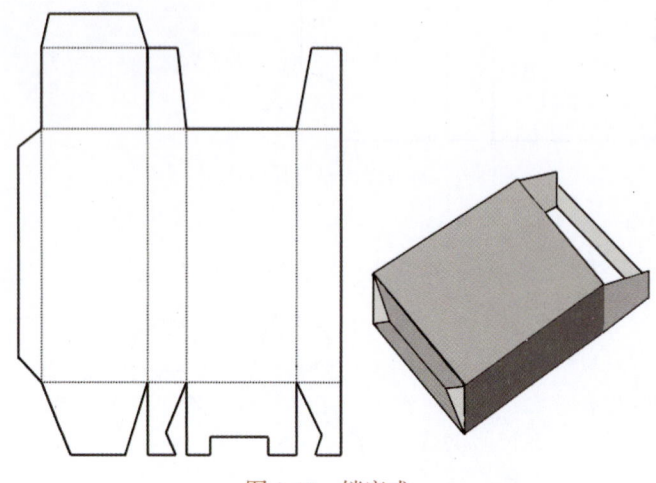

图3-17　锁底式

（2）别插式

别插式（见图3-18）通过设计盒子底部的4个摇翼部分，使它们相互产生咬合关系。这种咬合通过"别"和"插"两个步骤来完成，组装简便，有一定的承重能力，在管式折叠纸盒中应用较为普遍。

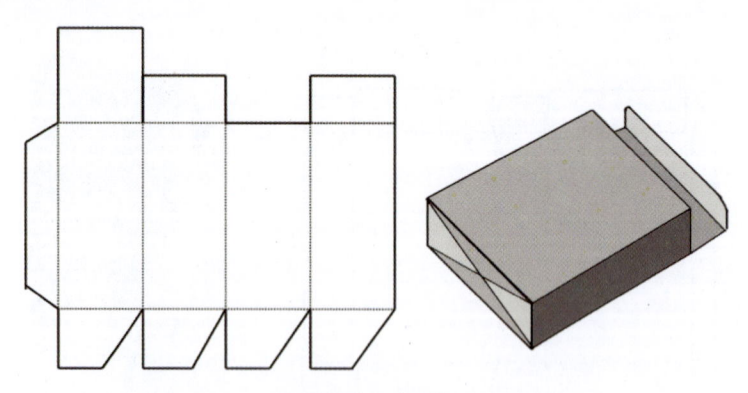

图3-18　别插式

（3）自动锁底式

自动锁底式（见图3-19）是在锁底式的基础上改进而来的。其主要结构特点是成型以后仍然可以折叠成平板状运输，到达纸盒自动包装生产线以后，只要撑开盒体，盒底即自动恢复原封合状态，省去了锁底式需要手工组装的工序和时间。在管式折叠纸盒中，只要有压痕线能够使盒体折叠成平板状，都可以设计自动锁底式。

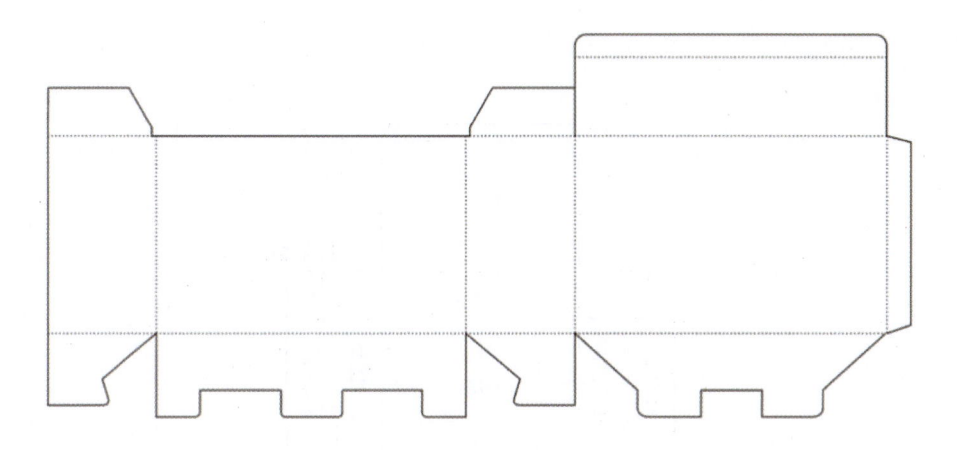

图 3-19　自动锁底式

如图 3-20 所示，在急支糖浆的包装盒上，使用了摇盖插入式及锁底式的设计。摇盖插入式的设计满足了消费者简单地打开纸盒的需求，提高了方便性。而采用锁底式设计的盒底能承受一定的重量，保证了消费者在拿起盒子时，盒内的急支糖浆不会掉落。

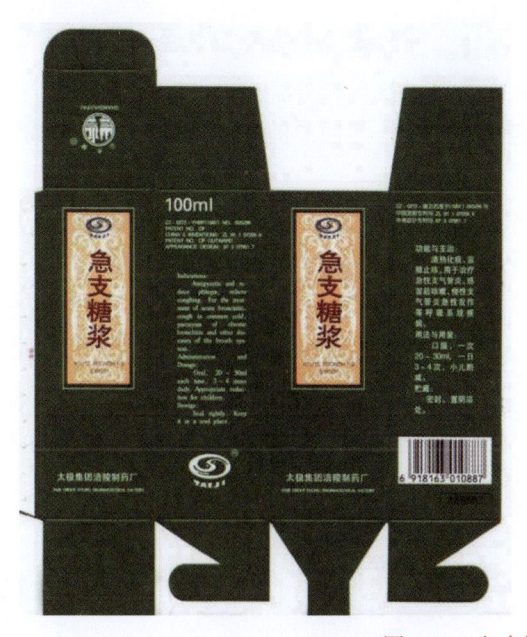

图 3-20　急支糖浆的包装盒

## 3.4.2　盘式折叠纸盒的结构设计

盘式折叠纸盒（见图 3-21）是将纸板按设计要求切裁、压痕，周边体板按一定角度内折后再相互组构而成型的折叠纸盒，有时盒盖是体板延长部分形成的。其用途广泛，食品、杂货、纺织品、成衣、礼品等都可以用此包装。它最大的优点是不需要黏合剂，而是通过在纸盒本身结构上增加切口来进行拴接和锁定，从而使纸盒成型和封口。

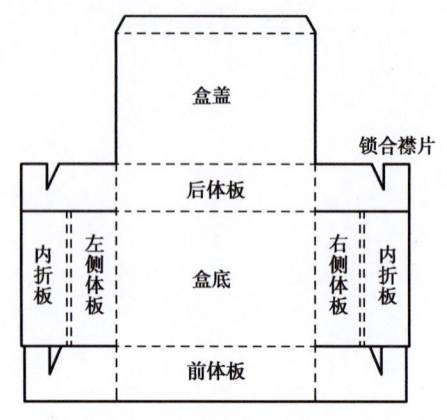

图 3-21　盘式折叠纸盒的结构名称

盘式折叠纸盒的一般特征如下。

（1）体板与底板整体相连，底板是纸盒成型后自然构成的，不需要像管式折叠纸盒那样，由底板、襟片组合封底。

（2）各个体板之间需要用一定的组织形式连接，才能使纸盒成型。

（3）盒盖既可以是与体板的连体结构，又可以设计独立的盒盖。

（4）对多数盘式折叠纸盒来说，盒盖（盒底）比盒体其他面的面积较大，盒底形式单一，基本没有变化。

（5）盘式折叠纸盒承重能力较强，主装潢面积大。

盘式折叠纸盒的盒盖结构可以分为摇盖式、锁口摇盖式、罩盖式、套盖式等。

（1）摇盖式（见图 3-22）。

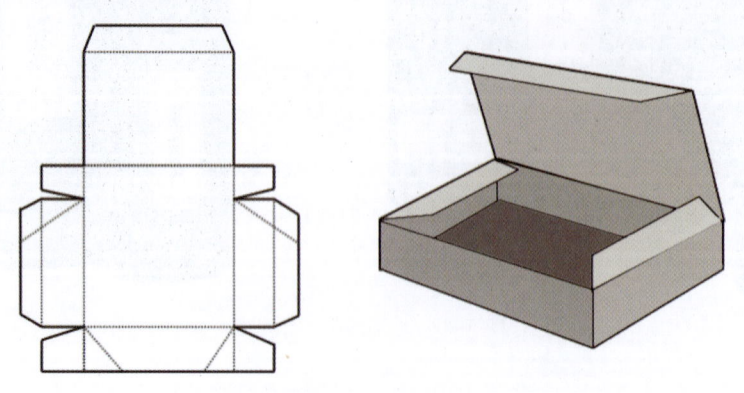

图 3-22　摇盖式

（2）锁口摇盖式（见图 3-23）。

锁口摇盖式在摇盖的基础上增加了锁口结构，避免摇盖因纸板弹性而自行弹开。

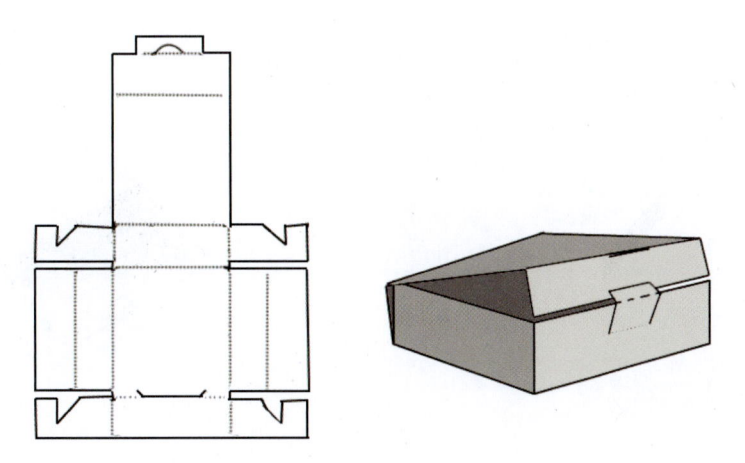

图 3-23　锁口摇盖式

（3）罩盖式（见图 3-24）。

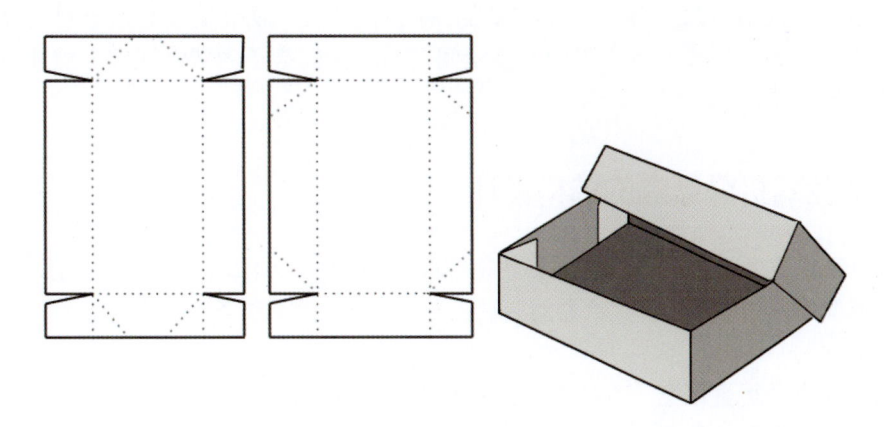

图 3-24　罩盖式

（4）套盖式（见图 3-25）。

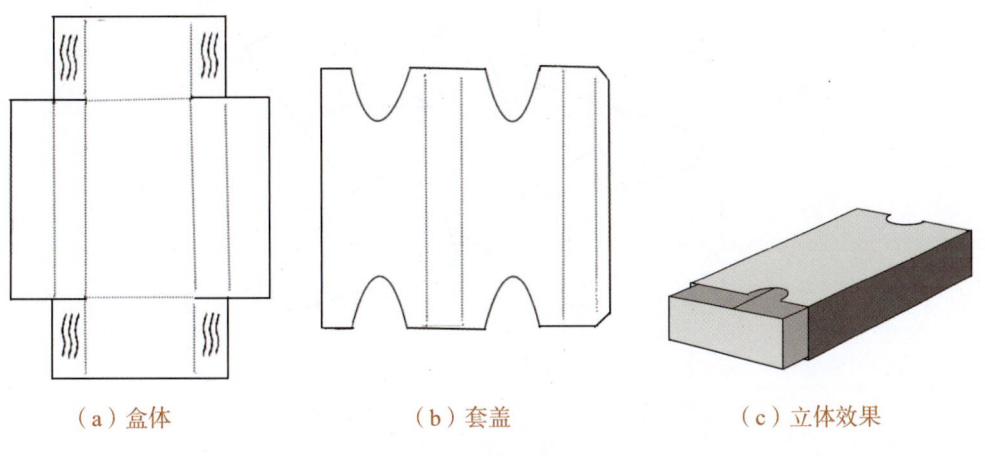

（a）盒体　　　　　　　（b）套盖　　　　　　　（c）立体效果

图 3-25　套盖式

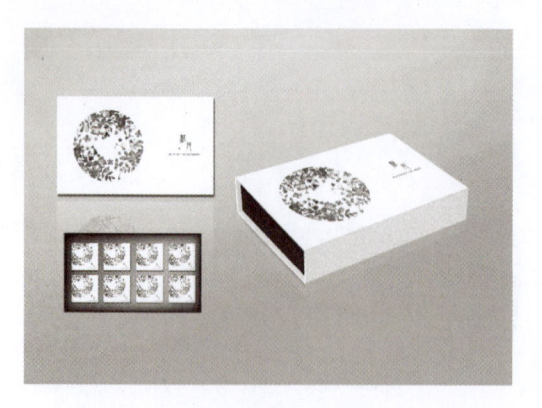

（d）实物图

图 3-25　套盖式（续）

因为盘式折叠纸盒承重能力较强，主装潢面积大，所以盘式折叠纸盒在月饼、巧克力等食品的包装上使用极为广泛。其中，较强的承重能力可以防止有着足够分量的食品压破纸盒；装潢面积大给了设计者无限的发挥空间，同时也能给予消费者视觉上的冲击，从而提高产品的销售量。

### 3.4.3　管盘式折叠纸盒的结构设计

在一页纸板成型的条件下，单独采用管式或盘式成型的方法均不能使其成型，就可以采用管盘式成型的方法，即用管式纸盒的旋转成型方法来成型盘式纸盒的部分盒体，这就是管盘式折叠纸盒。

如同盘式自动折叠纸盒一样，管盘式折叠纸盒也可以在各个体板上设计内折叠角或外折叠角，使之成为自动折叠纸盒。图 3-26 所示为管盘式五星形自动折叠纸盒展开图。

图 3-26　管盘式五星形自动折叠纸盒展开图

## 3.4.4 其他形式折叠纸盒的结构设计

折叠纸盒除了有基本成型结构，还可以根据不同的功能要求，设计其他一些局部特征结构。

**1. 异形折叠纸盒结构**

由于折叠线的变化而引起了纸盒的结构形态变化，从而产生出各种奇特、有趣的异形折叠纸盒。

广义上的异形折叠纸盒指除长方体之外的其他类型的纸盒。

异形折叠纸盒的处理手法常有对面、边、角加以形状、数量、方向等多层次处理，以呈现出来的包装造型。其变化幅度大，造型独特，富有装饰效果。在成型上，一部分可以采用前述的基本成型方法，另一部分则可以在基本结构的基础上采用上述一些特殊的设计技巧加以变化。例如，通过改变壁板面的折褶线使口盖位置发生变化，从而使纸盒的形态发生变化；通过改变纸盒主体部分的直线位置而产生的纸盒主体的变化；通过在纸盒的底部和顶部给予弧线的变化而产生的纸盒形态的变化；通过增加面的数量而产生的多面体的变化；通过增加盖板而产生的开窗连盖纸盒；通过改变壁板结构而产生的连盖纸盒，如图 3-27～图 3-29 所示。

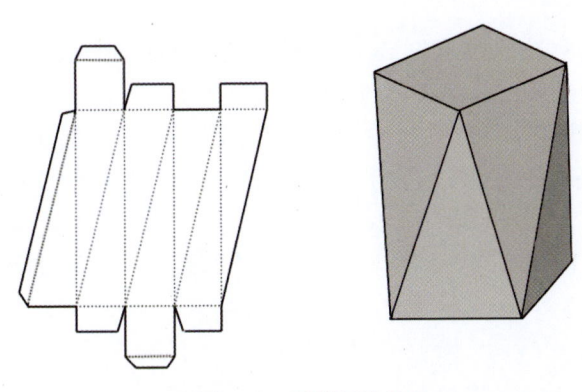

图 3-27 异形折叠纸盒 1

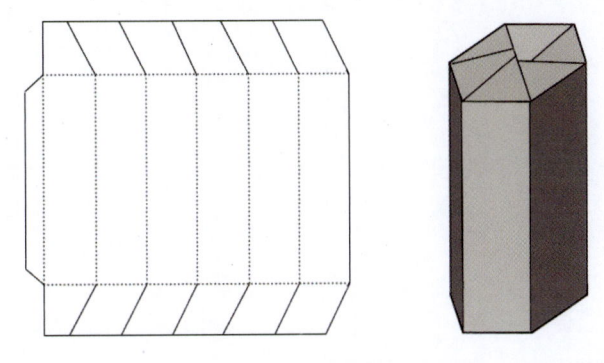

图 3-28 异形折叠纸盒 2

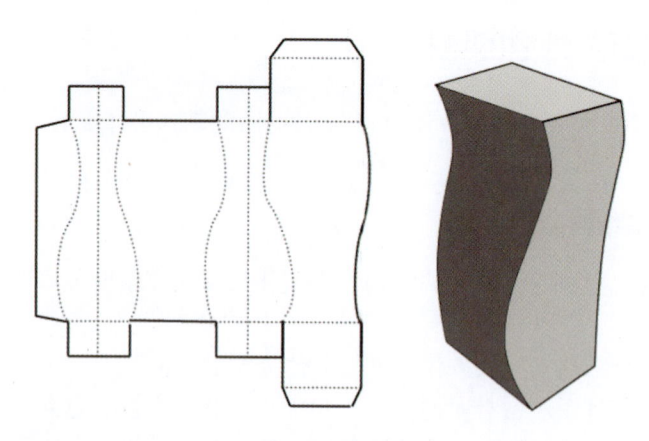

图 3-29 异形折叠纸盒 3

**2. 展开式纸盒结构**

展开式纸盒是一种能使消费者很快找到自己想要的产品,促进销售并能起到宣传作用的 POP 纸盒。它具有良好的生产性能,便于大量机械化生产;结构简单,既便于折叠成盒,又便于折叠展示;具有一定的强度和刚度,在预定的展示时间内可以保持盒型不变;便于运输,有些能兼作运输包装。由于放置地点的不同,展开式纸盒形成了以下几种基本结构形态。

(1) 悬挂式结构(见图 3-30 和图 3-31),即延长纸盒的部分壁板。使用延长部分既可以打洞悬挂,又可以为产品做广告。

(2) 展示板结构(见图 3-32)是一种连盖托盘体的结构,只要在盒盖上切上一条口子并连接上折叠线,就能折叠成立式形态来为产品做广告,并且还能展示产品。这种结构既简单又实惠,可以说是十分好的成品。

(3) 陈列展示台结构(见图 3-33)是把纸盒作为支架,本身进行陈列的。

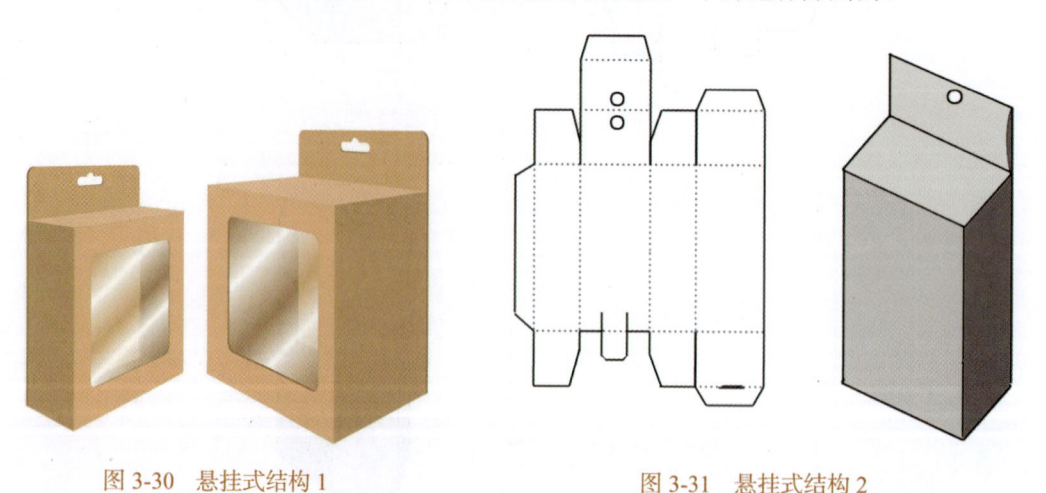

图 3-30 悬挂式结构 1

图 3-31 悬挂式结构 2

图 3-32　展示板结构

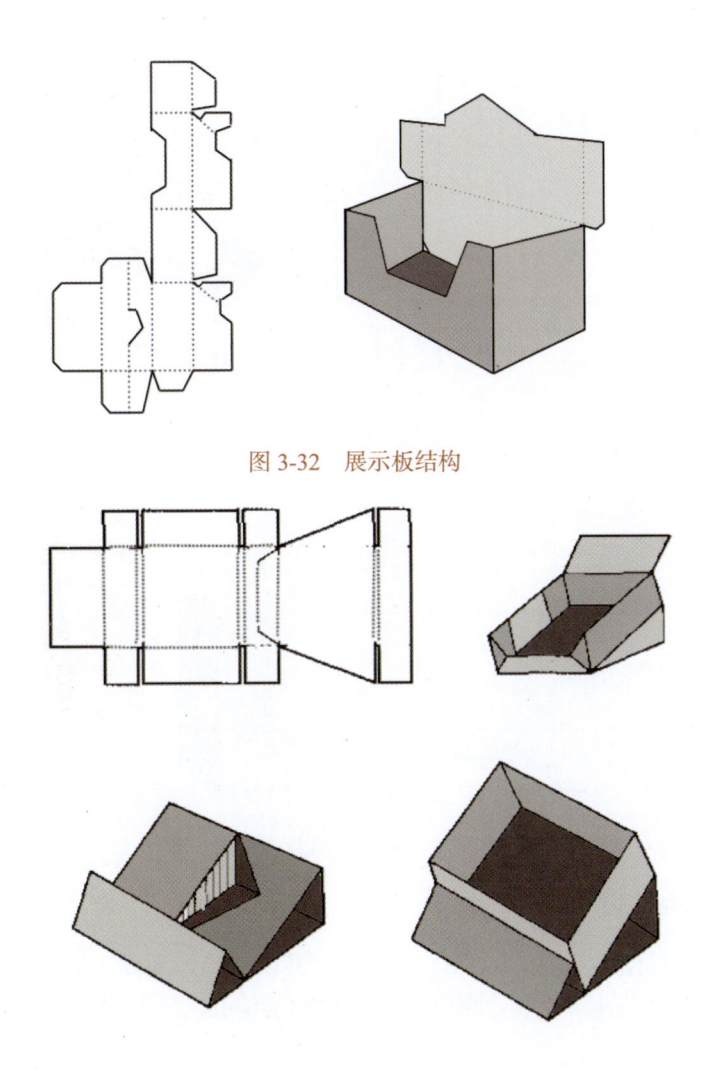

图 3-33　陈列展示台结构

### 3. 手提式纸盒结构

手提式纸盒（见图 3-34～图 3-36）是为了方便消费者携带而设计的纸盒。手提式纸盒具有携带的合理性，简洁、易拿、成本低，提手的设计能够保证有足够的强度，安全可靠。

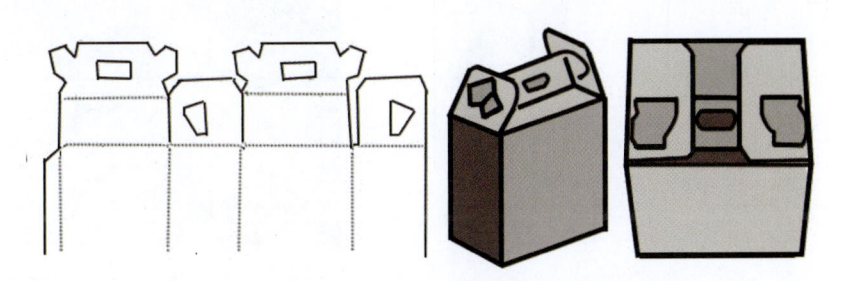

图 3-34　手提式纸盒 1

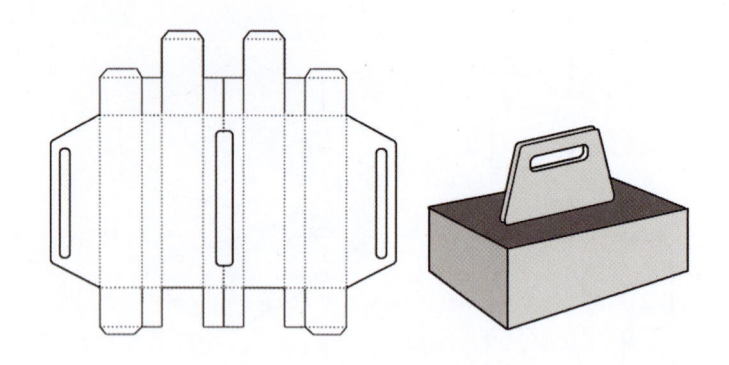

图 3-35　手提式纸盒 2

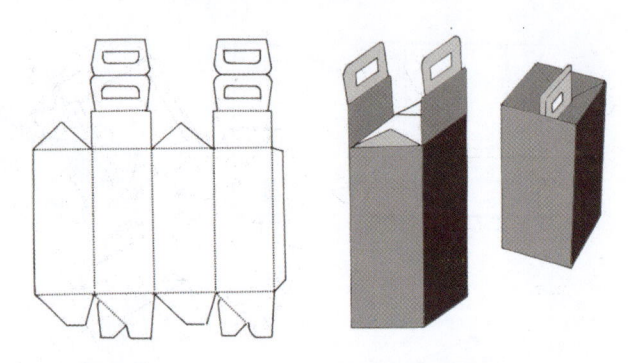

图 3-36　手提式纸盒 3

### 4．开窗式纸盒结构

开窗式纸盒（见图 3-37 和图 3-38）可以将产品或部分产品真实呈现，特点是直观、简明，能够吸引消费者的注意视线，增强消费者的购买信心，具有促销功能。

开窗的基本位置如下。

① 一面（前板）开窗。

② 两面（前板和一个端板）开窗。

③ 三面（前板和两个端板）开窗。

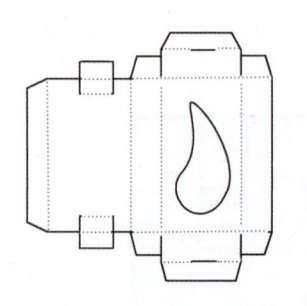

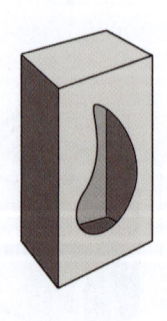

图 3-37　开窗式纸盒 1　　　　　　　图 3-38　开窗式纸盒 2

开窗式可以通过使消费者直接看到产品的部分内容，做到"眼见为实"来增加消费者的购买信心；手提式便于消费者的携带。当开窗式与手提式结合（见图3-39）时，能提高消费者对产品的信心与喜爱，提高产品的销售量。

## 3.4.5 粘贴（固定）纸盒的结构设计

粘贴纸盒是用贴面材料将基材纸板黏合而成的，成型后不能再折叠成平板状，而只能以固定盒型运输和仓储，故又名固定纸盒。

图3-39 开窗式与手提式结合

粘贴（固定）纸盒的原材料主要选择挺度较高的非耐折纸板，如各种草纸板、刚性纸板，以及高级食品用双面异色纸板等，常用厚度为1mm～1.3mm，内衬选用白纸或白细瓦楞纸、塑胶、海绵等。其贴面材料品种较多，有铜版印刷纸、蜡光纸、彩色纸、仿革纸、植绒纸，以及布、绢、革、箔等，可以印刷、压凸和烫金。盒角可以采用胶纸带加固、钉合、纸（布）黏合等多种方式进行固定。

粘贴（固定）纸盒的结构与折叠纸盒一样，按成型方式可以分为管式（框式）、盘式（一页折叠式）和组合式（亦管亦盘式）三大类。粘贴（固定）纸盒的类型主要有罩盖盒、摇盖盒、凸台盒、宽底盒、抽屉盒、书盒、转体盒等。

### 1. 管式（框式）粘贴纸盒结构

管式（框式）粘贴纸盒（见图3-40）的盒底与盒体分开成型，即基盒由边框和底板两部分组成，由外敷贴面纸加以固定和装饰。管式（框式）粘贴纸盒的特点是手工粘贴；用纸或布来固定盒体四角，不用钉合方式固定；手工裁料，尺寸精度高。

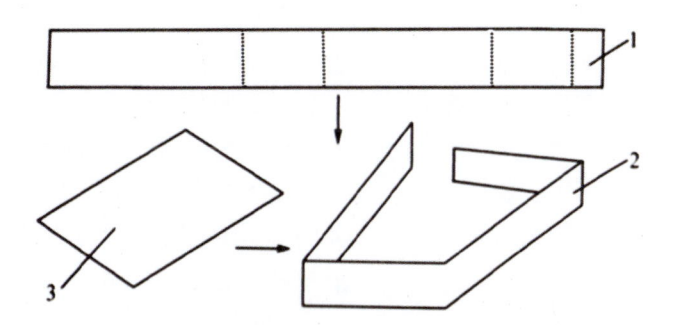

1—粘贴面纸；2—体板；3—底板

图3-40 管式（框式）粘贴纸盒

### 2. 盘式（一页折叠式）粘贴纸盒结构

盘式粘贴纸盒也称一页折叠式纸盒，其基盒盒体、盒底用一页纸板成型（见图3-41）。其特点是可以用纸、布、钉合成扣眼来固定盒体四角；结构简单，既可以手工粘贴，又可以机械粘贴，便于大量生产；四角及压痕精度较差。盘式（一页折叠式）粘贴纸盒的基本结构如图 3-42 所示。

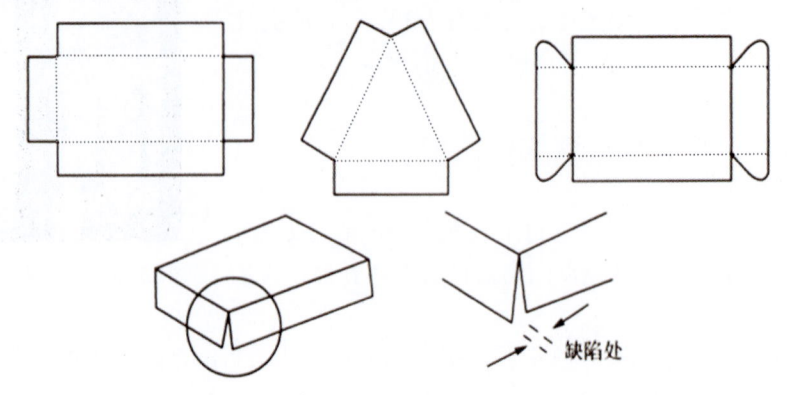

图 3-41　盘式（一页折叠式）粘贴纸盒的基盒

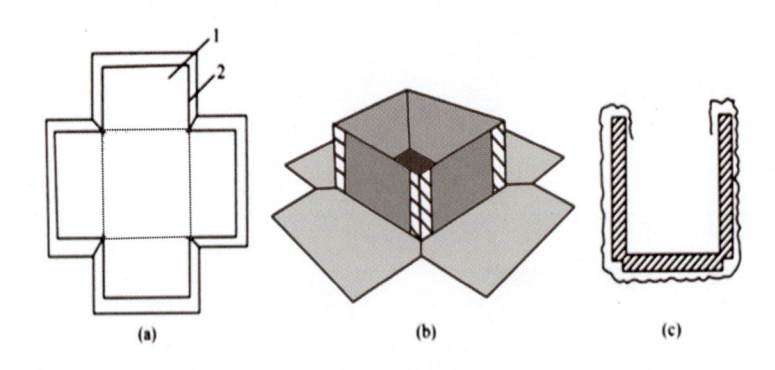

1—盒板；2—粘贴面纸

图 3-42　盘式（一页折叠式）粘贴纸盒的基本结构

利用粘贴（固定）纸盒的结构设计自制纸盒的步骤如下。先用纸板构成基盒盒体、盒底；再用白布和糨糊沿盒体四周包裹起来，使盒子既结实又美观；然后用另外一块纸板裁出一段圆弧形的"卷轴"，使其尺寸与盒子的厚度和长度相同，并裁切两块相应尺寸的薄压缩板，作为书卷的封皮，用胶水将其与"卷轴"黏合；最后用准备好的彩色包装纸将书盒的封皮包装。这样一个完美朴实的书盒就完成了，如图 3-43 所示。

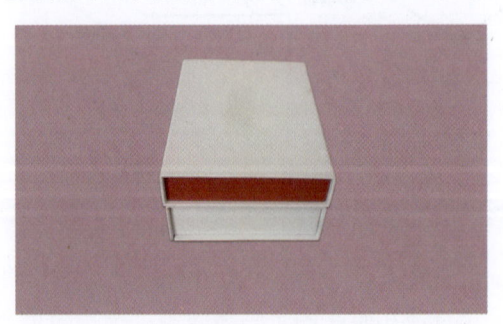

图 3-43　书盒

### 3. 组合式（亦管亦盘式）粘贴纸盒结构

所谓组合式（亦管亦盘式）粘贴纸盒（见图3-44），指在双壁结构或宽边结构中，盒体及盒底由盘式方法成型，而体内板由管式方法成型。或在由盒盖、盒体两部分组成的情况下，其一则由盘式方法成型，另一则由管式方法成型，如书盒、礼品盒等。

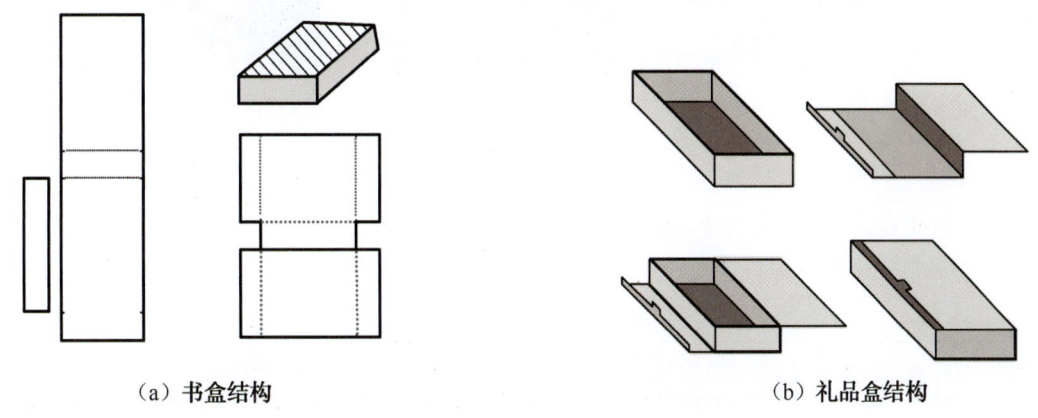

（a）书盒结构　　　　　　　　　　　　（b）礼品盒结构

图 3-44　组合式（亦管亦盘式）粘贴纸盒

## 3.5　设计实例

### 3.5.1　桂花茶包装的设计

中国的茶文化具有悠久的历史，对于茶的包装已不单纯是针对一种产品的包装设计，更多的是要体现茶本身的文化内涵。

#### 1. 要求

产品的包装在能够体现出茶文化的同时，还要能够展现出健康、积极向上的情绪，给人以振奋精神的心理感受，以符合产品的特点和社会的潮流。在此，也希望消费者在选购的同时，能够即时了解产品的形态。

#### 2. 设计思路

这是一款异形纸盒的茶包装，主要由对端板进行折叠扭曲产生。在该产品的包装上，采用绿色作为主色调，配以桂林山水风景及桂花图案。桂林是有名的桂花之乡，而桂花也是桂林的市花，花朵的形象本身就给人以健康、向上的感受。金黄的花朵图案和绿色的搭配，使整个包装显得素雅而又有韵味，使人感到清爽、健康。如图3-45所示是桂花茶包装的设计的制作概览图。

图 3-45　制作概览图

3. 操作步骤

在 CorelDRAW 软件中绘制包装结构图。

（1）运行 CorelDRAW 软件，参照图 3-46 设置文件属性。

图 3-46　设置文件属性

（2）先选择"矩形"工具，绘制一个宽度为 4 厘米、高度为 4 厘米的矩形，并填充 20% 黑色，无轮廓填充。再将标尺原点设置在矩形的左下角节点处，并根据标尺原点的位置来设置辅助线，如图 3-47 所示。

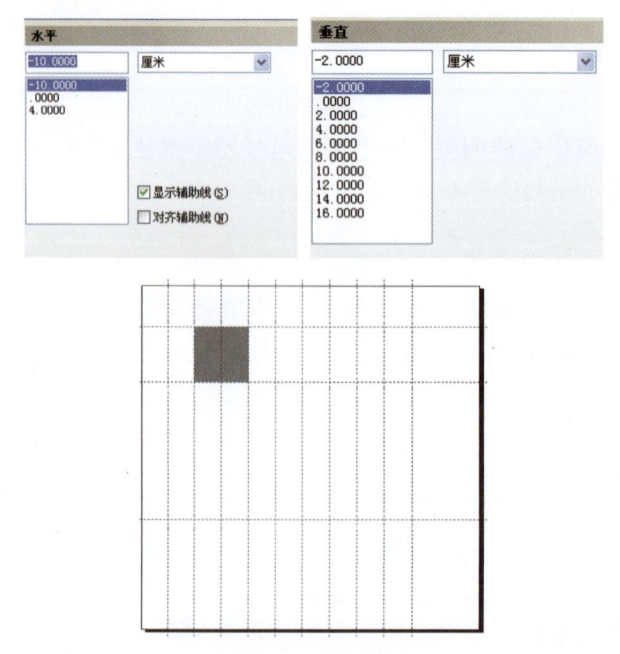

图 3-47　设置辅助线

（3）制作矩形，并参照图 3-48 调整矩形的位置，使矩形与辅助线对齐。

（4）使用"贝塞尔"工具，参照图 3-49 沿辅助线绘制三角形。绘制完成后以 20% 黑色对三角形进行无轮廓填充。

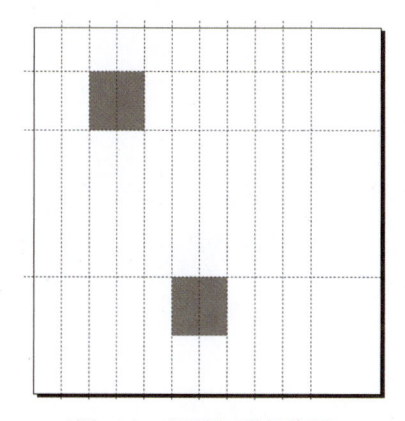

图 3-48  调整矩形的位置

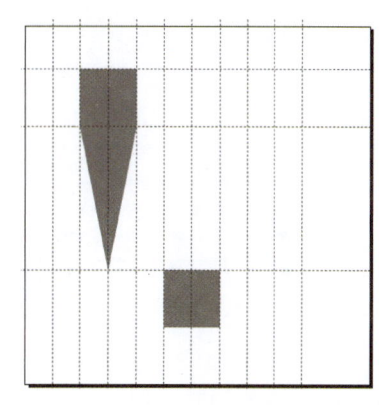

图 3-49  绘制三角形

（5）再绘制三角形，并分别调整图形的位置，使图形与参考线对齐，如图 3-50 所示。

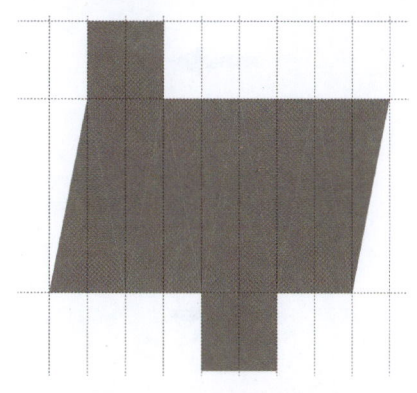

图 3-50  调整图形的位置

（6）再绘制矩形（见图 3-51），并调整矩形的位置和形状，以 20%黑色对矩形进行无轮廓填充。

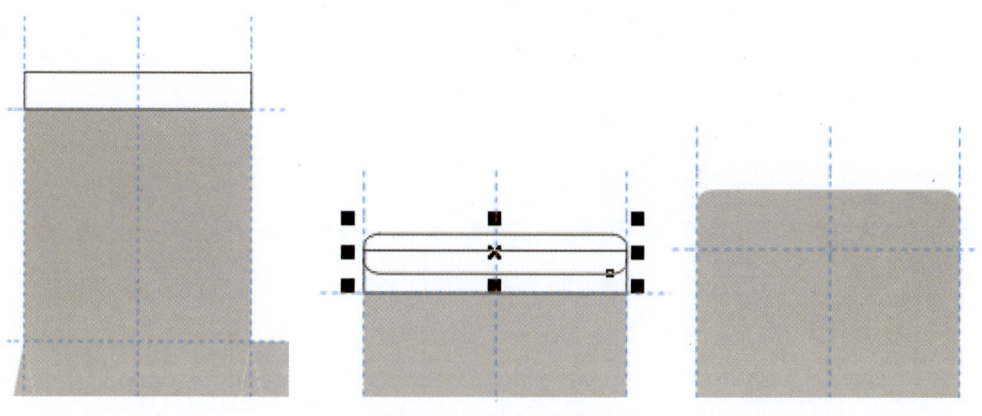

图 3-51  再绘制矩形

（7）先绘制矩形，并将矩形转换为曲线，然后使用形状工具调整曲线，并以 20%黑色对矩形进行无轮廓填充,如图 3-52 所示。

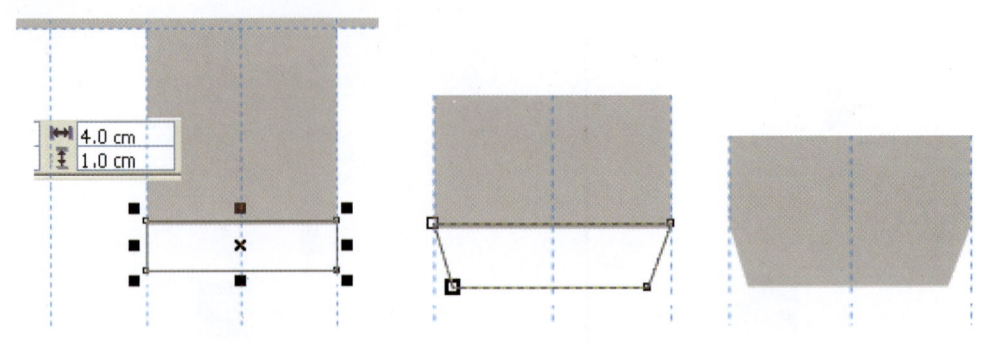

图 3-52　绘制矩形并调整

(8) 绘制包装的防尘口盖,并对防尘口盖以灰色进行无轮廓填充,如图 3-53 所示。

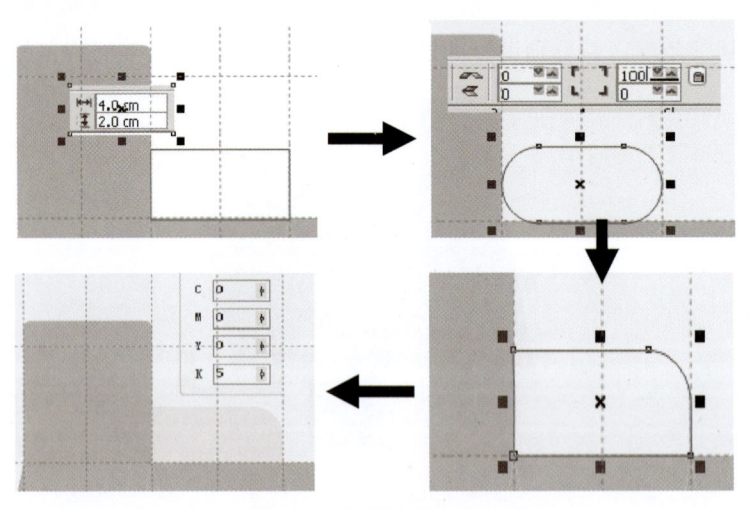

图 3-53　绘制防尘口盖 1

(9) 绘制防尘口盖。选择"挑选"工具,调整图形使其与辅助线对齐,并以灰色填充,如图 3-54 所示。

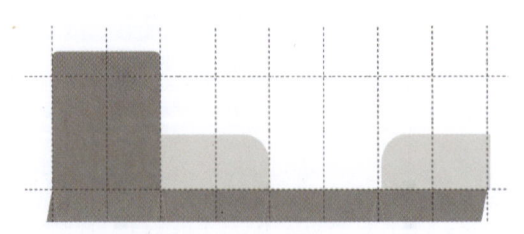

图 3-54　绘制防尘口盖 2

(10) 如图 3-55 所示,绘制防尘口盖,并对防尘口盖以灰色进行无轮廓填充。

(11) 绘制防尘口盖,并调整其位置,使其与辅助线对齐。使用"贝塞尔"工具,绘制曲线,并对曲线以灰色进行无轮廓填充,如图 3-56 所示。

图 3-55　绘制防尘口盖 3

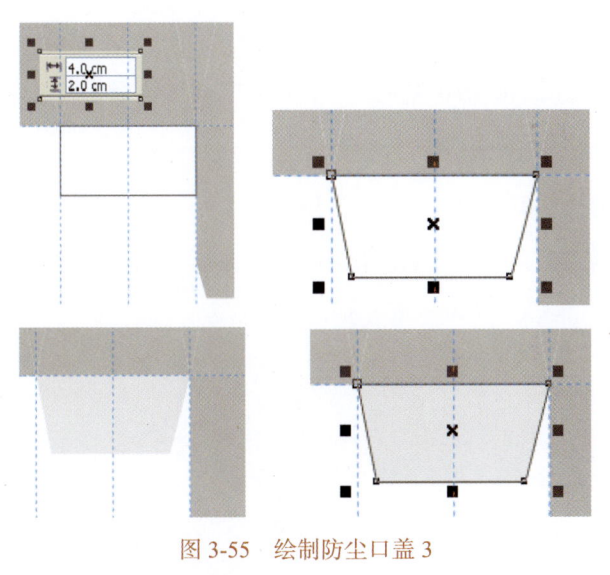

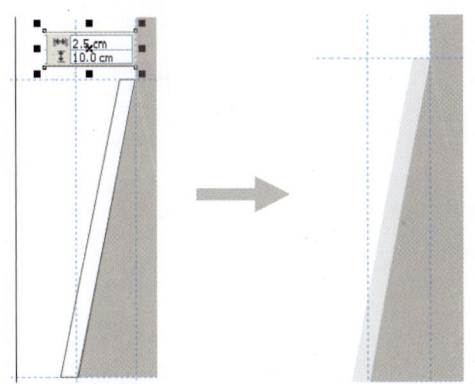

图 3-56　绘制接口部分

（12）最终效果如图 3-57 所示。可以参照素材文件"桂花茶.cdr"文件，对图形所在的图层进行调整，并将文件输出为 PSD 格式，以便进行后面的工作。

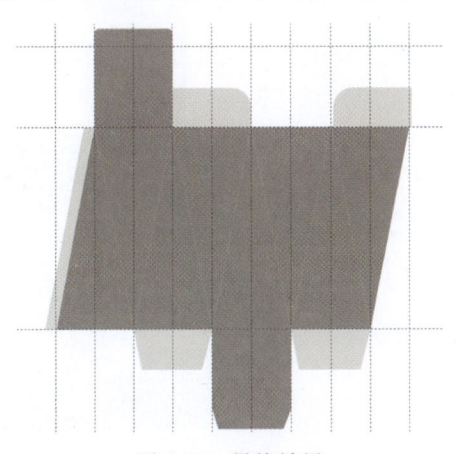

图 3-57　最终效果

**注意**：在导出文件之前，必须注意对图形所在的图层进行调整。将图形按照各自的内容划分到单独图层中，便于后期在 Photoshop 软件中进行调整。

4．在 Photoshop 软件中添加装饰纹样

（1）打开"桂花茶.psd"文件，如图 3-58 所示。

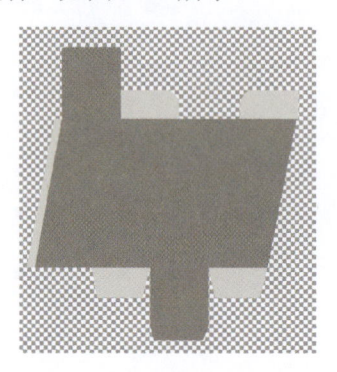

图 3-58　打开"桂花茶.psd"文件

（2）按住 Ctrl 键，并单击每个图层，将它们同时选中。执行"从图层建立组"命令，创建图层组，将"名称"设置为"外形"，如图 3-59 所示。

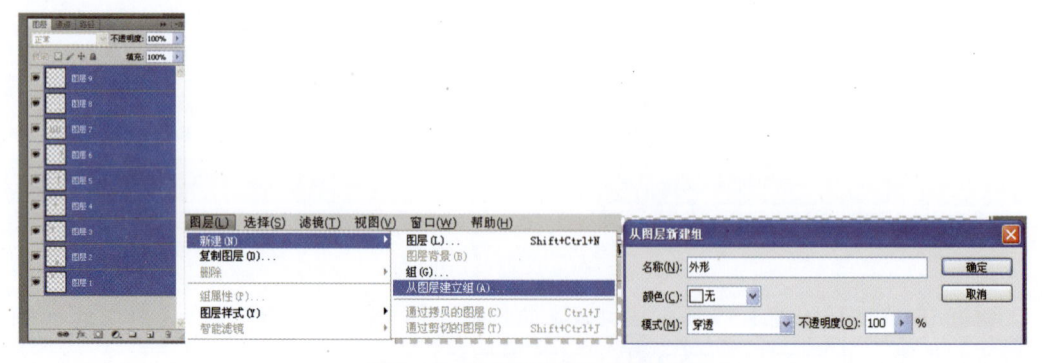

图 3-59　新建"外形"图层组

（3）新建图层，并将其移到"图层"面板底部，填充为灰色。执行"图层"→"新建"→"图层背景"命令，新建一个"背景"图层，如图 3-60 所示。

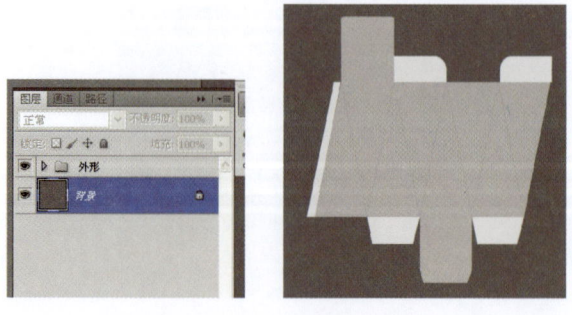

图 3-60　新建"背景"图层

（4）按住 Shift+Ctrl 组合键，并分别单击图层 1、图层 2、图层 3 的缩览图，将其载入。如图 3-61 所示，执行"色相/饱和度"命令，对图形颜色进行调整。

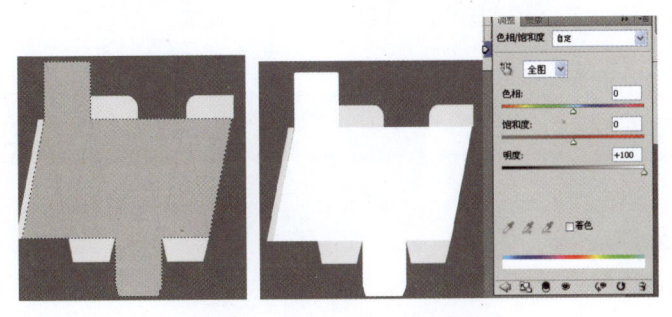

图 3-61　载入并调整图形颜色

（5）新建图层，用"矩形"工具绘制一个矩形，并将矩形填充为绿色（R：92，G：167，B：74），如图 3-62 所示。

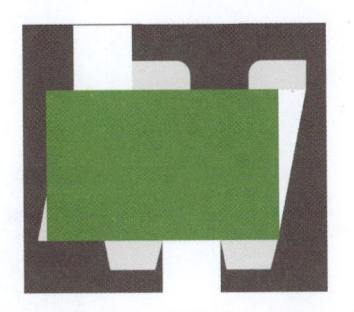

图 3-62　绘制并填充矩形

（6）打开素材文件"桂林山水.jpg"，并将其复制到"桂花茶.psd"文件中，自动生成图层 3，执行"自由变换"命令调整图层 3 的大小后将其复制，并在执行"水平翻转"命令后将两个图层合并为一层，执行"色相/饱和度"命令进行调整。桂林山水效果如图 3-63 所示。

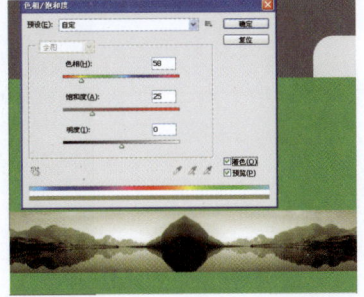

图 3-63　桂林山水效果

（7）使用"椭圆"工具绘制如图3-64（a）所示的图形。按住Ctrl+Shift+Alt组合键，并单击图层2，将其载入交叉选区，如图3-64（b）所示。新建图层4，并将图层4填充为金黄色（R：208，G：254，B：59），如图3-64（c）所示。

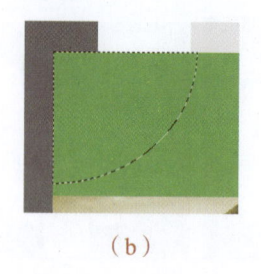

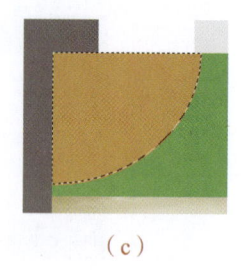

（a） （b） （c）

图3-64　绘制椭圆

（8）复制图层4，生成图层5，并将图层5填充为浅黄色（R：251，G：248，B：177），执行"自由变换"命令将图层5调整成如图3-65所示的效果。

（9）打开素材文件"桂林山水2.jpg"，并将其复制到新文件中，生成图层6。先执行"自由变换"命令调整图层6的大小及位置，再按住Ctrl键并单击图层5的缩览图，将其载入，反选后清除。调整后新图形的效果如图3-66所示。

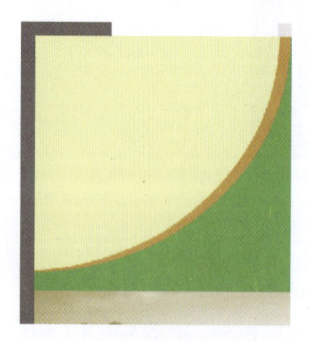

图3-65　调整后的图层5　　　　图3-66　调整后新图形的效果

（10）打开素材文件"桂花.jpg"，并将其复制到图层7中。如图3-67所示，使用"钢笔"工具进行选择，清除花朵以外区域，执行"自由变换"命令调整其大小及位置，清除椭圆以外像素。

（11）打开素材文件"茶具.jpg"，并用"钢笔"工具选择茶具，将其复制到图层8中（见图3-68），生成图层9。为图层9添加投影图层样式。

图3-67　复制"桂花.jpg"文件到图层7中　　　　图3-68　复制"茶具.jpg"文件到图层8中

（12）同时选中图层 2～图层 9，并执行"自由变换"命令对其进行调整，如图 3-69 所示。

（13）新建图层 10，并将其载入图层 1 的选区，填充图层 10 为绿色。使用"文字"工具输入相关产品信息，最终效果如图 3-70（a）所示，立体效果如图 3-70（b）所示。

图 3-69　变换图形

（a）最终效果　　　　　　　　　　（b）立体效果

图 3-70　最终效果及立体效果

## 3.5.2　青梅酒包装的设计

酒文化在我国可以说是源远流长，而酒的包装也是千变万化。本节将设计制作一款青梅酒的外包装，制作完成后的效果如图 3-71 所示。

### 1．要求

为新上市的一款具有地方特色的清香型白酒设计一个外包装。在包装上，首先要求能够体现出产品的消费档次和浓厚的民族文化内涵，并且希望消费者在看到产品时，能够产生信任感，对该品牌能够留下好的印象，然后希望在包装上体现出这款酒的口味特点，以此来更好地树立品牌形象。

图 3-71　青梅酒包装效果

### 2. 设计思路

青梅酒是广西贺州一款很具地方特色的清香型白酒。贺州是一个山清水秀的地方，少数民族文化氛围浓厚。鉴于此特点，在包装上，将使用壮族的壮锦图案作为底纹处理，一是和主题相一致，二是可以很好地衬托出产品的形象。在整个画面的处理上，配以贺州优美的风景及新鲜的青梅图案装饰，反衬出该酒口味香醇的特点。

该包装的平面结构图较为简单，可以直接在 CorelDRAW 软件中创建。为了让画面产生古朴的效果，在底纹的处理中，将执行 Photoshop 软件中的图案填充和色彩调整等命令，制作古朴的木条效果。

### 3. 操作步骤

在 CorelDRAW 软件中绘制包装结构图。

（1）运行 CorelDRAW 软件，参照图 3-72 设置文件属性。

图 3-72　设置文件属性

（2）使用"矩形"工具绘制矩形，并以 20%黑色对矩形进行无轮廓填充，如图 3-73 所示。

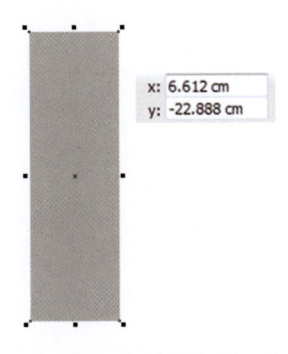

图 3-73 绘制并填充矩形

(3) 分别执行"查看"→"对齐辅助线"和"查看"→"对齐对象"命令,并对视图编辑环境进行调整。

(4) 单击"水平标尺"和"垂直标尺"的交叉处,并拖动光标至矩形左上角点处释放,设置此处为标尺原点,如图 3-74 所示。

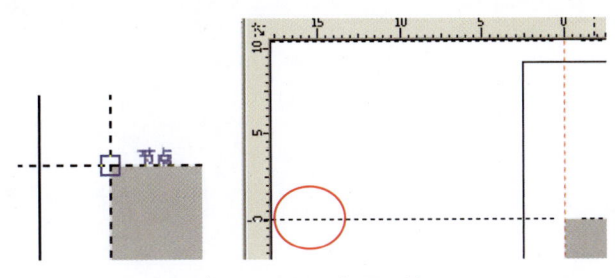

图 3-74 设置标尺原点

(5) 执行"查看"→"辅助线设置"命令,并根据标尺原点的位置,参照图 3-75 设置辅助线的具体位置。

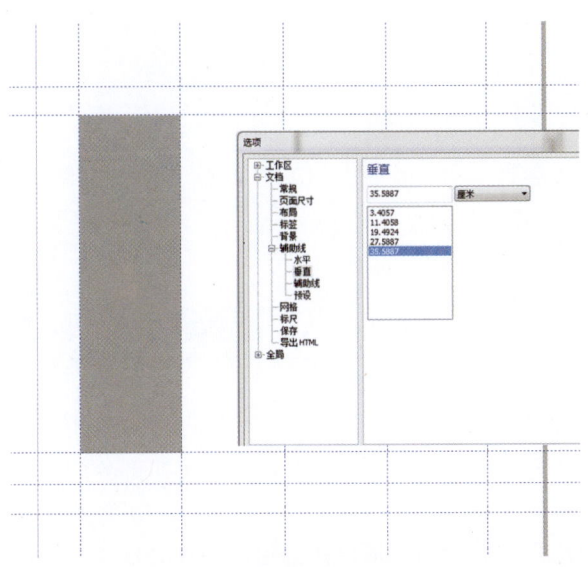

图 3-75 设置辅助线的具体位置

（6）复制绘制的矩形，并将矩形放到如图 3-76 所示的位置，使矩形与参考线对齐。选择"矩形"工具，绘制接口部分的矩形，并参照图 3-77 设置参数。单击"转换为曲线"按钮，将矩形转换为曲线。

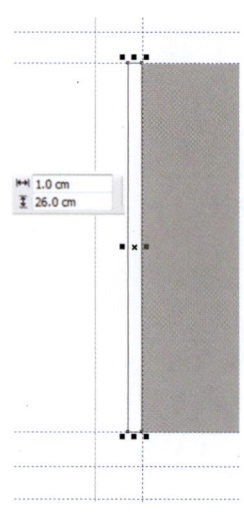

图 3-76　复制矩形

图 3-77　设置参数

（7）绘制黏合襟片如图 3-78 所示。使用形状工具，分别选中曲线左侧的两个节点，使用键盘上的方向键将上面的节点向下移动 3 次。将下面的节点向上移动 3 次，对图形进行编辑，填充为灰色。

（8）使用"矩形"工具绘制纸盒口盖的矩形，并设置矩形的参数，如图 3-79 所示。

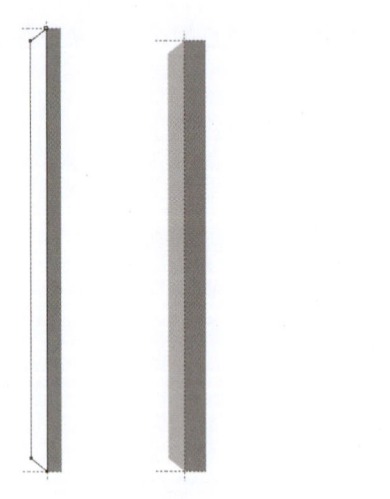

图 3-78　绘制黏合襟片

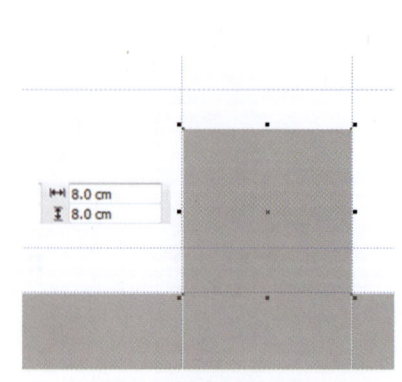

图 3-79　设置矩形的参数

（9）使用"矩形"工具绘制防尘襟片。按照纸盒接口部分的制作步骤来制作纸盒的防尘口盖，如图 3-80 所示。

（10）先使用"矩形"工具绘制矩形，并将矩形转换为曲线，然后使用形状工具调节曲线，如图 3-81 所示。

（11）使用"椭圆"工具绘制椭圆，如图 3-82 所示。保持椭圆和曲线为选择状态，并单击"后剪前"按钮。

图 3-80　制作纸盒的防尘口盖

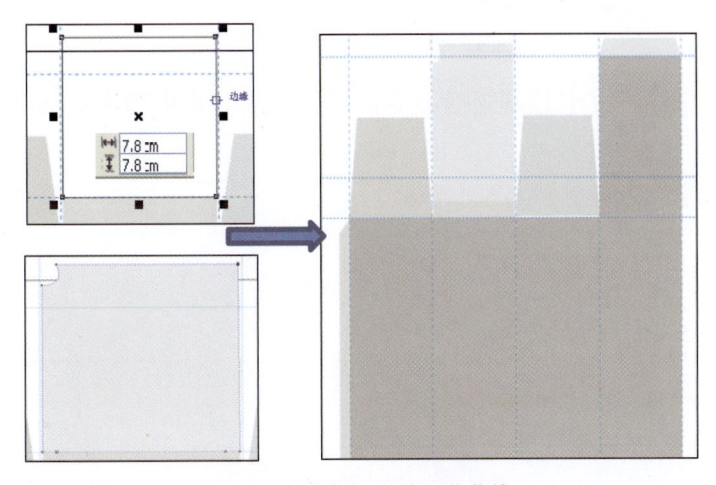

图 3-81　绘制矩形并调节曲线

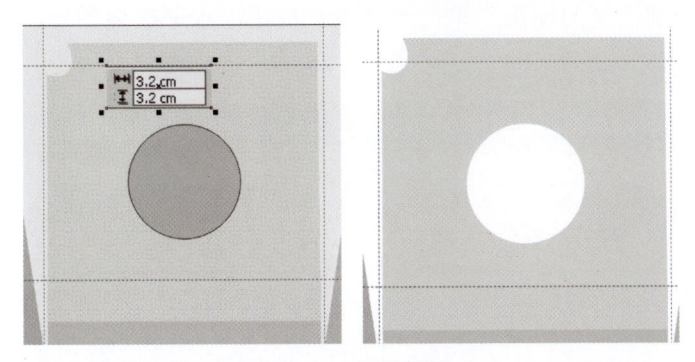

图 3-82　绘制椭圆

（12）先使用"矩形"工具绘制矩形，然后制作纸盒底部的防尘口盖，如图 3-83 所示。

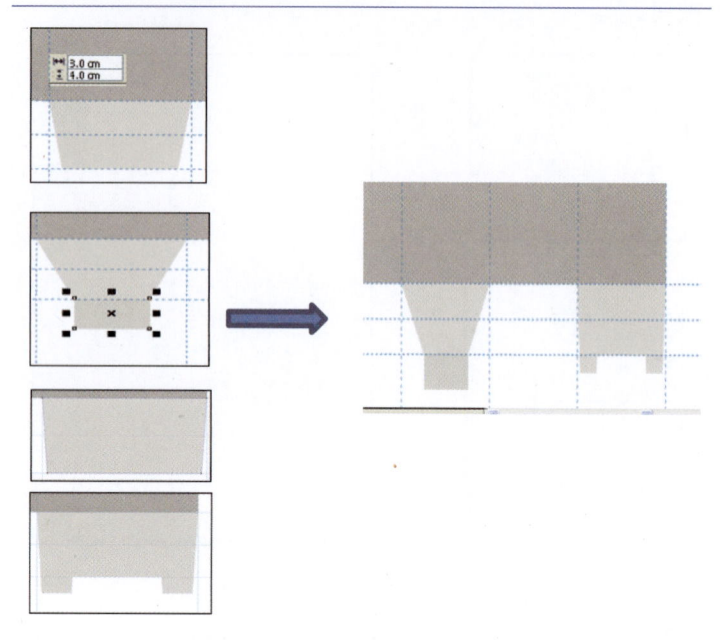

图 3-83　制作纸盒底部的防尘口盖

（13）使用"矩形"工具绘制矩形，如图 3-84 所示。将矩形转换为曲线后，使用形状工具调节曲线。

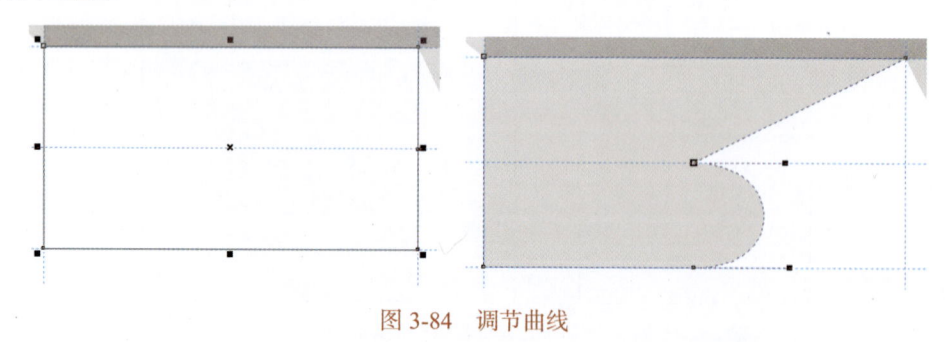

图 3-84　调节曲线

（14）先复制刚绘制的图形，单击"镜像"按钮，水平镜像图形，然后将图形放到图 3-85 所示的位置。

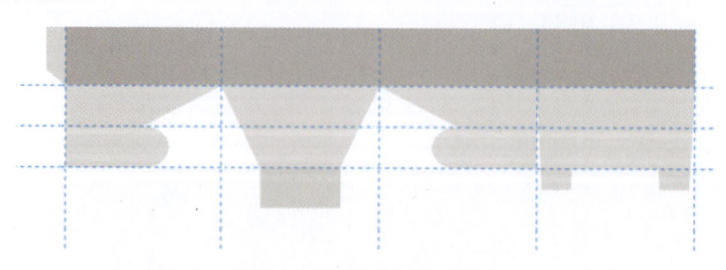

图 3-85　调整图形的位置

（15）最终效果如图 3-86 所示，读者可以打开素材文件"青梅酒包装设计.cdr"进行查看。

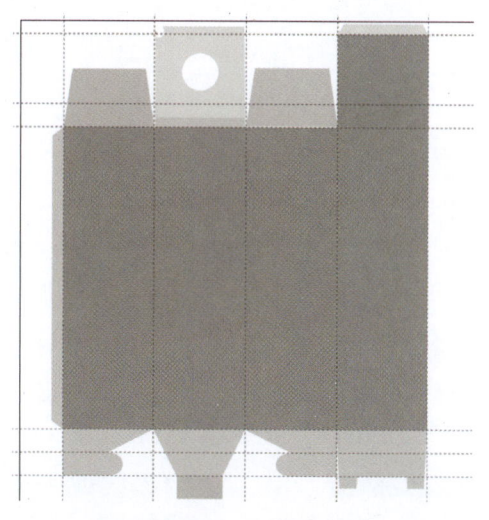

图 3-86　最终效果

**注意**：在导出文件之前，要注意对图形所在的图层进行调整，将图形按照各自的内容划分到单独的图层中，以便后期在 Photoshop 软件中对图形进行调整。读者可以参照素材文件"青梅酒包装设计.cdr"进行调整。

### 4．在 Photoshop 软件中添加装饰纹样

（1）启动 Photoshop 软件，新建文件，设置"名称"为"青梅酒包装设计 01"，如图 3-87 所示。

（2）选择"图层"面板底部的"创建新组"按钮，新建"底纹"图层组，如图 3-88 所示。

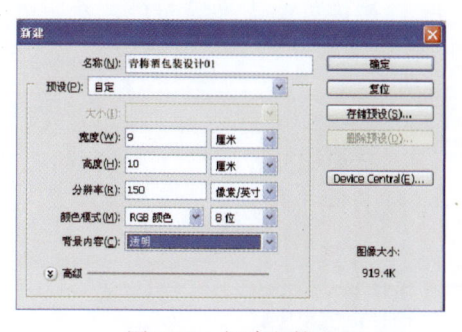

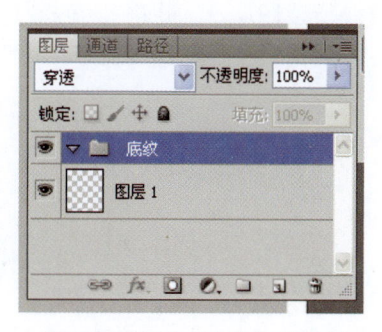

图 3-87　新建文件　　　　　　　　图 3-88　新建"底纹"图层组

（3）先将图层 1 拖入"底纹"图层组，并填充图层 1 为灰色（R：196，G：196，B：196），再新建图层 2，使用"矩形"工具绘制矩形选区，并设置矩形选区的高度与文档高度相同，如图 3-89 所示。

（4）选择"油漆桶"工具，设置所需填充图案（见图 3-90），并为图层 2 填充所选图案。

图 3-89　绘制矩形选区　　　　　　　　　图 3-90　设置所需填充图案

（5）创建图层，并将其命名为图层 2。为图层 2 添加图层样式，如图 3-91 所示。

（6）先按住 Alt 键并选择"移动"工具拖动图层 2，复制出多个图层，然后合并所有复制的图层到图层 2 中并执行"自由变换"命令对其进行调整，如图 3-92 所示。

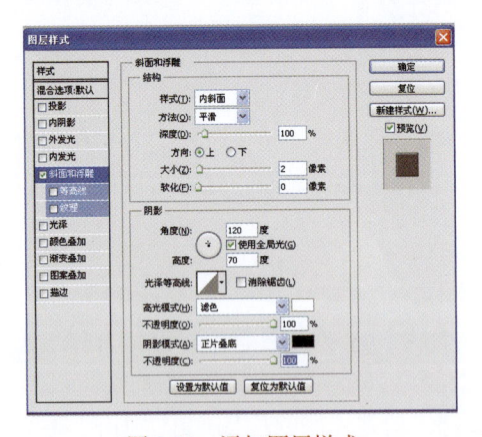

图 3-91　添加图层样式　　　　　　　　　图 3-92　复制图层

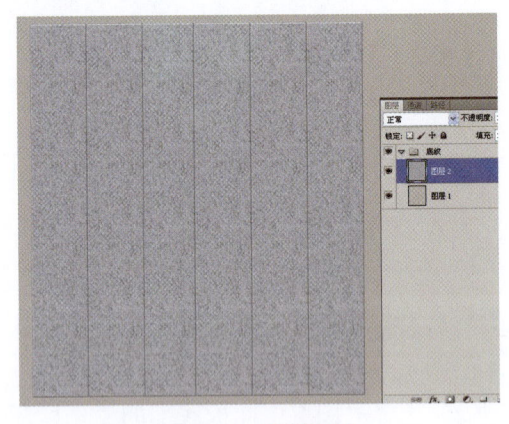

（7）新建图层 3，并将其填充为白色，先按 D 键恢复默认前/背景色，然后执行"滤镜"→"渲染"→"纤维"命令，如图 3-93 所示。

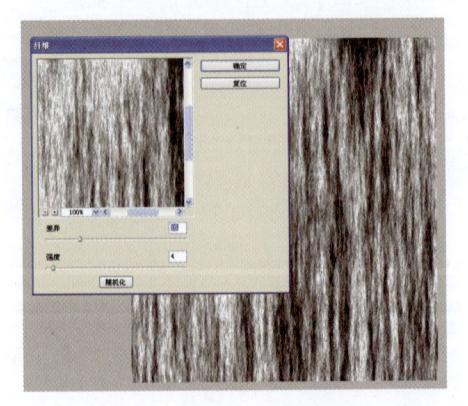

图 3-93　执行"纤维"命令

(8)将图层 3 的"不透明度"设置为 20%,"混合模式"设置为"叠加",使其向下合并。先将图层 3 合并到图层 2 中,然后将合并后的图层的"不透明度"设置为 50%,如图 3-94 所示。

(9)选中图层 1,在"图层"面板底部单击"创建新的填充或调整图层"按钮,执行"色相/饱和度"命令,对图像进行着色处理,如图 3-95 所示。

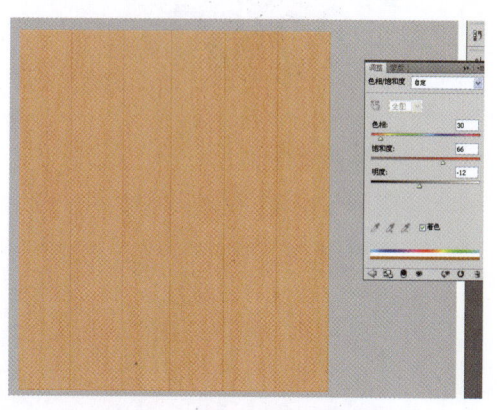

图 3-94　调整图层属性　　　　　　图 3-95　对图像进行着色处理

(10)打开素材文件"壮锦纹饰.psd",先执行"图像"→"调整"→"去色"命令,将图像调整为灰色调,再执行"图像"→"调整"→"色调分离"命令,对图像色调进行调整,如图 3-96 所示。

(11)执行"选择"→"色彩范围"命令,将图像中的白色全部选中,如图 3-97 所示。

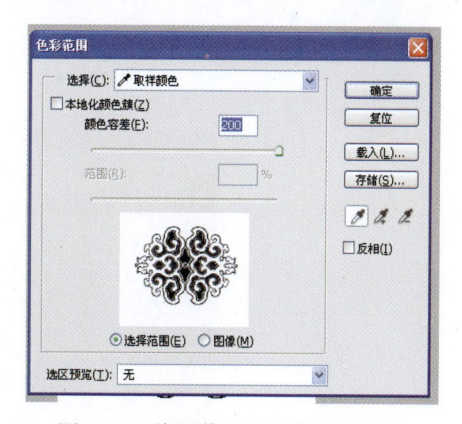

图 3-96　调整图像色调　　　　　　图 3-97　将图像中的白色全部选中

(12)反转选区,并执行"拷贝"命令,将选区中的图像复制至"青梅酒包装设计 01"文件中,放置在图层 2 上方,如图 3-98 所示。

(13)将图层 3 的"混合模式"改为"叠加",并将其"不透明度"设置为 50%,如图 3-99 所示。

(14)如图 3-100 所示,执行"色阶"命令对图像的色调进行调整。复制多个图案,将其制作成如图 3-101 所示的效果。

图 3-98　复制图像至文件夹

图 3-99　编辑图像

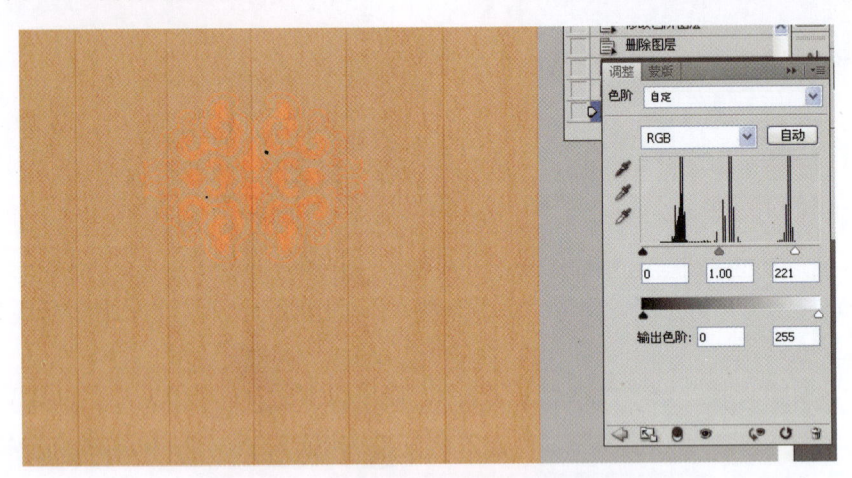

图 3-100　调整图像

图 3-101　复制多个图案

（15）打开素材文件"贺州山水.jpg"，并将其复制到"青梅酒包装设计 01"文件中，执行"自由变换"命令调整位置和大小，如图 3-102 所示。

（16）先执行"图像"→"调整"→"色相/饱和度"命令，再执行"图像"→"调整"→"亮度/对比度"命令，将图像调整成如图 3-103 所示的效果。

图 3-102　复制素材文件到文件中

图 3-103　调整图像

（17）使用"矩形"工具清除一部分图像。打开素材文件"青梅.jpg"，并将其复制到文件中进行调整，调整后的效果如图 3-104 所示。

（18）输入文字，完成效果如图 3-105 所示。

（19）打开前面制作完成的酒盒包装文件"青梅酒.psd"，为酒盒添加底纹和文字信息，完成包装设计的全部工作。最终效果及立体包装效果如图 3-106 所示。

图 3-104  调整后的效果

图 3-105  完成效果

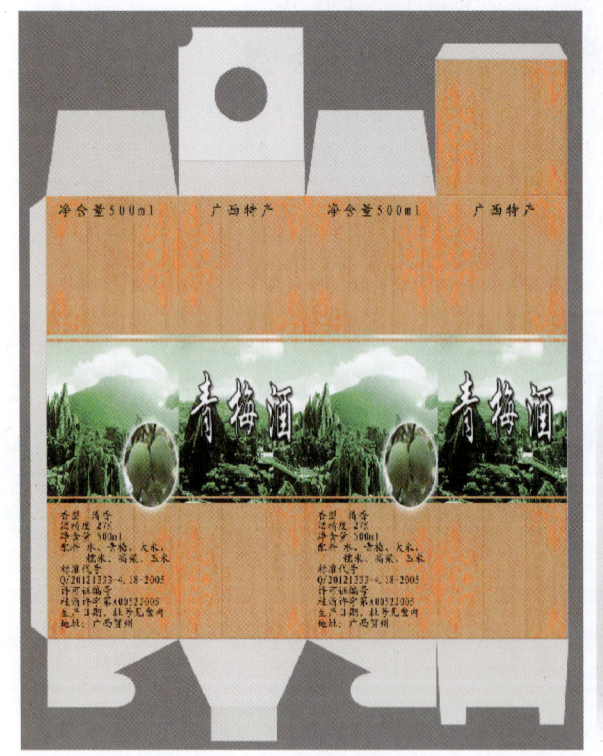

图 3-106  最终效果及立体包装效果

### 3.5.3  桃酥包装的设计

桃酥是一种南北皆宜的汉族传统特色小吃,以干、酥、脆、甜的特点闻名全国。现在越来越多品牌的桃酥开始进驻商店进行实体销售,桃酥的包装也应更符合现代的审美。

## 1. 要求

为桃酥设计一个外包装。品牌建设的意义，不仅是让消费者了解中式糕点的深厚底蕴，而且要在传承的基础上不断创新，打造新中式糕点的核心竞争力。

## 2. 设计思路

桃酥作为一种传统食品，老少皆宜，不宜定位成高端产品，但是若定位太低又会使得人们对产品产生不信任感，适中的定位更为恰当。在材料的选择上，可以运用纸质材料，做到不繁复，不过度包装，避免过高的包装费用成为消费者的负担。在考虑功能性的同时，加上艺术设计。

## 3. 操作步骤

在 CorelDRAW 软件中绘制包装结构图。

（1）运行 CorelDRAW 软件，参照图 3-107 设置文件属性。

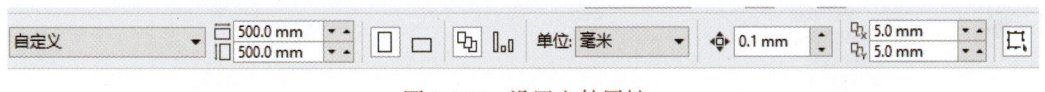

图 3-107　设置文件属性

（2）选择"矩形"工具，绘制一个宽度为 9 厘米、高度为 20 厘米的矩形，如图 3-108 所示。

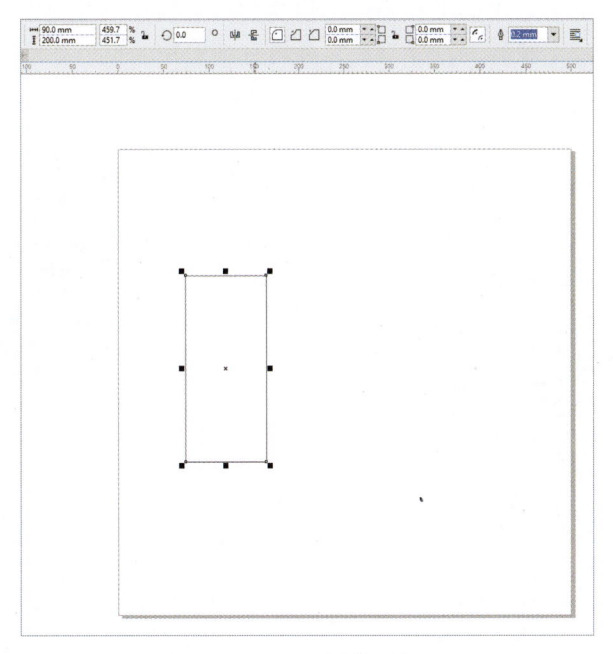

图 3-108　绘制矩形

（3）选择"矩形"工具，绘制一个宽度为 3 厘米、高度为 20 厘米的矩形，在"贴齐"下拉列表中分别勾选"对象"和"页面"复选框，移动新矩形使其与原矩形右侧边缘贴齐，如图 3-109、图 3-110 所示。

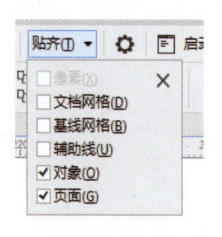

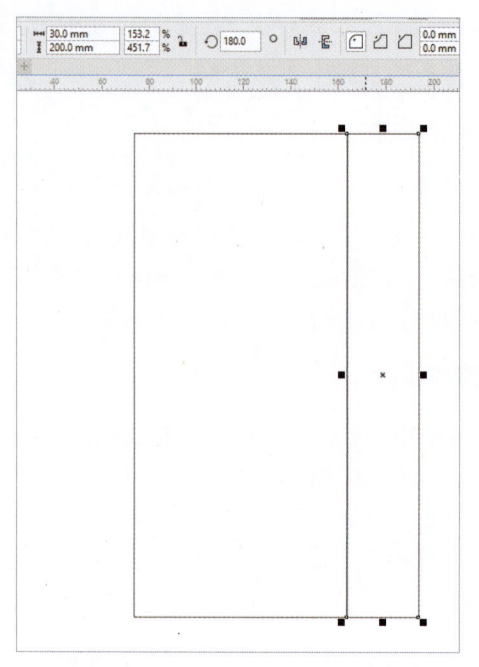

图 3-109　勾选"对象"和"页面"复选框　　　图 3-110　与原矩形右侧边缘贴齐

（4）框选两个矩形并右击，先在弹出的快捷菜单中执行"复制"命令，再在空白处右击，在弹出的快捷菜单中执行"粘贴"命令并将复制出来的矩形拖动到原矩形右侧，上下对齐，如图 3-111～图 3-113 所示。

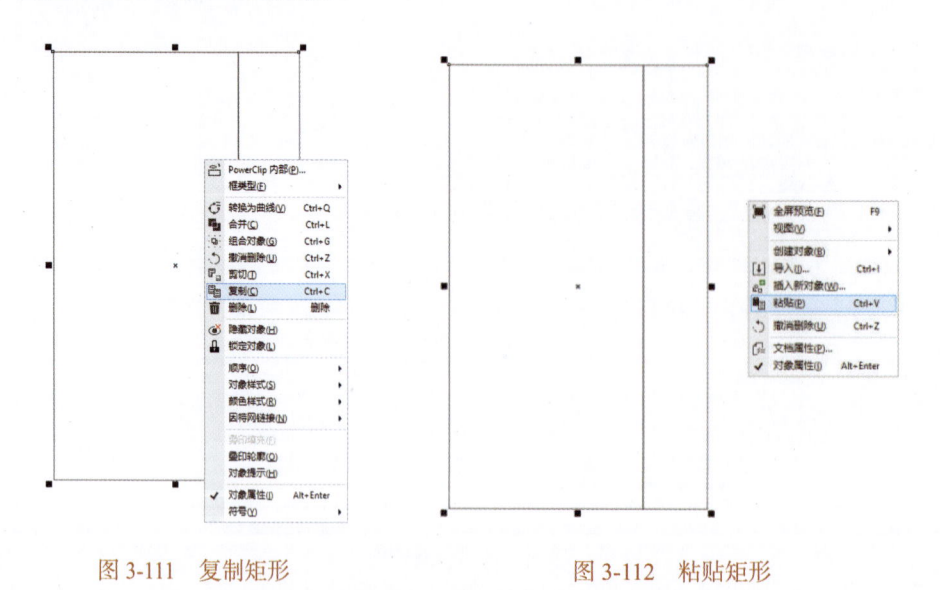

图 3-111　复制矩形　　　　　　　　　　图 3-112　粘贴矩形

（5）绘制一个宽度为 9 厘米、高度为 3 厘米的矩形，如图 3-114 所示。

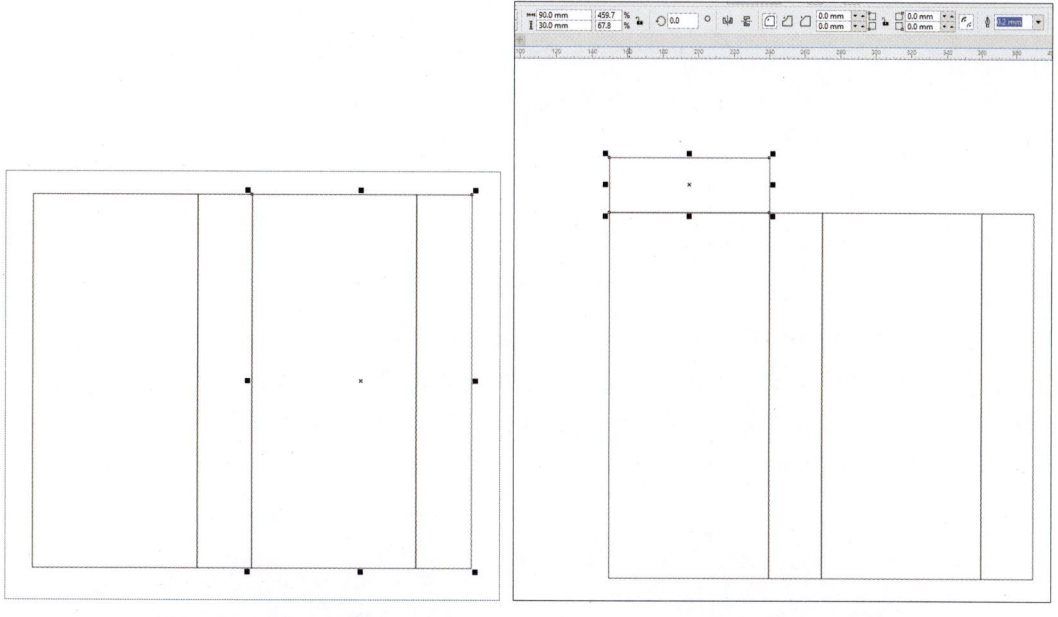

图 3-113　对齐矩形　　　　　　　　　图 3-114　绘制矩形

（6）绘制一个宽度为 4.5 厘米、高度为 1.5 厘米的小矩形，如图 3-115 所示。

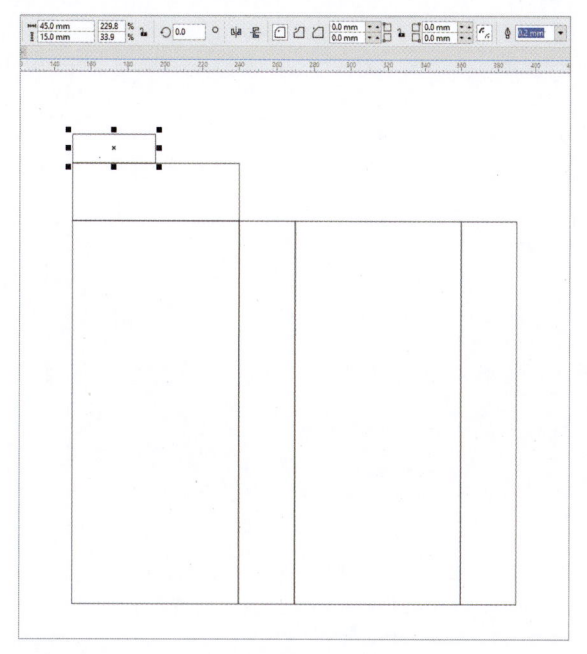

图 3-115　绘制小矩形

（7）先单击最上面的矩形，使其切换成可旋转状态，然后按住 **Ctrl** 键，并按住鼠标左键将矩形向右拖动，如图 3-116 所示。

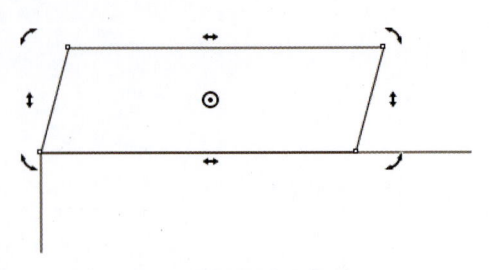

图 3-116　将矩形向右拖动

（8）选择调整后的矩形并右击，先在弹出的快捷菜单中执行"复制"命令，再在空白处右击，在弹出的快捷菜单中执行"粘贴"命令，并将复制的新图形移动到原矩形右侧，如图 3-117 所示。单击"水平镜像"按钮，按住新图形的节点并拖动，使其与下面的矩形对齐，如图 3-117～图 3-120 所示。

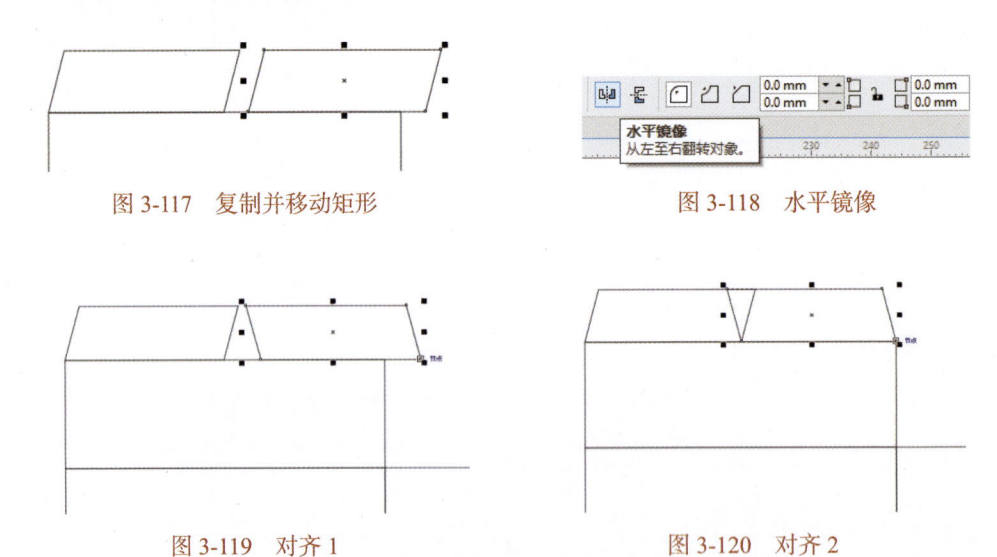

图 3-117　复制并移动矩形　　　　　　　　图 3-118　水平镜像

图 3-119　对齐 1　　　　　　　　　　　　图 3-120　对齐 2

（9）选中上面的两个图形，单击"合并"按钮，合并效果如图 3-121、图 3-122 所示。

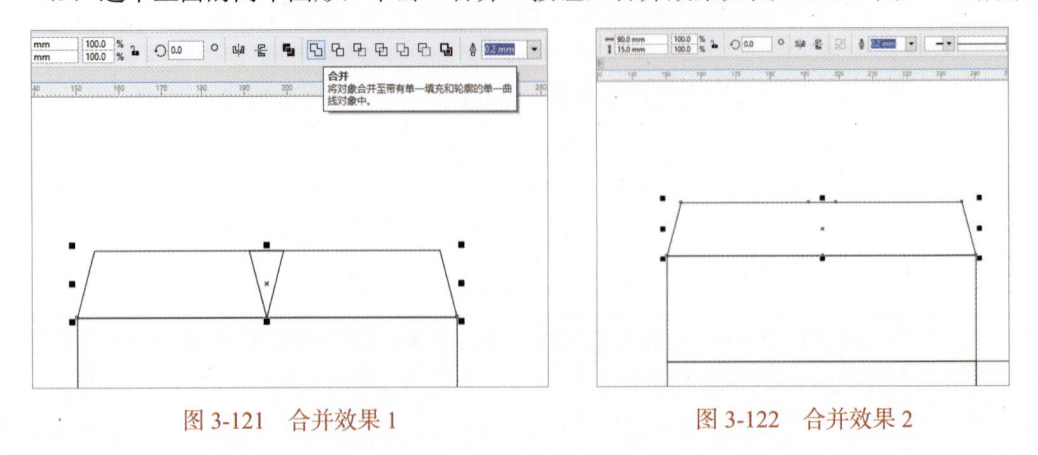

图 3-121　合并效果 1　　　　　　　　　　图 3-122　合并效果 2

（10）绘制一个宽度为 3 厘米、高度为 3 厘米的矩形（见图 3-123）并右击，在弹出的快捷菜单中执行"转换为曲线"命令（见图3-124）。使用形状工具，框选矩形右上角的节点，按住Shift键并按住鼠标左键将其水平向左拖动。局部平面效果如图3-125所示。

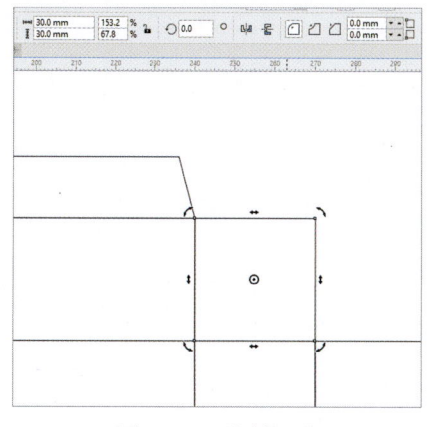

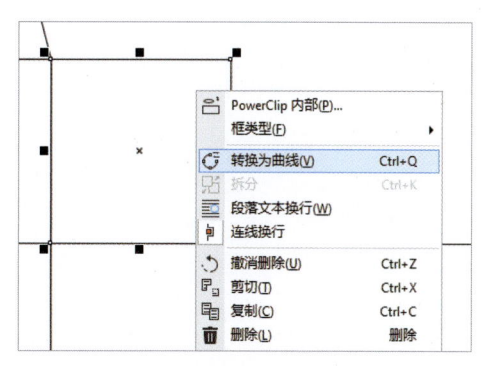

图3-123　绘制矩形　　　　　　　　　　图3-124　转换为曲线

（11）右击上面绘制的图形，先在弹出的快捷菜单中执行"复制"命令，再在空白处右击，在弹出的快捷菜单中执行"粘贴"命令，单击"水平镜像"按钮，将复制的图形拖动，如图3-126所示。

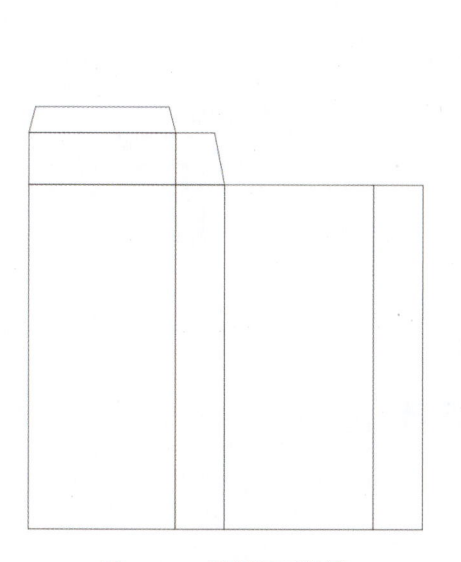

图3-125　局部平面效果　　　　　　　　图3-126　水平镜像效果

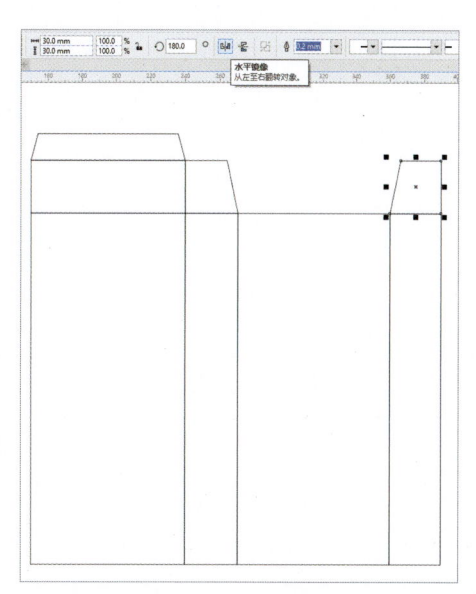

（12）绘制一个宽度为2.5厘米、高度为10厘米的矩形，单击，使矩形切换成可旋转状态，按住Ctrl键，同时按住鼠标左键将矩形向下拖动，如图3-127、图3-128所示。

（13）右击上面绘制的图形，先在弹出的快捷菜单中执行"复制"命令，再在空白处右击，在弹出的快捷菜单中执行"粘贴"命令，单击"垂直镜像"按钮，按住节点拖动图形使其与左侧的矩形对齐，如图3-129所示。

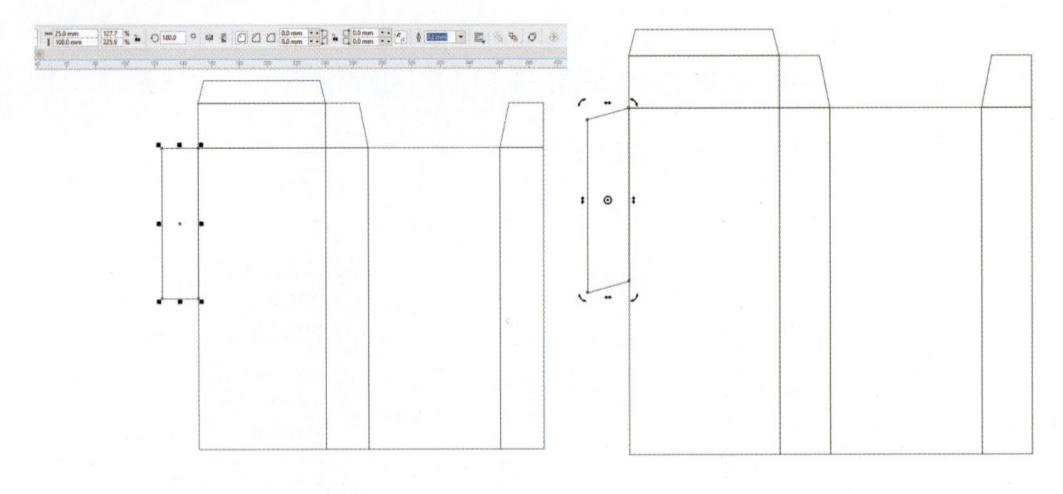

图 3-127　绘制最左侧的矩形　　　　　图 3-128　矩形变形

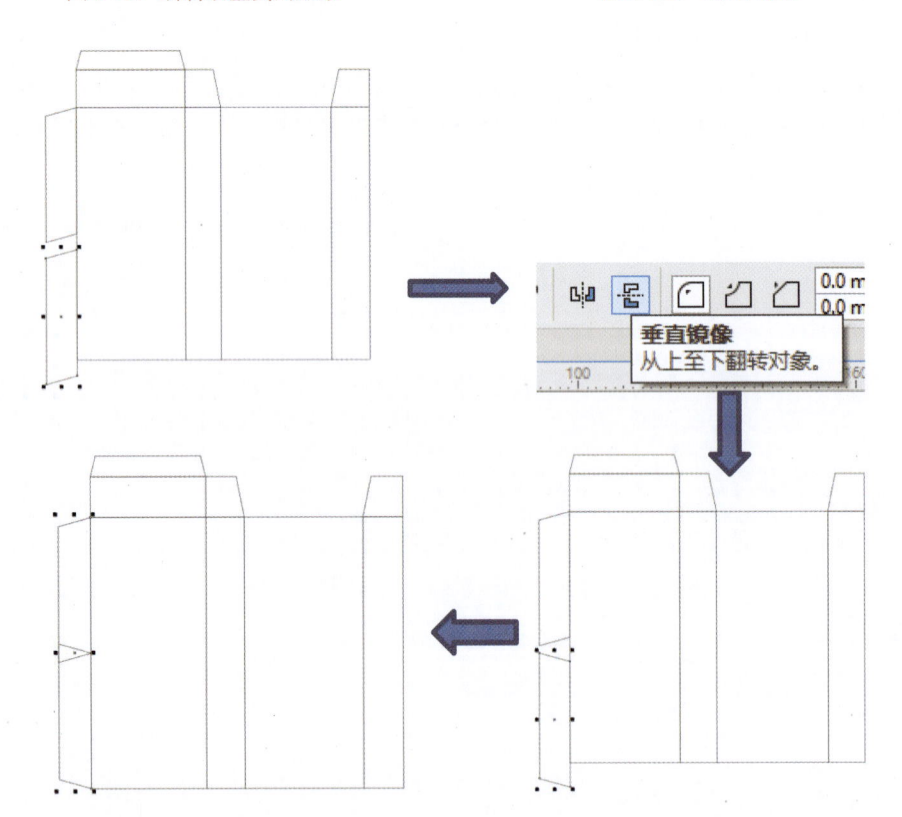

图 3-129　复制对称矩形

（14）选中两个图形，执行"合并"命令，合并效果如图 3-130 所示。

（15）先绘制一个宽度为 9 厘米、高度为 2.5 厘米的矩形（见图 3-131），再在其下方绘制一个宽度为 3 厘米、高度为 3 厘米的矩形（见图 3-132），与上面的矩形进行贴齐。执行"对象"→"对齐和分布"→"水平居中对齐"命令，如图 3-133 所示。

第 3 章　产品包装的结构设计

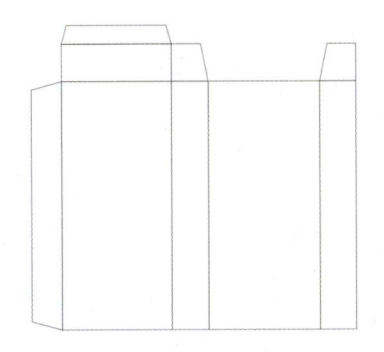

图 3-130　合并效果

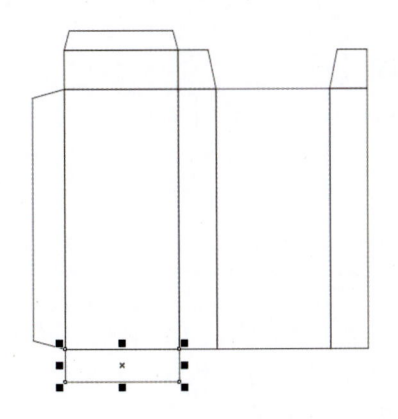

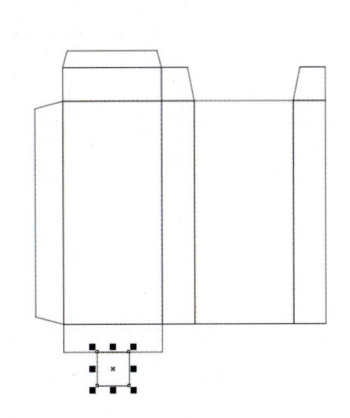

图 3-131　绘制矩形 1

图 3-132　绘制矩形 2

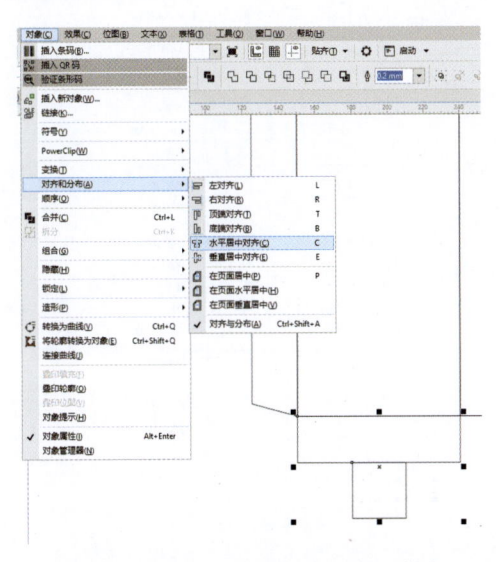

图 3-133　执行"水平居中对齐"命令

85

（16）先右击矩形，执行"转换为曲线"命令，再在矩形上双击，分别选择左、右两侧的节点并拖动，使其与下面的矩形对齐，然后将下面宽度为 3 厘米、高度为 3 厘米的矩形删除。转换为曲线的过程如图 3-134 所示。

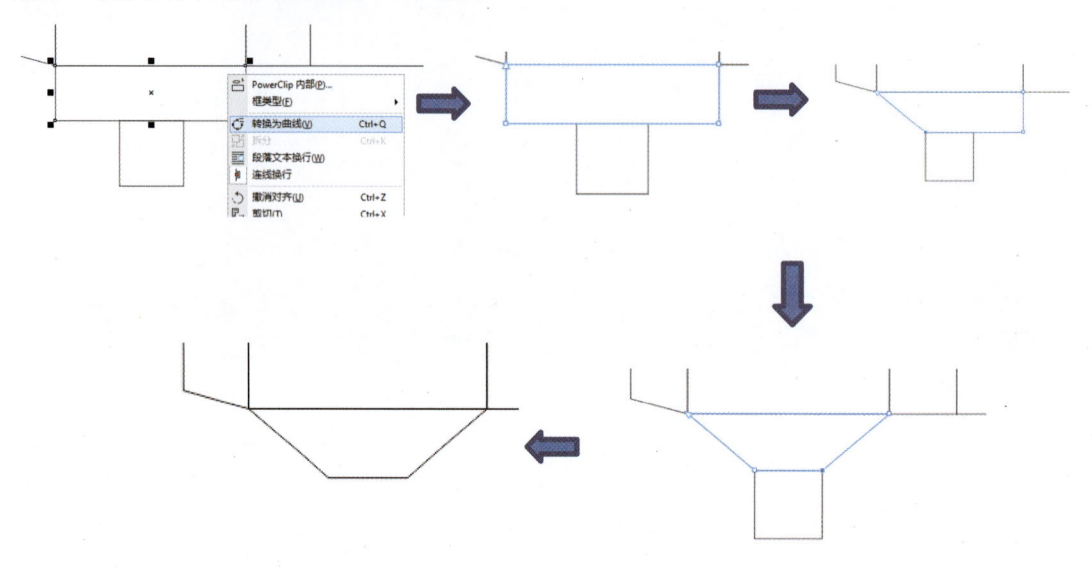

图 3-134　转换为曲线的过程

（17）先绘制一个宽度为 9 厘米、高度为 2.5 厘米的矩形，再绘制一个宽度为 5 厘米、高度为 0.8 厘米的矩形，然后选择两个矩形进行边缘贴齐，执行"对象"→"对齐和分布"→"水平居中对齐"命令，如图 3-135、图 3-156 所示。

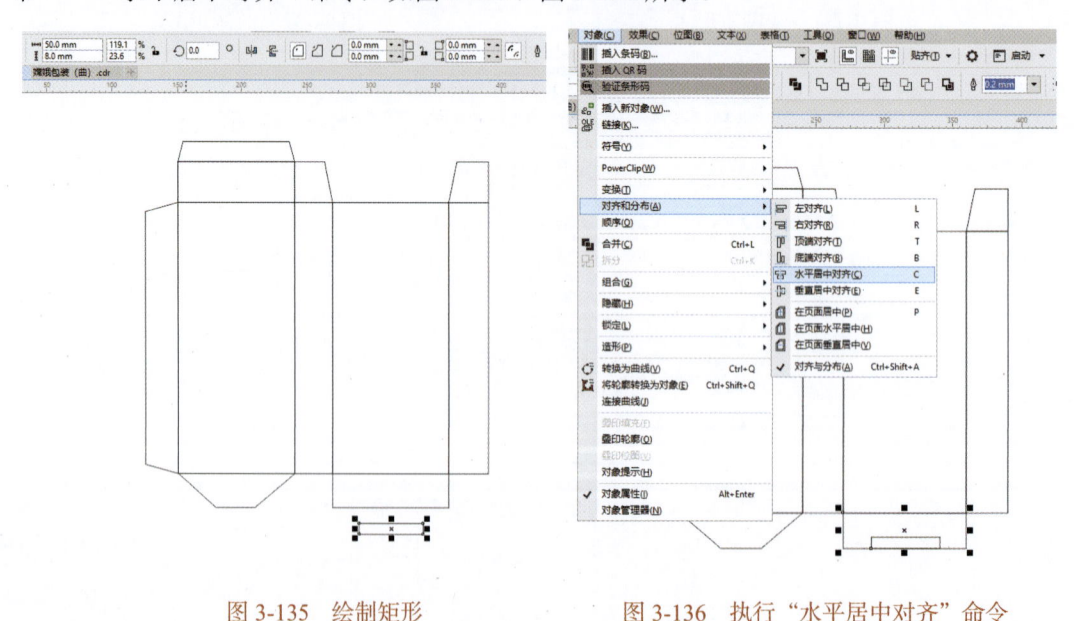

图 3-135　绘制矩形　　　　　　　　图 3-136　执行"水平居中对齐"命令

（18）选择两个矩形，单击"移除前面对象"按钮，如图3-137、图3-138所示。

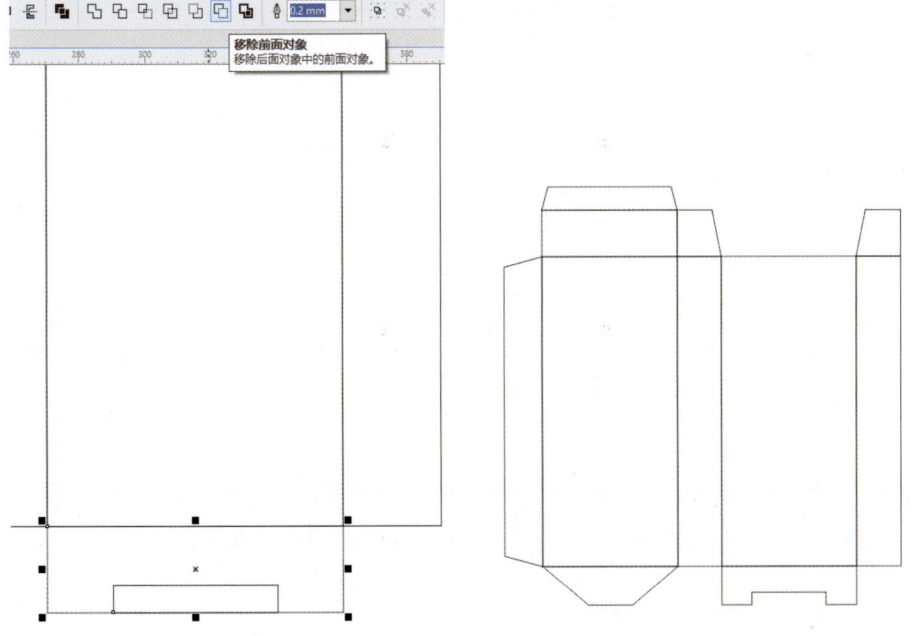

图3-137　单击"移除前面对象"按钮

图3-138　移除后的效果

（19）首先绘制一个宽度为3厘米、高度为4.5厘米的矩形（见图3-139），然后选择"多边形"工具，设置点数并修改参数，如图3-140所示。最终效果如图3-141所示。

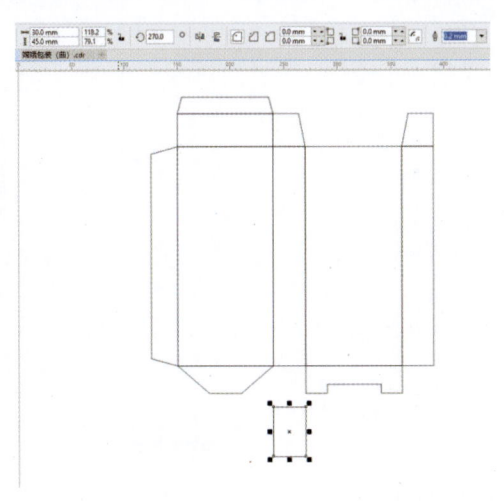

图3-139　绘制矩形

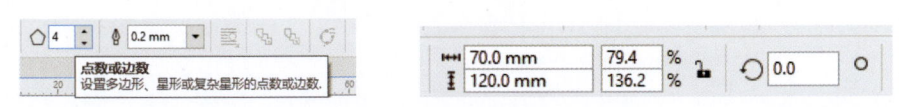

图3-140　设置点数并修改参数

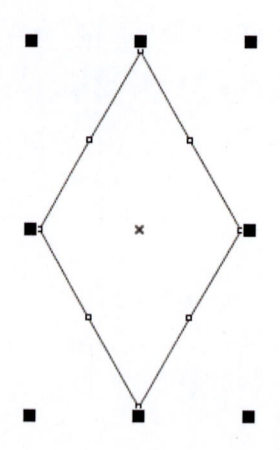

图 3-141　最终效果

（20）先按住多边形的节点并拖动，使其对齐到矩形的左上角的端点处，然后选定两个图形，单击"移除前面对象"按钮。移除对象的过程如图 3-142 所示。

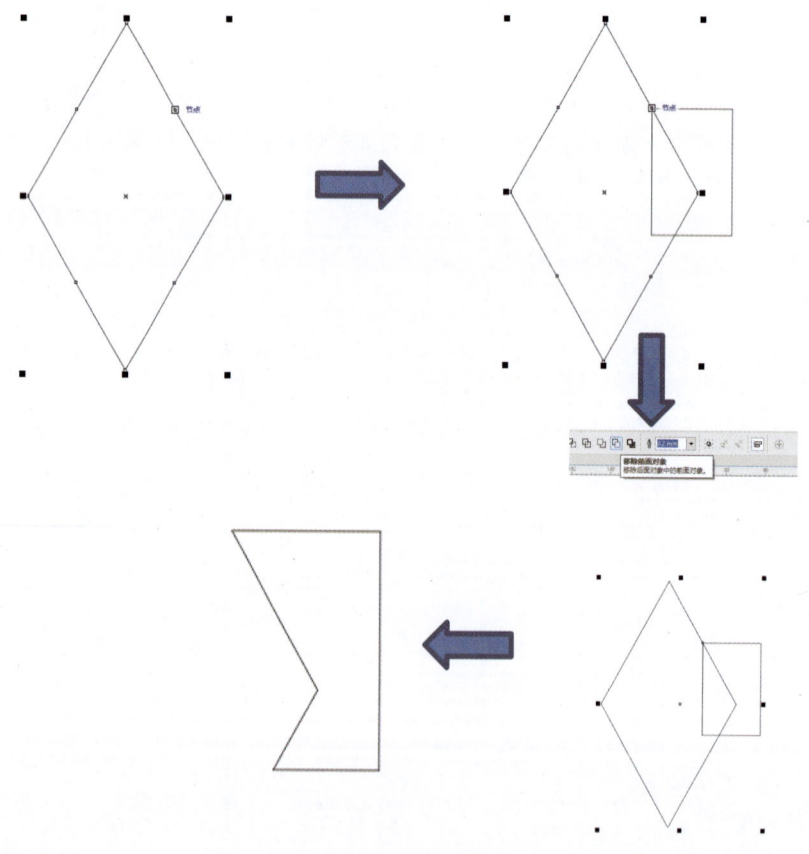

图 3-142　移除对象的过程

（21）移动多边形到相应的位置并右击，先在弹出的快捷菜单中执行"复制"命令，再在空白处右击，在弹出的快捷菜单中执行"粘贴"命令，单击"水平镜像"按钮，将复制的多边形移动到相应的位置，完成效果如图 3-143 所示。

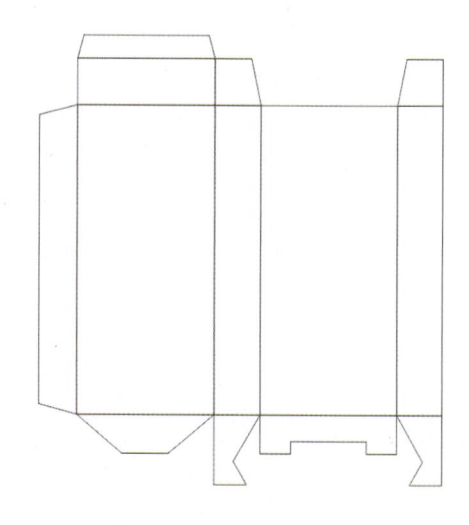

图 3-143　完成效果

### 4. 在 Photoshop 软件中添加装饰纹样

（1）启动 Photoshop 软件（见图 3-144），并创建 A4 大小的文件。

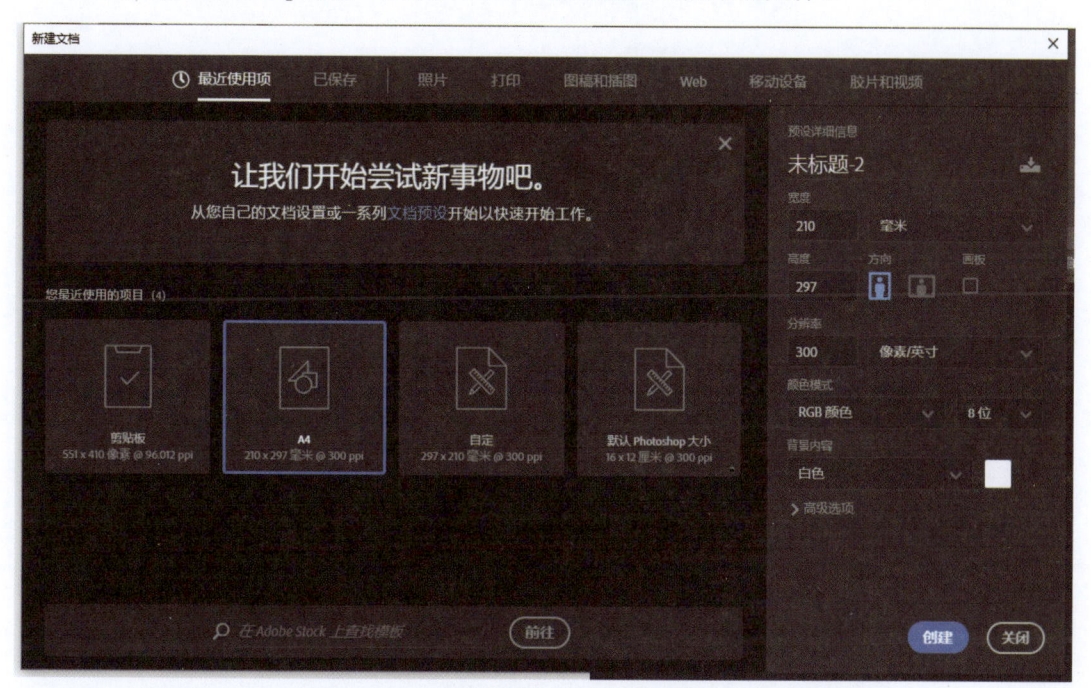

图 3-144　启动 Photoshop 软件

(2)把展开图导入 Photoshop 软件,如图 3-145 所示。

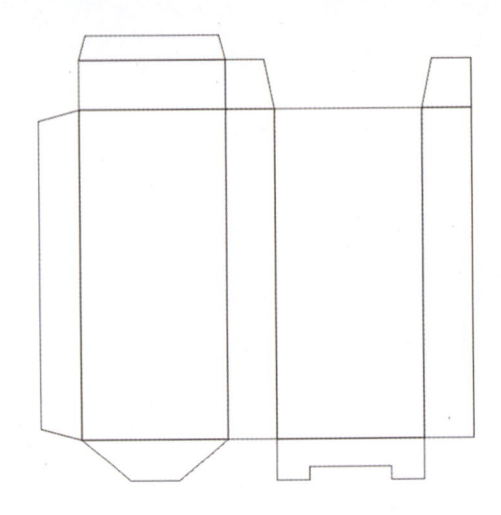

图 3-145　把展开图导入 Photoshop 软件

(3)先打开素材文件"花朵.jpg",新建图层并将其填充为白色,然后使用"矩形"工具框选图形,执行"编辑"→"定义图案"命令,在打开的"图案名称"对话框中,单击"确定"按钮,如图 3-146 所示。

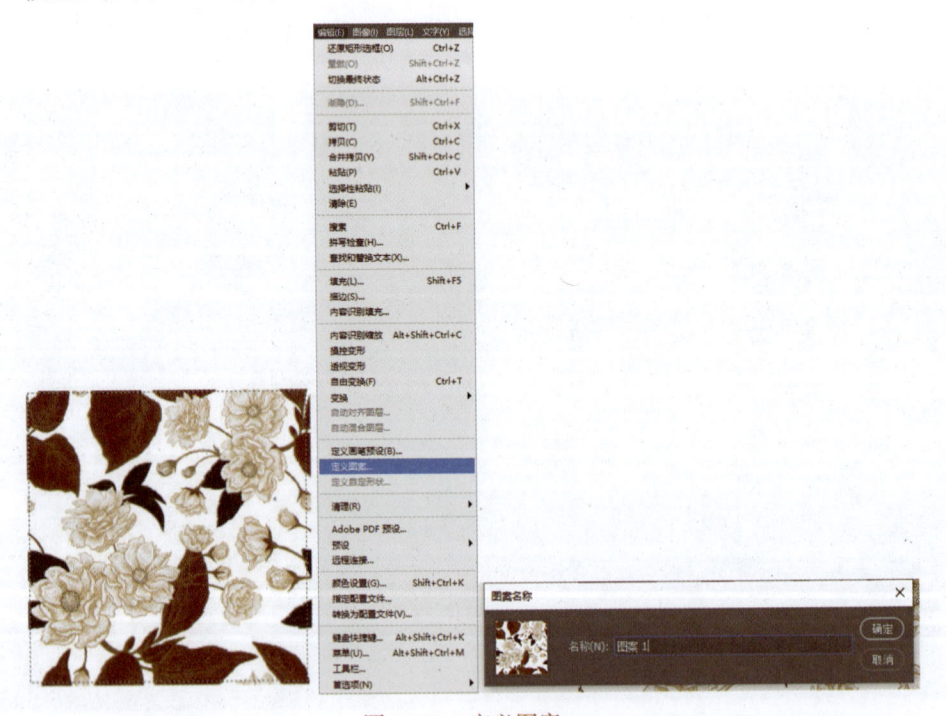

图 3-146　定义图案

(4)在展开图的图层中使用"矩形"工具框选一个矩形,并执行"编辑"→"填充"

命令，按 Ctrl+D 组合键取消选区，如图 3-147 所示。

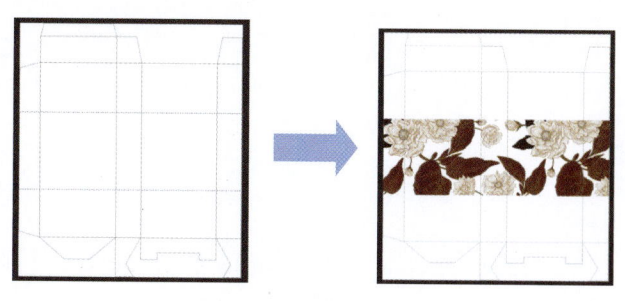

图 3-147　用图案填充

（5）在展开图的图层中使用"快速选择"工具选择部分图，并设置前景色为淡黄色，按 Alt+Delete 组合键填充，如图 3-148 所示。

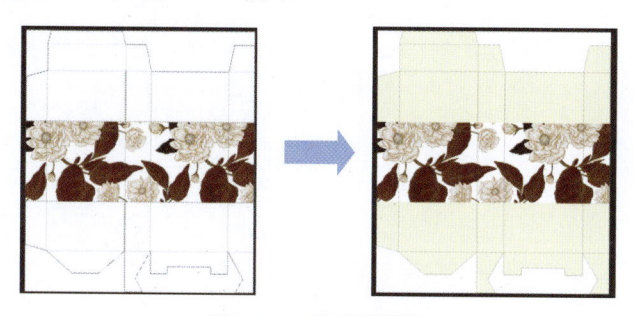

图 3-148　设置前景色

（6）使用"文字"工具将产品名称添加上去，添加文字效果如图 3-149 所示。

图 3-149　添加文字效果

## 思政园地

在现代包装设计中，新材料、新技术、新工艺对包装设计的结构的实现具有重大的影响。在设计中，要重视"包装污染"带来的社会问题；在包装材料的选择上，要充分考虑绿色、环保、节约；在功能的设计上，要实现多元化，要提升包装复用率，避免过度包装，树立生态理念、危机和责任意识。

## 实训

1．完成以下几种纸盒包装的练习，要求制作出实物并绘制出结构图。
（1）锁定式纸盒。
（2）异形纸盒。
（3）展开式纸盒。
（4）开窗纸盒。
2．运用拟态象形手法，设计制作一个纸盒包装结构，要求制作出实物并绘制结构图。

# 第 4 章

# 产品包装的造型设计

在社会中,为了生产和生活的需要,人们设计发明了各式各样的容器,它为人类生活提供了方便。其中,有以实用为目的的,有以陈列观赏为目的的,也有既实用又可陈设观赏的。现代容器设计的目的是既要实用,又要满足人类社会对美的追求。

本章着重介绍产品包装中容器造型设计的定义、功能和分类,容器造型设计的构思方法,容器造型制作的工艺流程等内容。通过本章学习,使读者了解产品包装容器造型设计的基本方法和容器造型设计的思想理念,掌握容器造型设计的方法和技能,能独立地进行产品包装的造型设计。

### 要点

- ◇ 容器造型设计的定义、功能和分类
- ◇ 容器造型设计的构思方法
- ◇ 容器造型制作的工艺流程

### 重点内容

- ◇ 了解容器造型设计的内容和制作流程,掌握容器造型设计的构思方法。

## 4.1 造型设计概述

### 4.1.1 容器造型设计的基本要求

现代的容器设计已不再是普通意义上的概念了,而是社会生活中一个不可忽视的美的组成部分。一件好的容器不但能够使人赏心悦目，而且能够让人产生美的联想，还能点缀人们的生活，影响人们的观念，促进社会的进步。

1. 功能要求

容器造型设计不仅要符合功能的需求，而且要符合加工工艺的要求。

2. 形态要求

在功能得以满足的基础上，要将材料质感与加工工艺的美感充分体现在容器造型本身，不能有丑陋、低俗、不益于社会及有不良影响的容器造型形态。

3. 社会与经济要求

由于社会的地域性或习俗等原因，容器造型设计不仅要针对地域的不同而有所差别，而且要针对不同文化层次的人群有所差别。同时，应注意容器设计与成本的关系，使设计的容器与销售价格相匹配，如在某些生产行业，就对包装占产品的成本比例有明确、严格的规定。

4. 环保要求

在现代社会中，随着人与自然和谐发展的理念日趋成熟，人们在生产过程中越来越注重对自然环境的保护。因此，在容器造型设计的过程中，应将时下流行的一些社会理念在设计中得以体现，使设计具备独特的风格、便利的功能和新颖的造型。

图4-1所示的坚果包装容器设计在造型上非常生动地模仿了"开口笑"，是希望该款食品（开心果）带给消费者更多开心与快乐，同时一级包装和二级包装可以分离，一级包装的连接方式为锁扣连接，可以重复使用，二级包装可以直接拿出来，供盛装物品摆放使用。此外，包装盒也可以当作小饰品盒，具有环保功能。包装材料本身不仅选用环保纸盒，而且具有防潮的效果。

图 4-1 坚果包装容器设计

## 4.1.2 容器、造型与造型设计的定义

1. 容器

一般来讲，以盛装、贮存、保护产品、方便使用和传达信息为主要目的的所有产品的

造型都可以称为容器。

#### 2. 造型与造型设计

对于产品包装来说，造型不只指容器外形，还指根据包装产品的性质和存储、流通、促销的需要，直接与产品的使用方式相关的形状，包括包装内形与外形。

因此，包装容器造型设计是根据被包装产品的特征、环境因素和用户的要求等选择一定的材料，采用一定的技术方法，科学地设计出内外结构合理的容器或制品。

不同于其他艺术语言可以反映出明确的思想内容，容器造型设计可以凭借造型的多样变化和艺术性，反映出美的特征和健康的情调。

容器造型设计具有以下特点。

（1）造型是为产品的功能服务的，优美的包装造型有利于强化包装的实用与方便功能，美化产品，吸引消费者，促进产品的销售。

（2）包装造型是包装装潢的载体，优美的包装造型为包装的视觉传达设计奠定了良好的基础。可以说，包装造型在整个包装设计体系中占有重要的位置，是优秀包装设计的关键。

任何包装容器的造型都必须借助一定的材料和各个部位具体的结构来支撑组合完成。在包装造型设计中，受包装功能要求和制造包装容器的材质与工艺技术的制约，出现了在包装造型与结构设计上的不同要求。

### 4.1.3 产品包装容器造型的分类

#### 1. 根据材质和成型特点分类

包装容器可以分成两类，分别为硬质包装容器和软质包装容器。

硬质包装容器包括瓶、罐、盒、钵、盘、箱、杯、碗、洗、筒等，如图 4-2 和图 4-3 所示。

图 4-2　瓶式包装 　　　　　　　　图 4-3　罐式包装

这类包装容器形成后硬度较大，不易变形，化学物质稳定性好，被大量用于酒、饮料、

医药、化工等液态、粉状类产品的包装中。

软质包装容器主要以质地软，易折叠的纸质材料、软塑材料、复合膜材料、吸塑材料、纺织材料、纤维材料等制作，如图4-4和图4-5所示。

图4-4　纸盒包装 　　　　　　　　　图4-5　软塑包装

**2. 根据包装容器的造型分类**

有些包装容器因形体变化特点而得名，如方瓶、圆瓶等，如图4-6和图4-7所示。

图4-6　方瓶 　　　　　　　　　图4-7　圆瓶

有些包装容器因模仿自然界的形态而得名，如莲子瓶、葫芦瓶等，如图4-8和图4-9所示。

图4-8　莲子瓶 　　　　　　　　　图4-9　葫芦瓶

有些包装容器因受其他工艺造型影响，与生活中某些器物造型相似而得名，如铜鼓形、竹节形、风铃形等，如图4-10～图4-12所示。

图4-10　铜鼓形 　　　　　图4-11　竹节形 　　　　　图4-12　风铃形

**3. 根据包装容器的材料分类**

从材料上分，包含木质、金属、玻璃、草制品、塑料、陶瓷等材质的包装容器。

**4. 根据包装容器的用途分类**

从用途上分，有酒水类、化妆品类、食品类、药品类、化学实验类等包装容器。

## 4.2　产品包装造型的构成及遵循的艺术规律

### 4.2.1　产品包装造型的构成

包装容器设计的3个基本构成要素，分别是功能、材料与工艺、造型。功能是包装容器设计的目的，材料与工艺是包装容器设计的手段，造型则是包装容器设计的灵魂。造型包括式样、质感、色彩、装饰等，是由材料和工艺条件决定的。产品包装造型的构成通过基本形体、比例和变化来体现。容器造型的线型和比例，是决定容器外观是否美的不可缺少的重要因素，而容器造型的变化则是强化容器造型设计个性所必需的。

**1. 基本形体**

容器造型由方与圆组成，体现在线型上就是直线与曲线的结合。将直线与曲线组合在一起，使之成为既对比又协调的整体。

现代产品包装造型千变万化，但不论怎样的造型，都有一定的基本形体。容器的基本形体可以分为方体、球体、圆锥体、圆柱体等。在容器造型设计中，不同的形体有不同的作用和特点，如方体可以表现端庄稳定感，球体可以体现饱满感，圆锥体具有灵巧性，圆柱体可以体现挺拔感，等等。

2. 比例

比例指容器造型各个部分之间的尺寸关系，包括上与下、左与右、主体与副体、整体与局部之间的尺寸关系。恰当地安排比例，可以体现出容器造型的美。确定比例的依据是体积容量、功能效用、视觉效果。

3. 变化

变化指一定的功能要求确定容器造型的基本形体，在基本形（如筒体、方体、锥体、球体）的基本特征上，根据直线和曲线的构成，用变化来对造型加以充实、丰富，从而使容器造型具有独特的个性和情趣。变化的手法有以下 6 种。

（1）切削。

切削指对基本形体加以局部切削，使容器产生局部面的变化，切削设计如图 4-13 所示。由于切削的部位大小、数量、弧度的不同可以使造型千变万化。

（2）空缺。

空缺指在容器造型上为了便于携带提取或视觉效果上的独特而进行虚空间的处理，空缺设计如图 4-14 所示。空缺的部位可以在容器中间，也可以在器身的一侧。空缺部分的形状要体现单纯性，以一个空缺为宜，避免出现纯粹为追求视觉效果而忽略容积的问题。如果是功能上需要的空缺，应符合人体的合理尺度。

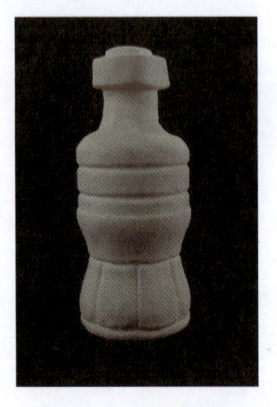

图 4-13　切削设计　　　　　图 4-14　空缺设计

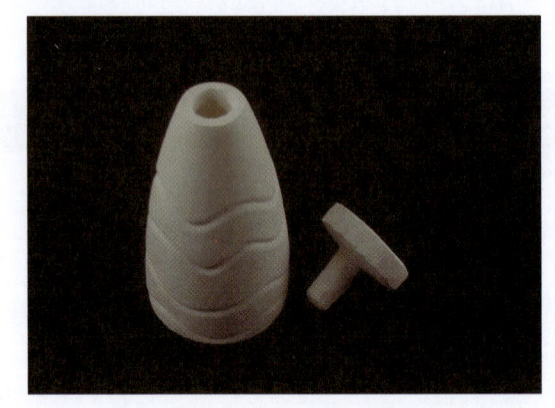

（3）凸凹。

凸凹指在容器上增加与其风格相同的线饰，或增加规则或不规则的肌理在容器的整体或局部上产生面的变化。其目的是使容器出现不同质感、光影的对比效果，以增强表面的立体感，凸凹设计如图 4-15 所示。

（4）变异。

变异指在基本形的基础上进行弯曲、倾斜、扭动或其他造型变化，变异设计如图 4-16 所示。此类容器一般加工成本较高，多用于高档产品的包装。

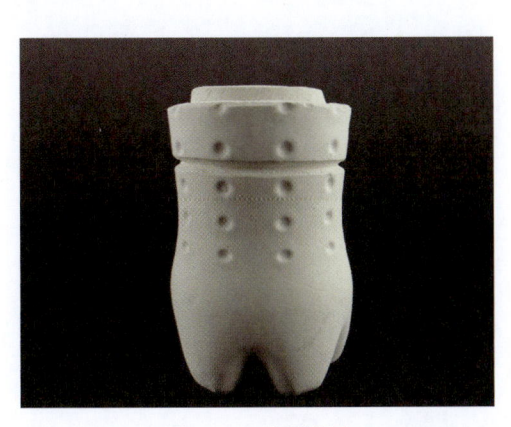

图 4-15　凸凹设计　　　　　　图 4-16　变异设计

（5）拟形。

拟形通过对某种物体的写实模拟或意象模拟来取得较强的趣味性和生动的艺术效果，以增强容器自身的展示效果，但其造型一定要简洁、概括、便于加工，拟形设计如图 4-17 所示。

（6）配饰。

配饰通过与容器造型本身不同材质、形式产生的对比来强化设计的个性，使容器造型设计更趋于风格化。配饰设计可以根据容器的造型，采用绳带捆绑、吊牌垂挂、饰物镶嵌等形式，如图 4-18 所示。

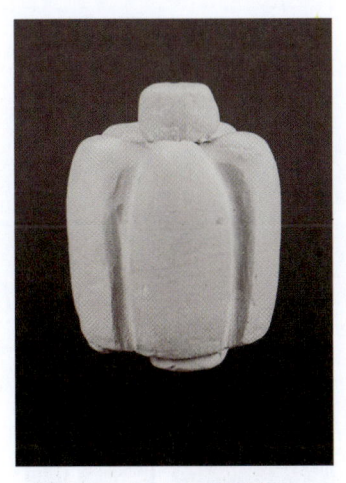

图 4-17　拟形设计　　　　　　图 4-18　配饰设计

## 4.2.2　产品包装遵循的艺术规律

产品包装设计既要符合大众的审美水准与情趣，又要符合美的法则，这些法则可以通过容器造型线型、体量、空间等多方面的变化、统一、对比、调和等方式来体现。

在容器设计中的线型，主要指造型的外轮廓线，它构成了造型的形态。线型归纳起来可以分为曲线与直线两大类，每种线型都可以代表一种情感因素。

造型的体量指形体各个部位的体积给人的感官分量。如果能将它运用得恰到好处，那么可以突出形体主要部分的量感和形态特点。

产品包装应遵循以下规律。

### 1. 统一与变化

统一指造型的整体感，变化指造型局部的区别。造型的统一与变化如图4-19所示。统一指形态的整体都是方形，变化指造型各个部位有局部的变化。统一的造型设计有利于体现产品包装的条理性，而统一中的变化则可以体现造型的多样性。

图4-19 造型的统一与变化

### 2. 重复与呼应

重复与呼应指在造型设计中容器线型和体量的重复使用，以使包装造型产生和谐的秩序美感和节奏美感，包括单个造型中同一线型的重复（见图4-20），以及系列化包装中同一形态元素或相近形态元素的使用（见图4-21）。

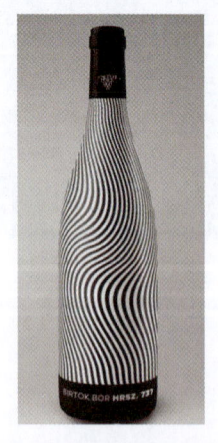

图4-20 单个造型中同一线型的重复　　图4-21 系列化包装中同一形态或相近形态元素的使用

### 3. 对比与调和

对比与调和指容器造型在线型、体量、空间、质感、色彩等方面产生的对比变化，其整体效果科学、美观。空间虚实对比如图 4-22 所示。

图 4-22 空间虚实对比

### 4. 整体的稳定性与局部的生动性

容器的造型整体指造型的基本风格特点，造型整体要体现使用和视觉上的稳定性。整体的稳定性如图 4-23 所示。

造型局部的生动性指在符合整体风格基调的前提下，将局部处理，使造型的特点更加突出，体现视觉上的生动性，局部的处理在整个设计中起到"画龙点睛"的效果。局部的生动性如图 4-24 所示。

图 4-23 整体的稳定性　　图 4-24 局部的生动性

### 5. 比例与尺度

（1）比例与尺度要符合产品的功能要求。

由于产品特点的不同，针对不同产品特点要采用不同的比例与尺度。以酒容器造型为例，由于容器要求容量较大，通常设计瓶身实体部分比例较大，酒容器造型如图 4-25 所示。以化妆品（香水、霜类）容器造型为例，受产品的特征限制要求容器的容量较小，而对美观性的要求较高，因此通常实体比例较小，采用配饰、质感等方式体现造型美感，化妆品容器造型如图 4-26 所示。

（2）比例与尺度要符合产品的审美要求。

① 直筒类（见图 4-27）—— 简洁、大方、刚性美。

② 非直筒类（见图 4-28）—— 精致、小巧、柔性美。

③ 配套产品组合比例 —— 比例适中、线条统一中求变化、差别不宜过大。

图 4-25　酒容器造型

图 4-26　化妆品容器造型

图 4-27　直筒类

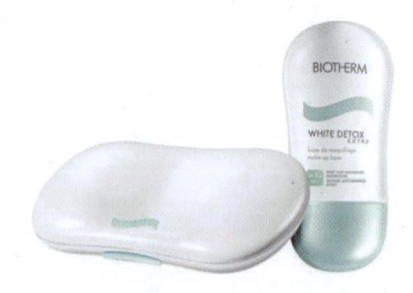

图 4-28　非直筒类

（3）比例与尺度要符合产品的工艺要求。

例如，陶瓷必须经过高温烧制等工艺过程才能制作完成，原料在高温烧制过程中有一个熔融的阶段。如果造型的比例不合理，陶瓷就会出现变形现象。

（4）比例与尺度要符合人体工程学。

## 4.2.3　实例制作

例 4-1　用 CorelDRAW 软件绘制基本形和基本形体。

（1）方形和方体的制作。

① 启动软件，新建图纸，并将其设置成横向。

② 选择"矩形"工具，绘制一个矩形，并设置矩形的尺寸，如图 4-29 所示。

③ 将矩形立体化。选中矩形，执行"窗口"→"泊坞窗"→"立体化"命令，弹出"立体化"面板，如图 4-30 所示。单击"编辑"按钮，可以编辑矩形立体化效果。

图 4-29　绘制并设置矩形尺寸

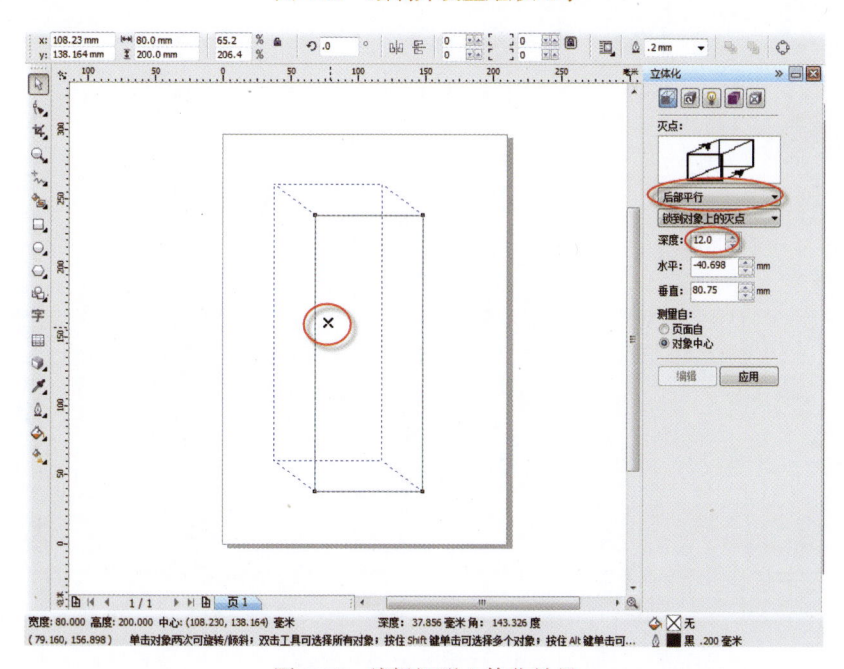

图 4-30　编辑矩形立体化效果

④ 在"立体化"面板中，可以选择立体化的方式，如可以选择"后部平行"选项，也可以设置立体效果的"深度"。拖动图形编辑区中的图标 ✕，调整立体化的深度和方向，如图 4-31 所示。

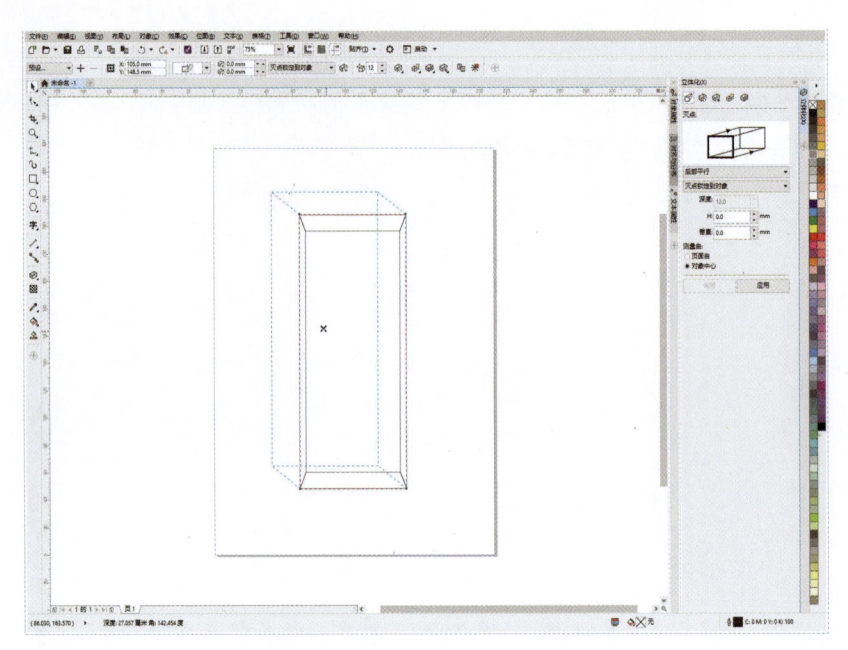

图 4-31　调整立体化的深度和方向

⑤ 设置完成后，单击"应用"按钮，得到立体化的矩形，即完成基本形体——方体的制作，矩形立体化效果如图 4-32 所示。

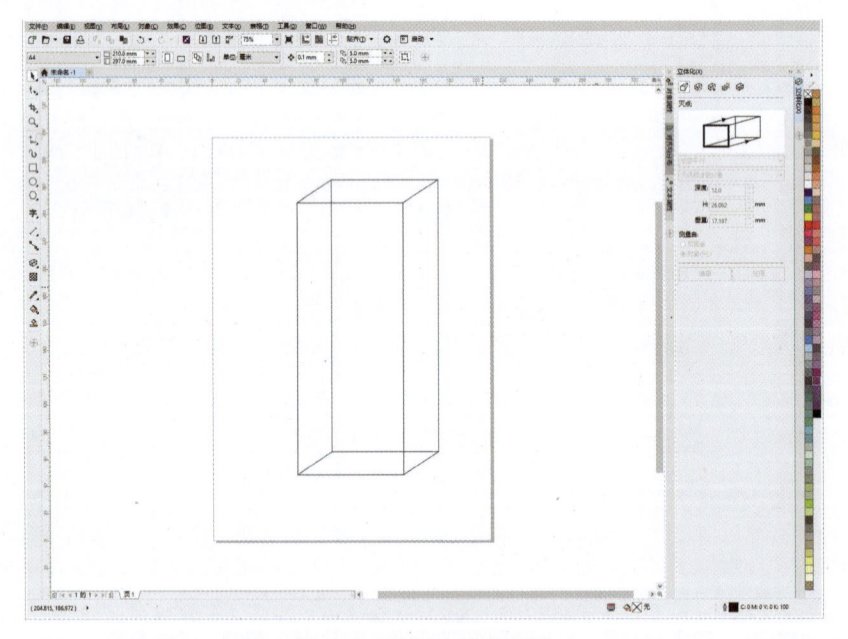

图 4-32　矩形立体化效果

**注意**：在"立体化"面板中可以设置"立体化相机""立体化旋转""立体化光源""立体化颜色""立体化斜角"等参数。分别单击"立体化"面板中的 按钮可以完成各个选项的切换，读者可以根据需要进行参数的设置。

（2）球形和球体的制作。

① 启动软件，新建图纸，并将其设置成横向。

② 选择"椭圆"工具，在按住 Ctrl 键的同时，按住鼠标左键并拖动，绘制正圆，设置正圆的尺寸，如图 4-33 所示。

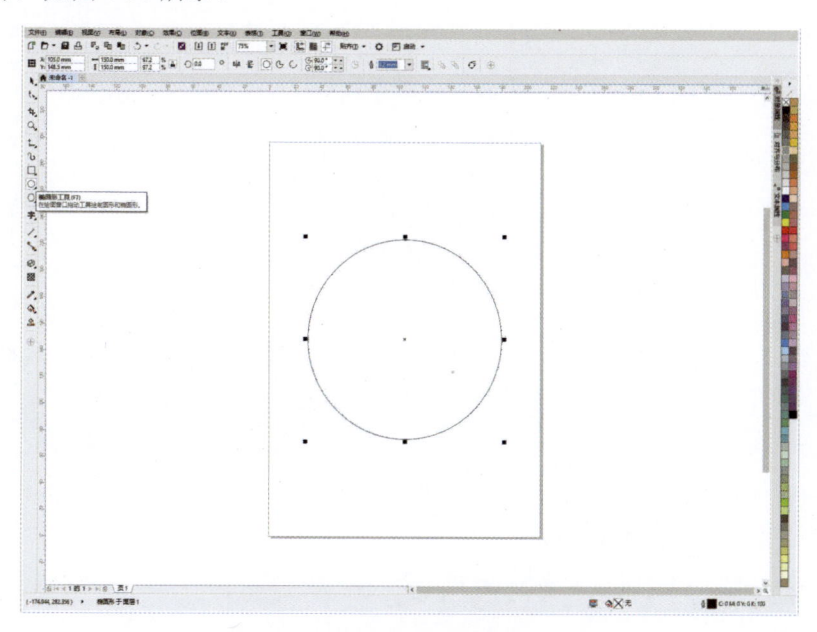

图 4-33　绘制并设置正圆的尺寸

③ 对圆形填充立体效果，如图 4-34 所示。先选中圆形，再选择"交互式填充"工具，在填充类型中选择"射线"工具，并设置填充的颜色及方向。

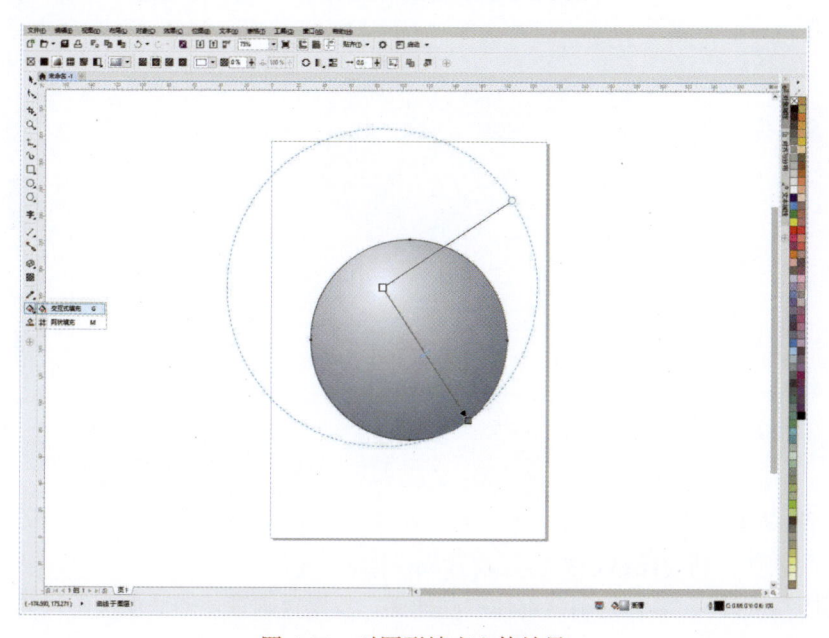

图 4-34　对圆形填充立体效果

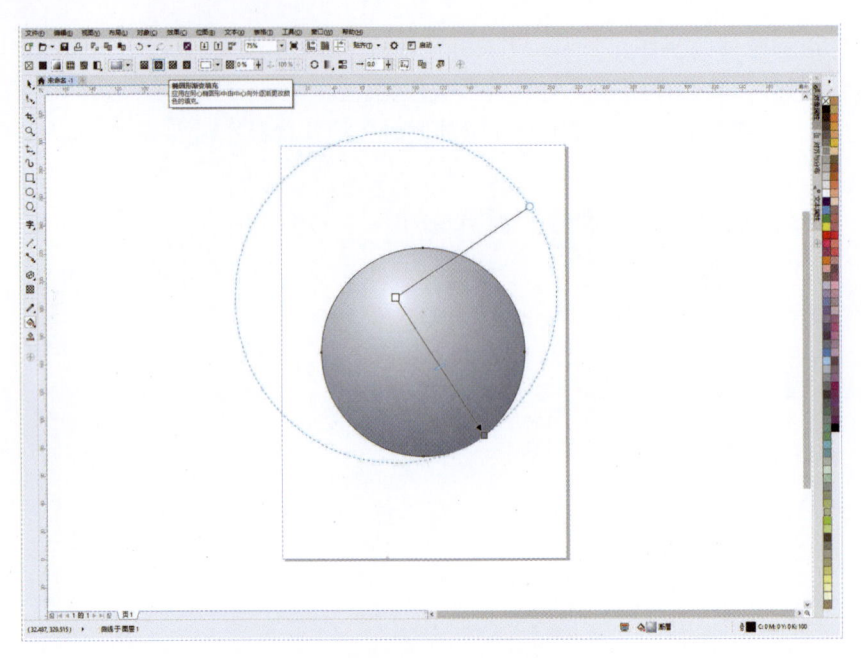

图 4-34  对圆形填充立体效果（续）

圆形立体化效果如图 4-35 所示。

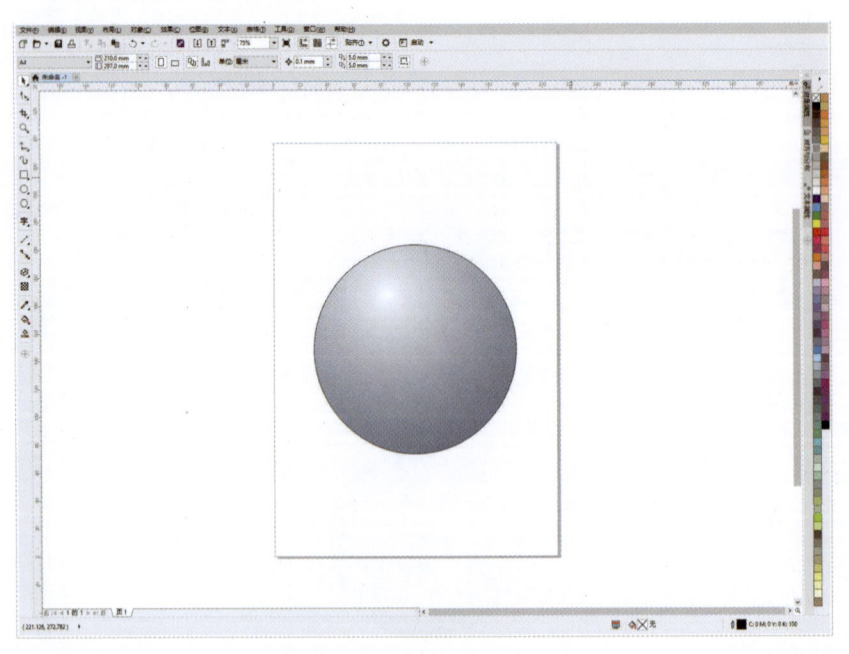

图 4-35  圆形立体化效果

（3）圆锥体的制作。

① 启动软件，新建图纸，并将其设置成横向。

② 选择"椭圆"工具，绘制圆锥体的底面圆，并设置圆锥体的底面圆的尺寸，如图 4-36 所示。

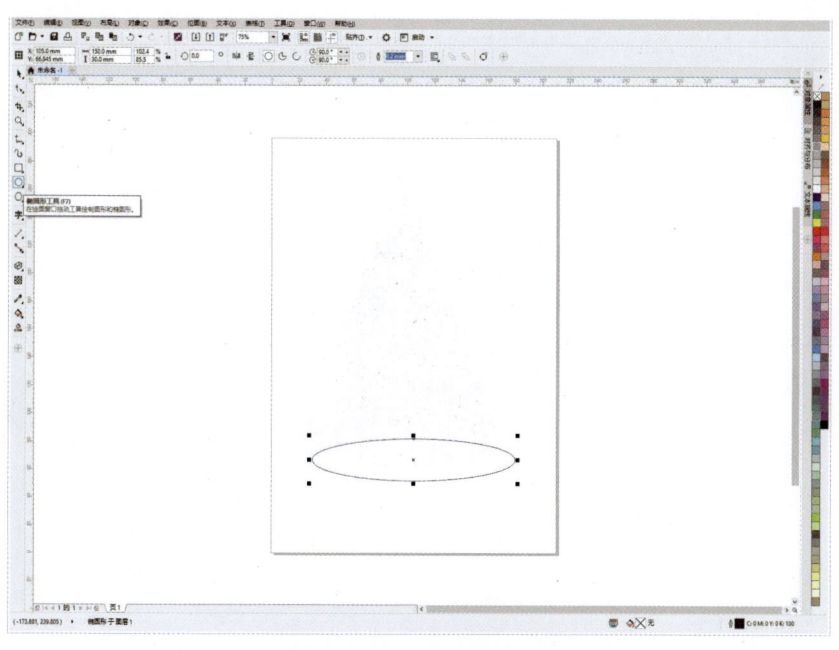

图 4-36 绘制并设置圆锥体的底面圆

③ 选择"手绘"工具,绘制圆锥体的顶点,如图 4-37 所示。

④ 将顶点与底面椭圆同时选中,设置其对齐方式为垂直居中对齐。

⑤ 选择"交互式调和"工具,按住鼠标左键将其从顶点拖动至底面圆心,设置调和步长为 500,完成从顶点到底面形状的调和,如图 4-38 所示。

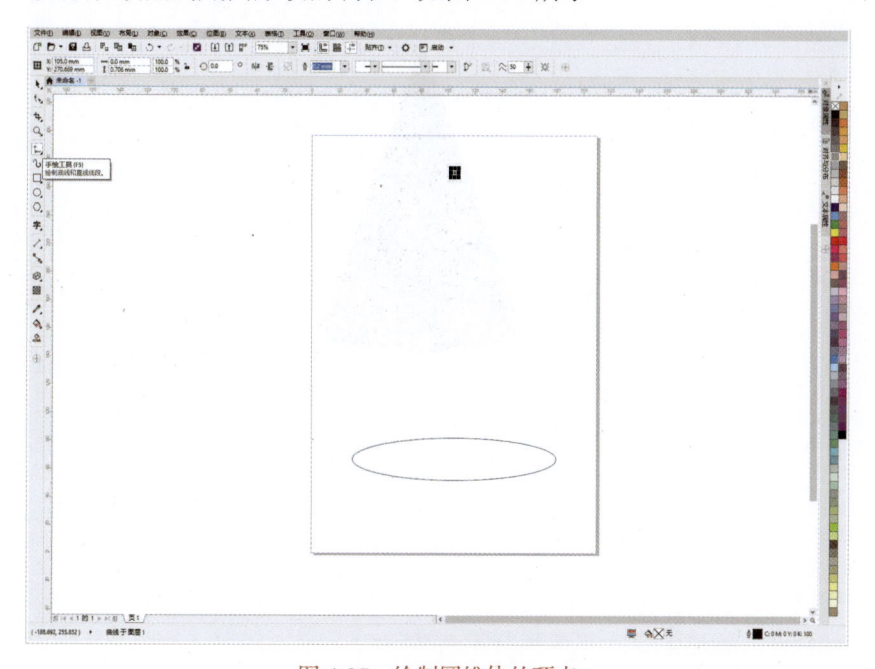

图 4-37 绘制圆锥体的顶点

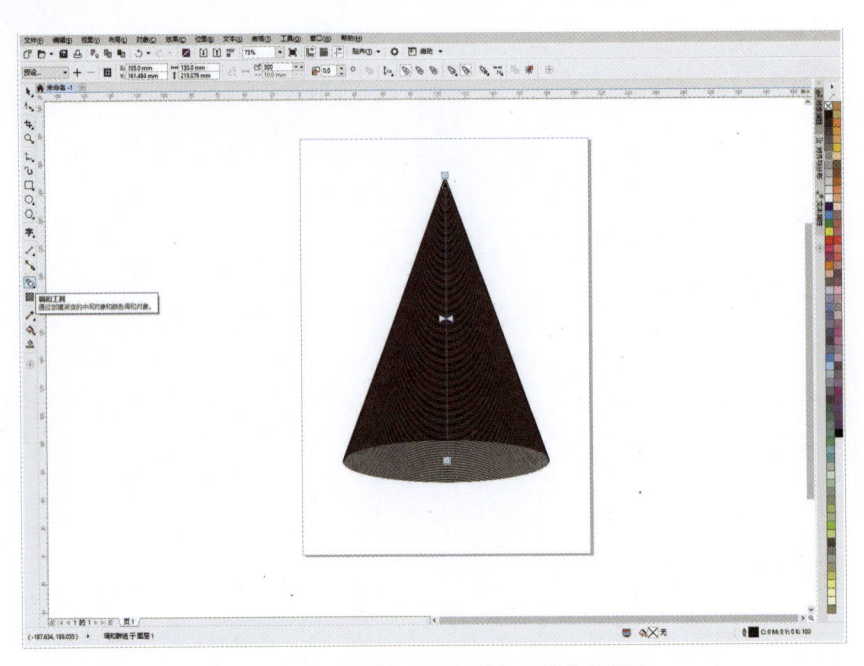

图 4-38　从圆锥体的顶点到底面形状的调和

完成后的圆锥体立体化效果，如图 4-39 所示。

图 4-39　圆锥体立体化效果

（4）圆柱体的制作。

① 启动软件，新建图纸，并将其设置成横向。

② 选择"椭圆"工具，绘制圆柱体的底面圆，并设置圆的尺寸。

③ 先选中椭圆，按 **Ctrl+D** 组合键，再绘制椭圆（也可以执行"编辑"→"再制"命

令），再将绘制的椭圆移动至顶端，分别对两个椭圆填充颜色。

④ 将两个椭圆同时选中，并垂直居中排列。

⑤ 选择"交互式调和"工具，并按住鼠标左键，从上圆圆心点拖动至底面圆心点，设置调和步长为500，完成从圆柱体的顶面到底面形状的调和，如图4-40所示。

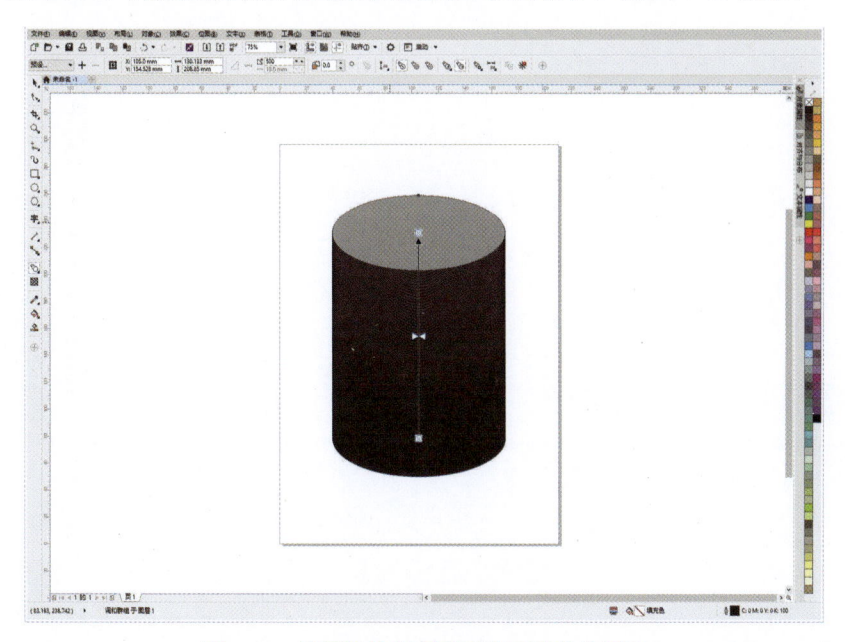

图4-40 从圆柱体的顶面到底面形状的调和

完成后的圆柱体立体化效果，如图4-41所示。

图4-41 圆柱体立体化效果

例 4-2　用 CorelDRAW 软件绘制统一方形的局部变化。

（1）启动软件，新建图纸，并将其设置成横向。

（2）选择"矩形"工具，分别绘制大小不同的两个矩形，如图 4-42 所示。

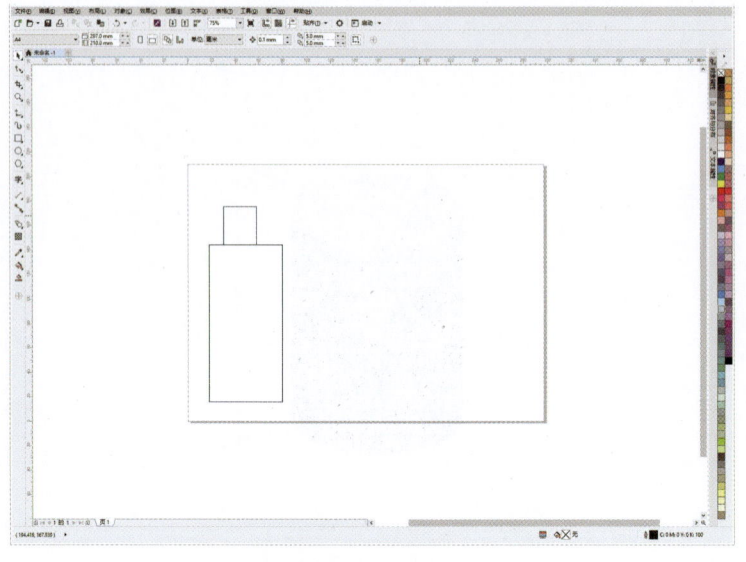

图 4-42　绘制大小不同的两个矩形

（3）将两个矩形的中心对齐，操作步骤如下。

① 选择"挑选"工具，将两个矩形同时选中。

② 执行"对象"→"对齐和分布"→"对齐与分布"命令，弹出"对齐与分布"面板。在"对齐"选项卡中将对齐方式设置为水平居中对齐，如图 4-43 所示。

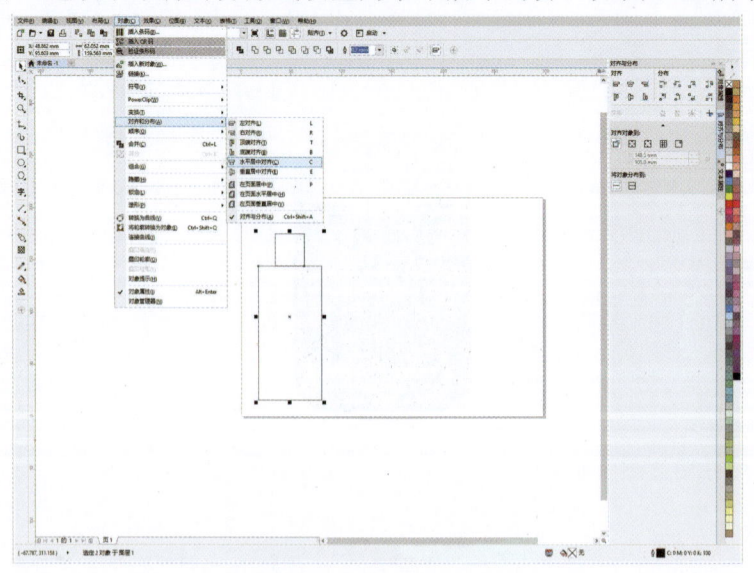

图 4-43　设置对齐方式

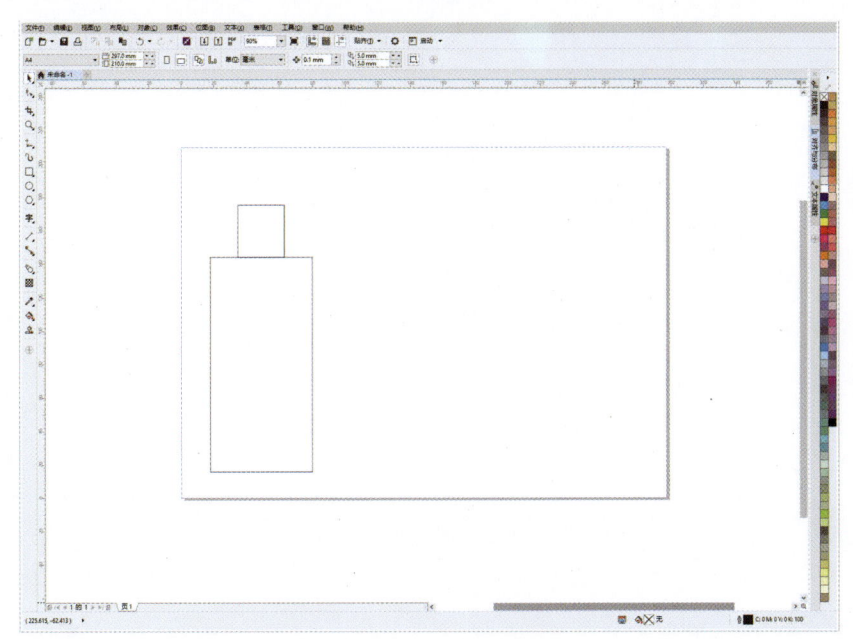

③ 对齐后的两个矩形的中心在同一条垂直线上，如图 4-44 所示。

图 4-44　对齐后的两个矩形

**注意**：执行"对齐与分布"命令可以对两个以上图形进行对齐和排列方式的设置。

（4）将两个矩形合并为一个完整形态，操作步骤如下。

① 选择"挑选"工具，将两个矩形同时选中。

② 执行"对象"→"造型"→"合并"命令（或直接单击"造型"工具栏上的"合并"按钮），如图 4-45 所示。

完成后，可以使两个矩形合并为一个图形，如图 4-46 所示。

**注意**："造型"工具栏 ，需要在选中两个以上图形时才会显示。该工具栏可以实现两个以上图形的合并、修剪、相交、简化、移除后面对象、移除前面对象、创建新对象等功能。

（5）为矩形填充颜色，操作步骤如下。

① 选用"挑选"工具，将矩形选中，双击填充颜色的图标 ，弹出"编辑填充"对话框，如图 4-47 所示。

② 在对话框中选中需要填充的颜色，并单击"确定"按钮，即可对图形进行颜色填充。完成第一个基本图形的制作，如图 4-48 所示。

（6）变化图形的制作。

在基本图形的基础上，通过形态的变化完成基本变化形状的制作，操作步骤如下。

① 使用形状工具，选中图形的左肩端点，并将左肩端点沿垂线向下移动，如图 4-49 所示。

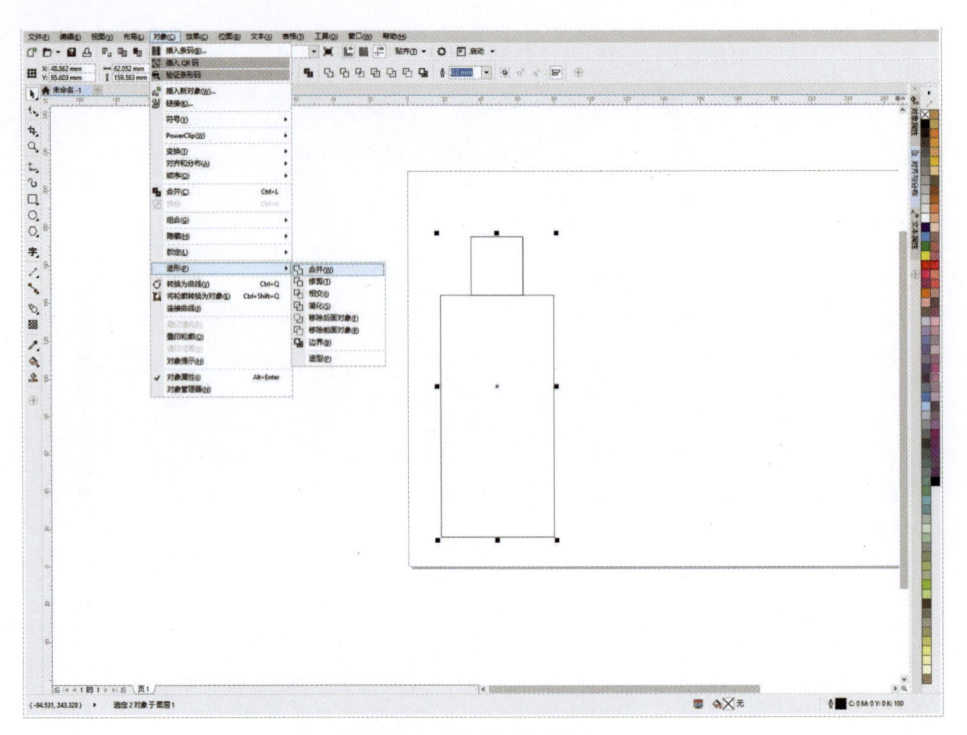

图 4-45 合并图形的过程

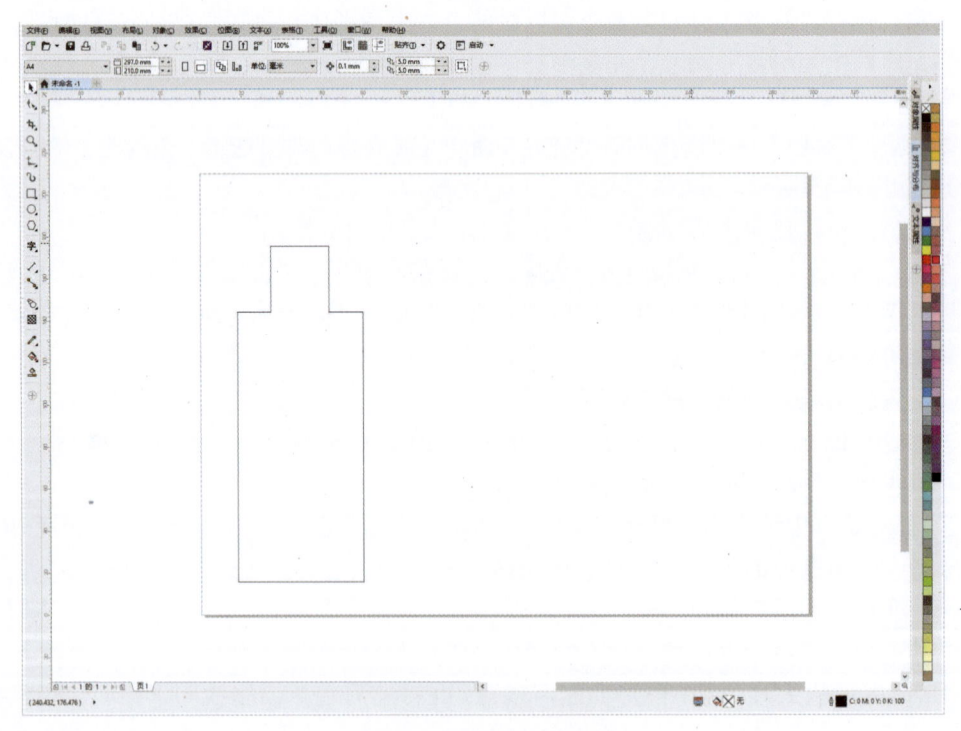

图 4-46 合并完成的图形

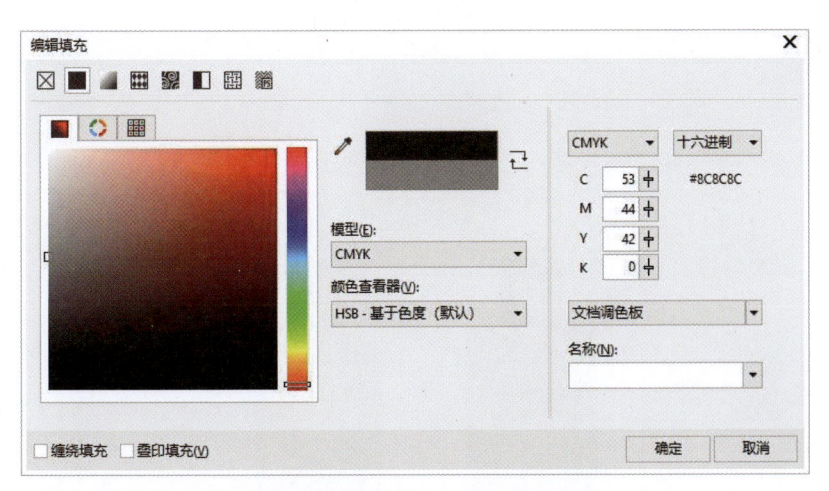

图 4-47 "编辑填充"对话框

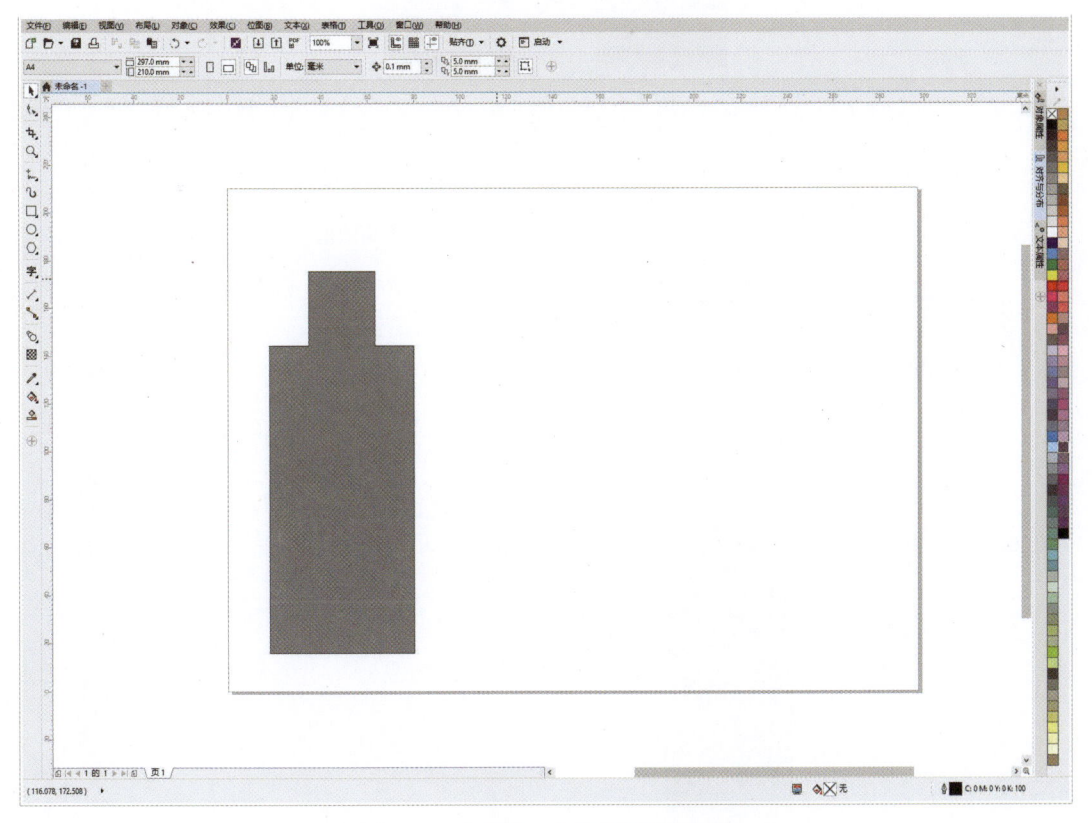

图 4-48 完成第一个基本图形的制作

② 选中图形的左颈下端点,并单击"转换为曲线"按钮,将直线转换为曲线,如图 4-50 所示。

③ 调整肩、颈两个端点之间的控制手柄,得到左肩变化造型,如图 4-51 所示。

113

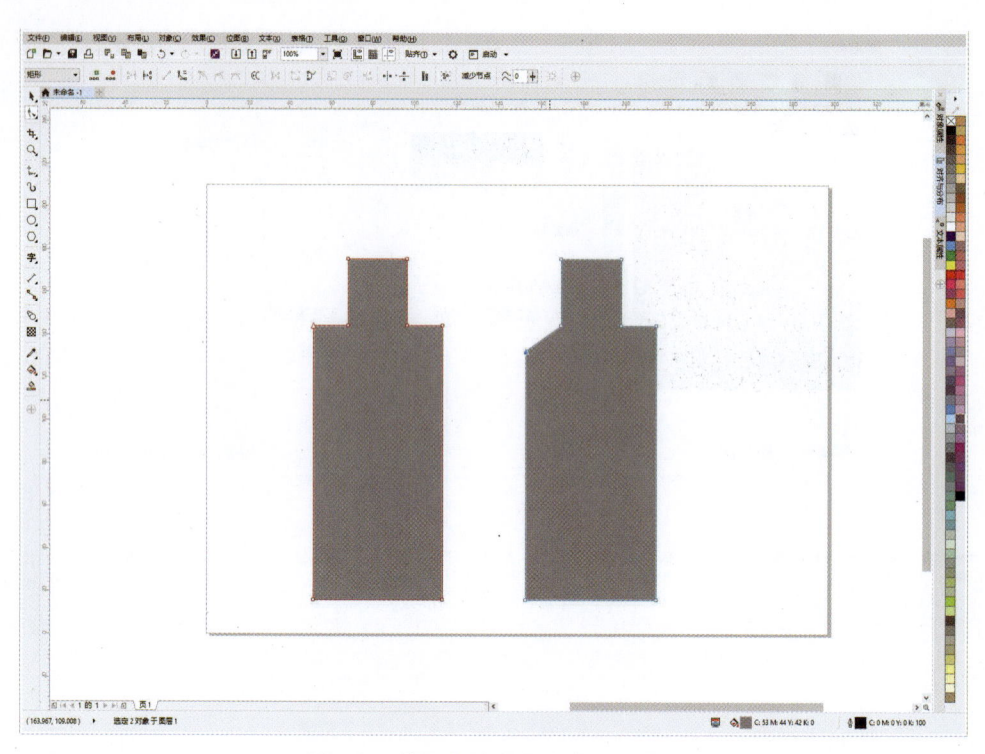

图 4-49　将左肩端点沿垂线向下移动

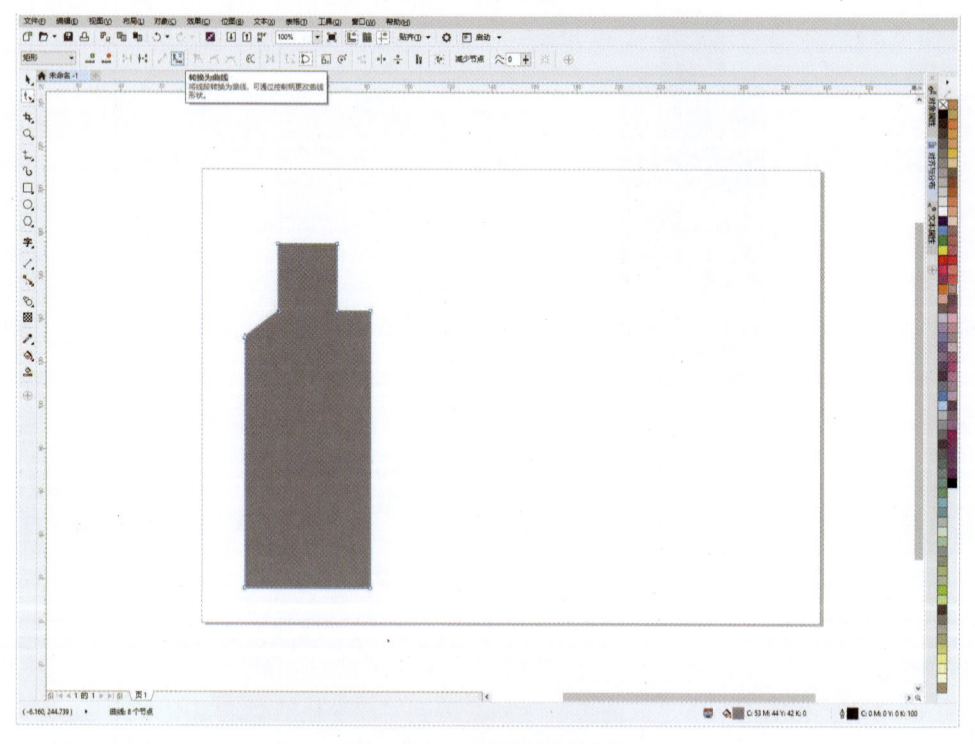

图 4-50　将直线转换为曲线

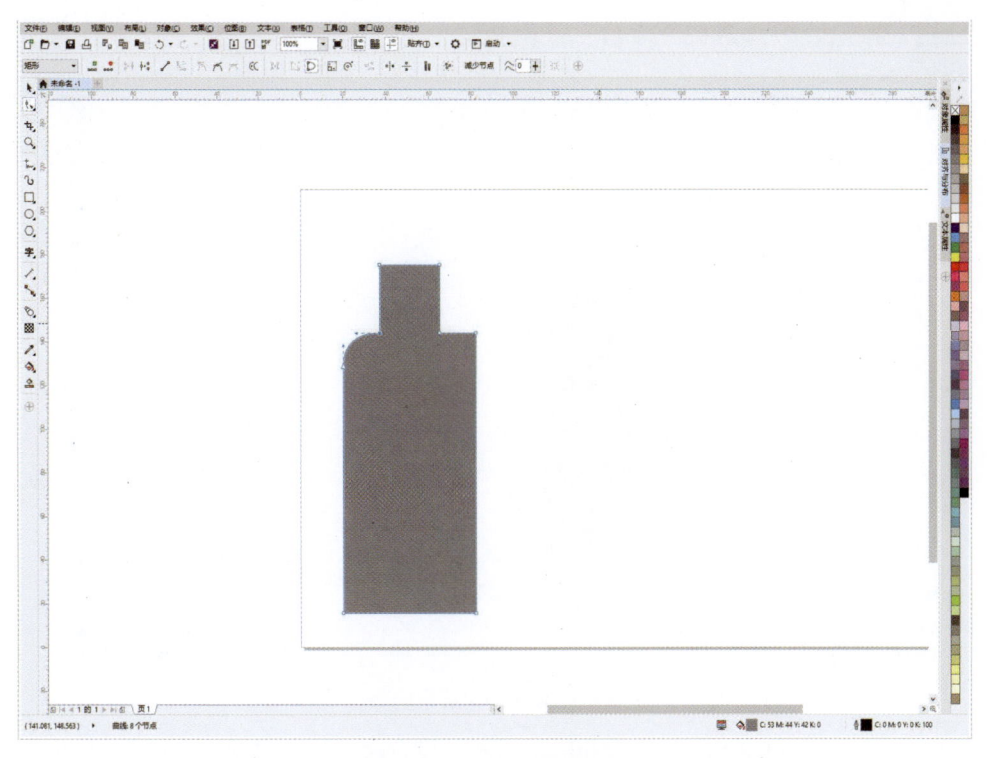

图 4-51　左肩变化造型

④ 用同样的方法，选中图形的右肩端点，并将右肩端点沿垂线向下移动，如图 4-52 所示。

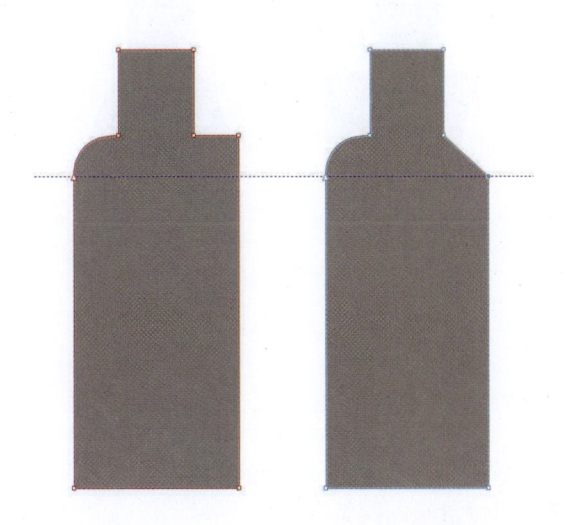

图 4-52　将右肩端点沿垂线向下移动

⑤ 选中图形的右肩下端点，并单击"转换为曲线"按钮，调整肩、颈两个端点之间的控制手柄，得到右肩变化造型，完成变化造型的制作，如图 4-53 所示。

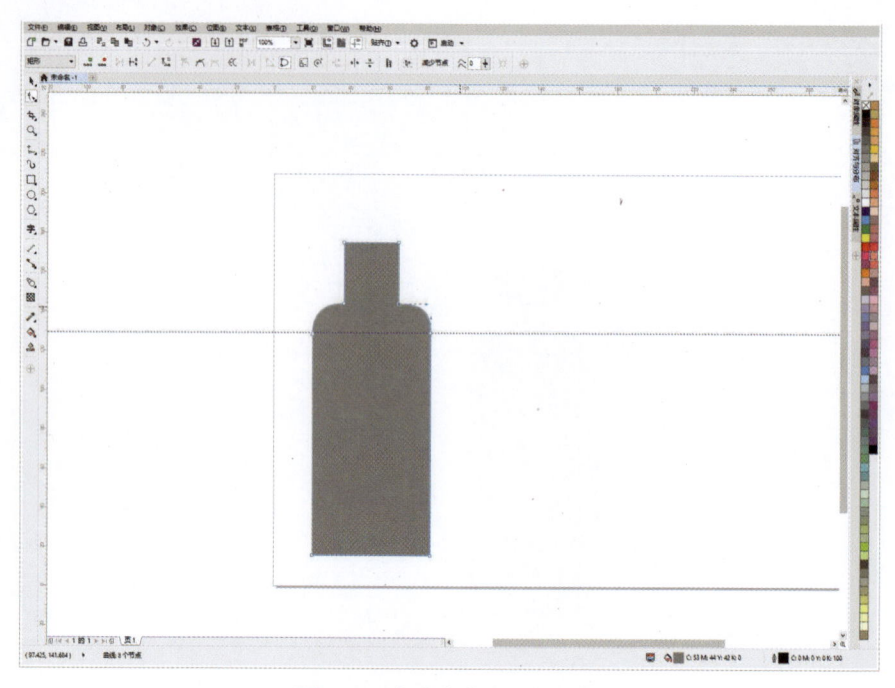

图 4-53　完成变化造型的制作

**注意**：使用 CorelDRAW 软件中的形状工具，设置选项为"转换为曲线"，并对选中的节点进行编辑，可以实现图形直线变曲线的操作。用此方法，可以完成从统一图形到变化图形的制作。读者可以参照上例完成图 4-54 所示变化图形的制作。

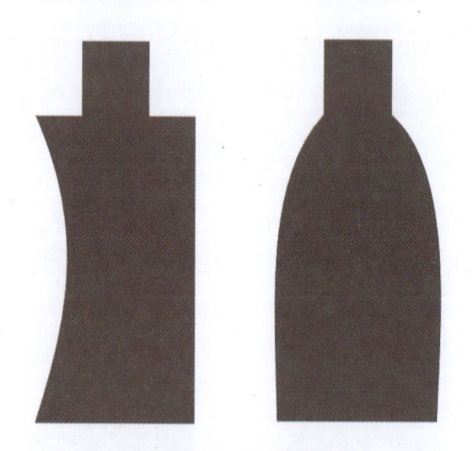

图 4-54　变化图形的制作

例 4-3　用 CorelDRAW 软件绘制同一线型重复的造型。

（1）启动软件，新建并设置纵向图纸。

（2）绘制矩形，并分别将矩形上、下边线转换为曲线，操作步骤如下。

① 绘制矩形，并单击"转换为曲线"按钮，将矩形转换为曲线，如图 4-55 所示。

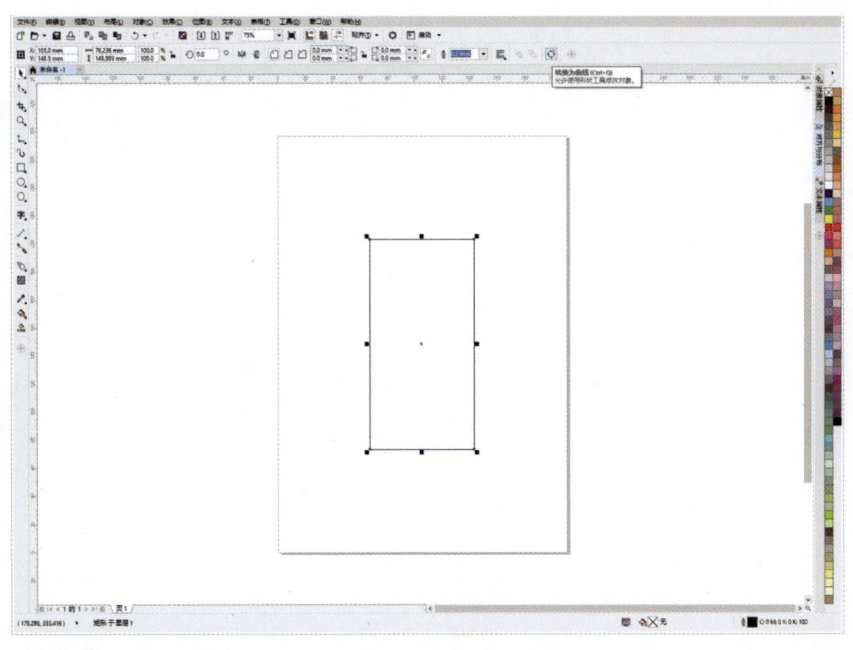

图 4-55 将矩形转换为曲线

② 选择形状工具，并选中矩形的左下端点，单击"转换为曲线"按钮，将矩形的底线转换为曲线，如图 4-56 所示。

③ 同理，选择矩形的右上端点，并单击"转换为曲线"按钮，将矩形顶线转换为曲线，转换完成的效果如图 4-57 所示。

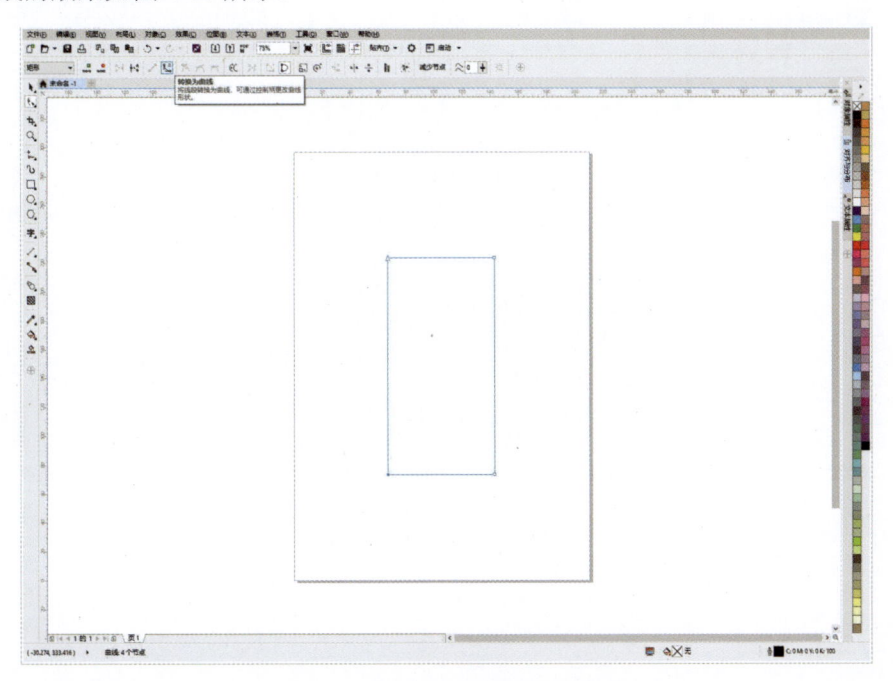

图 4-56 将矩形的底线转换为曲线

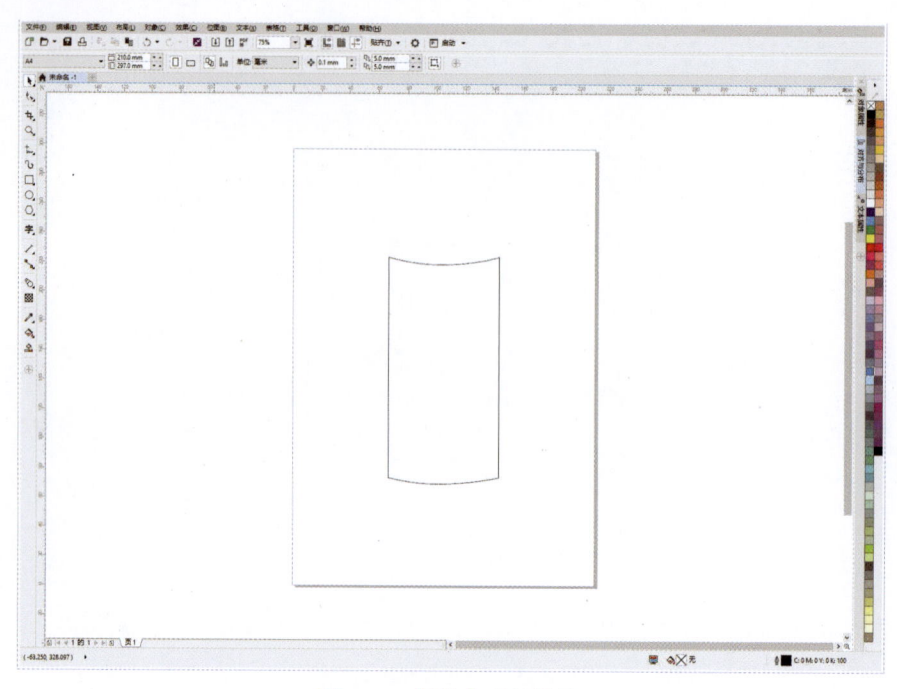

图 4-57　转换完成的效果

（3）绘制重复的线型，操作步骤如下。

① 绘制矩形，如图 4-58 所示。

② 将矩形左、右两侧的直线转换为曲线，如图 4-59 所示。

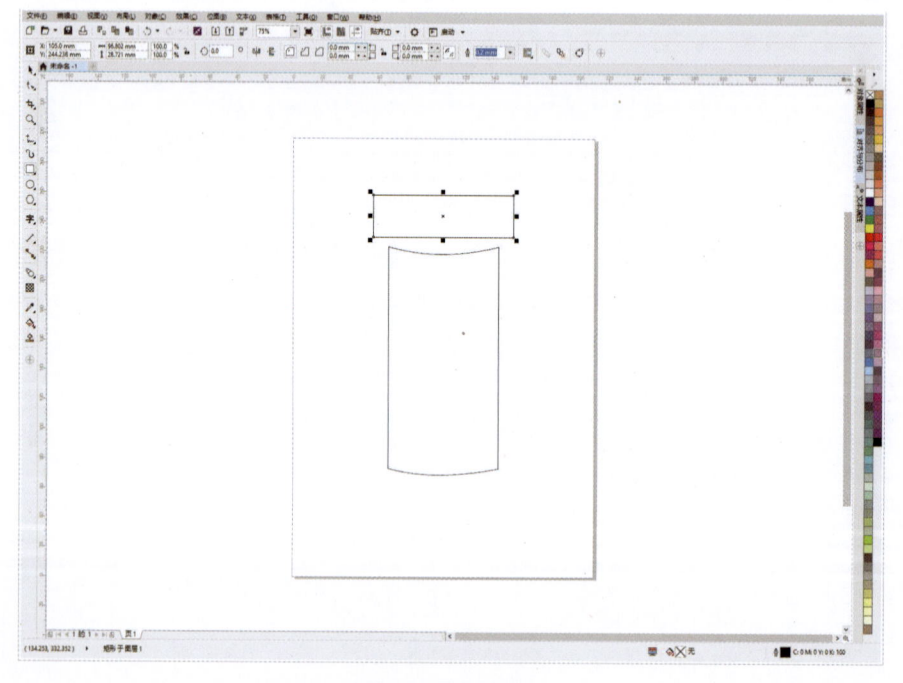

图 4-58　绘制矩形

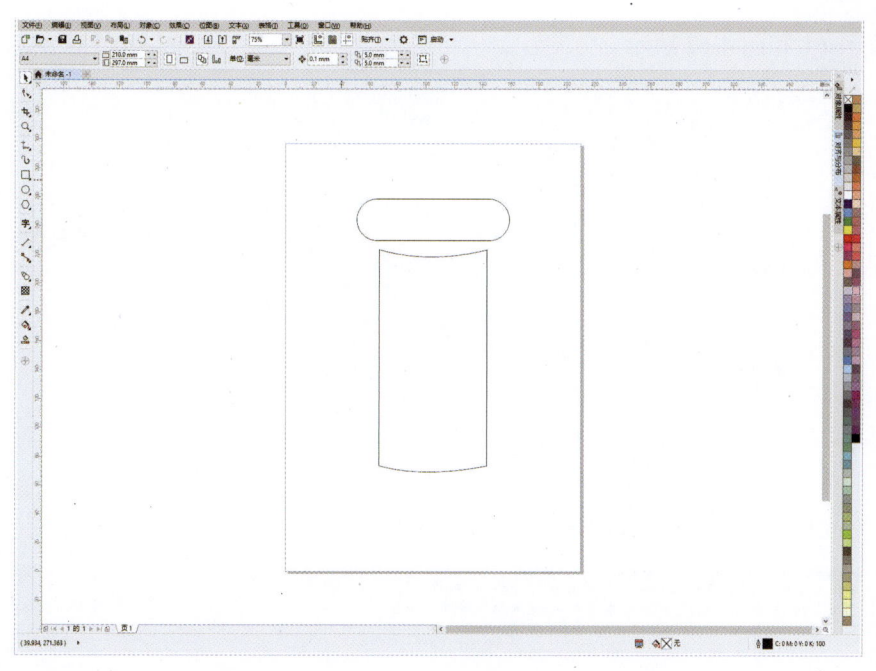

图 4-59　将矩形左、右两侧的直线转换为曲线

③ 将两侧为曲线的小矩形复制 3 个，并调整大小至合适的尺寸，如图 4-60 所示。

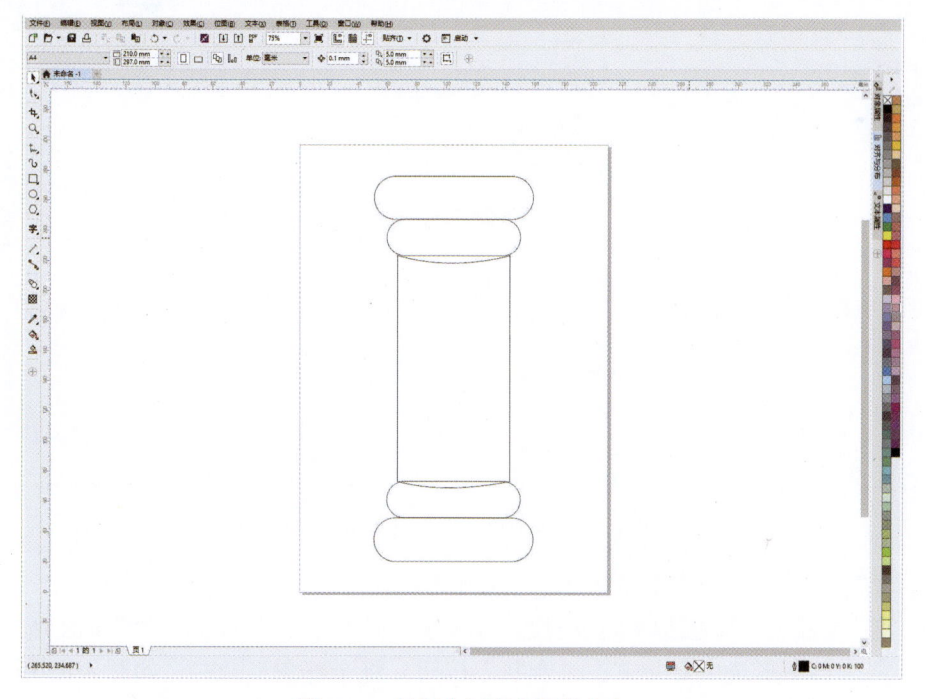

图 4-60　复制小矩形并调整大小

④ 选中全部图形，执行"对象"→"对齐与分布"命令，弹出"对齐与分布"对话框。在对话框中，将"对齐"设置为"水平居中对齐"，"分布"设置为"垂直分散排列间距"，

分别如图 4-61 和图 4-62 所示。

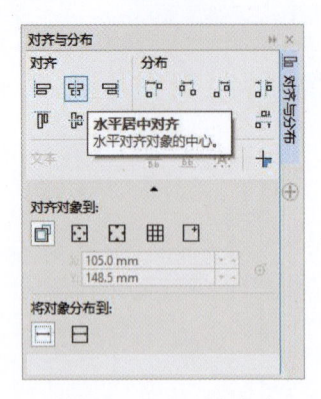

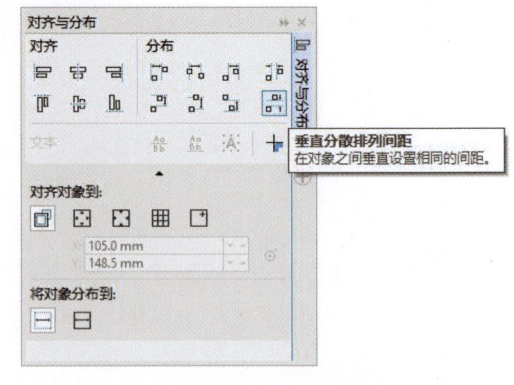

图 4-61　设置对齐方式　　　　图 4-62　设置分布方式

⑤ 完成以上操作后，可以将图形中心对齐并相互连接，如图 4-63 所示。

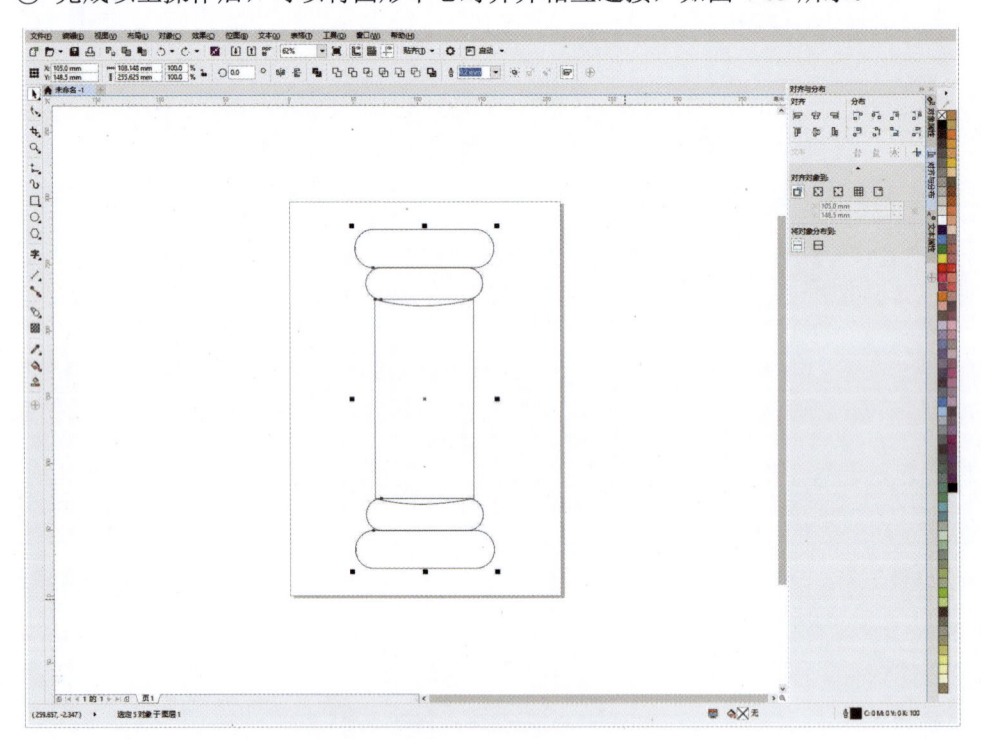

图 4-63　将图形中心对齐并相互连接

(4) 编辑重复线形，形成整体造型，操作步骤如下。

① 将重复线型中的直线转换为曲线，方法参照步骤（3）中的②，如图 4-64 所示。

② 将全部图形选中，并单击"合并"按钮。将全部图形合并，如图 4-65 所示。合并效果如图 4-66 所示。

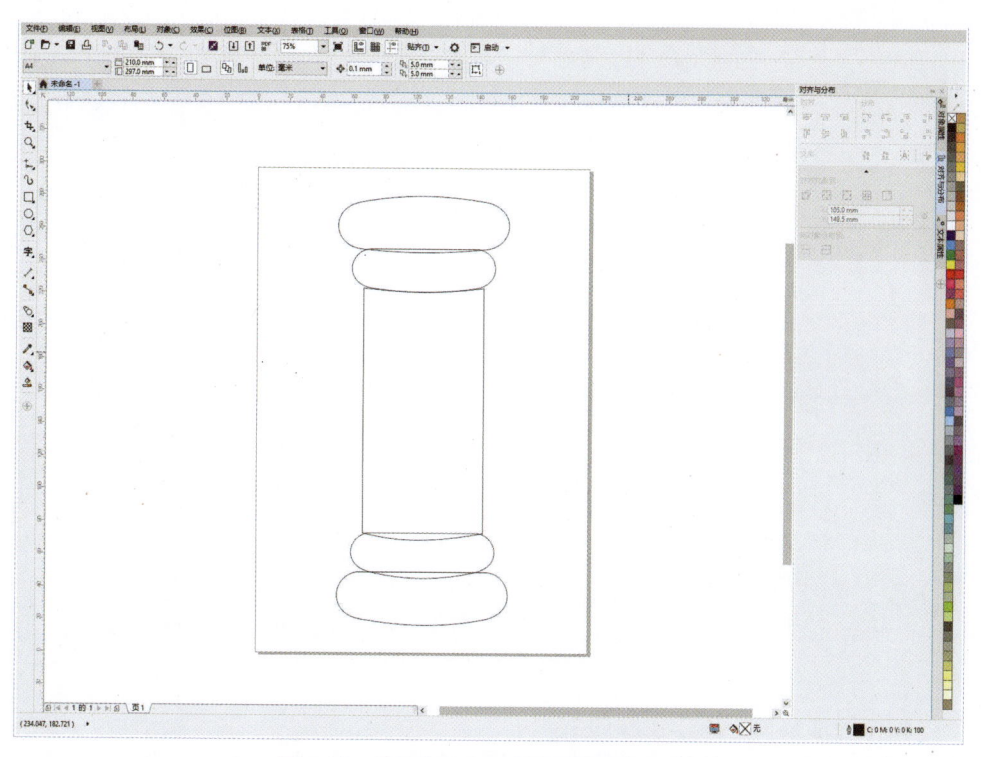

图 4-64　将重复线型中的直线转换为曲线

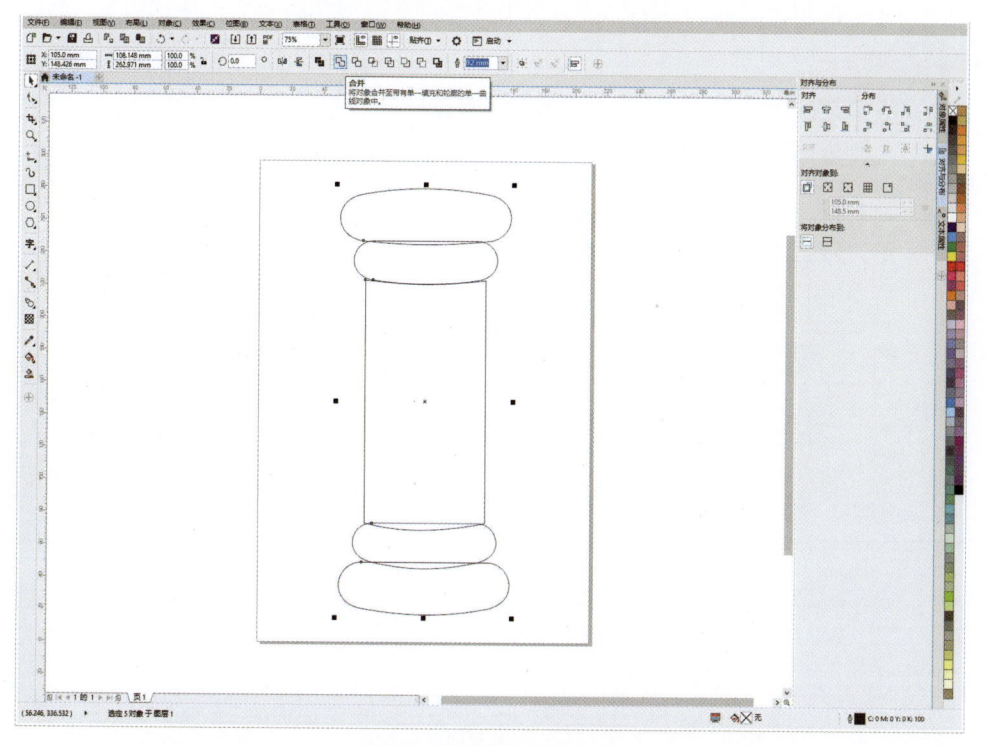

图 4-65　将全部图形合并

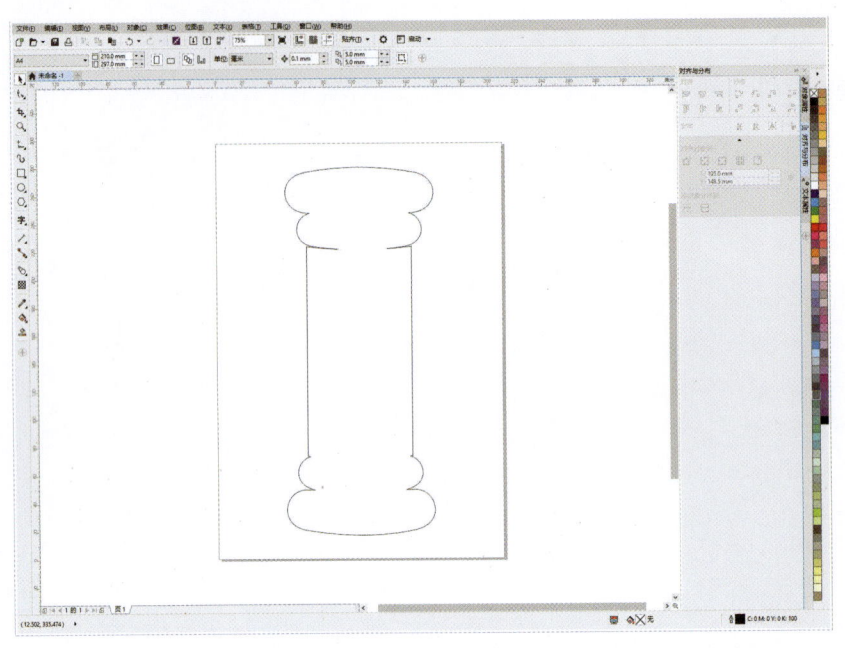

图 4-66 合并效果

（5）制作局部装饰，操作步骤如下。

① 先绘制矩形，将矩形下底线转换为曲线，然后使用形态工具在矩形上边线中心点处双击，添加锚点，并将锚点向上移动，最后将矩形与组合造型中心对齐，使其相互连接，方法参照上文，如图 4-67 所示。

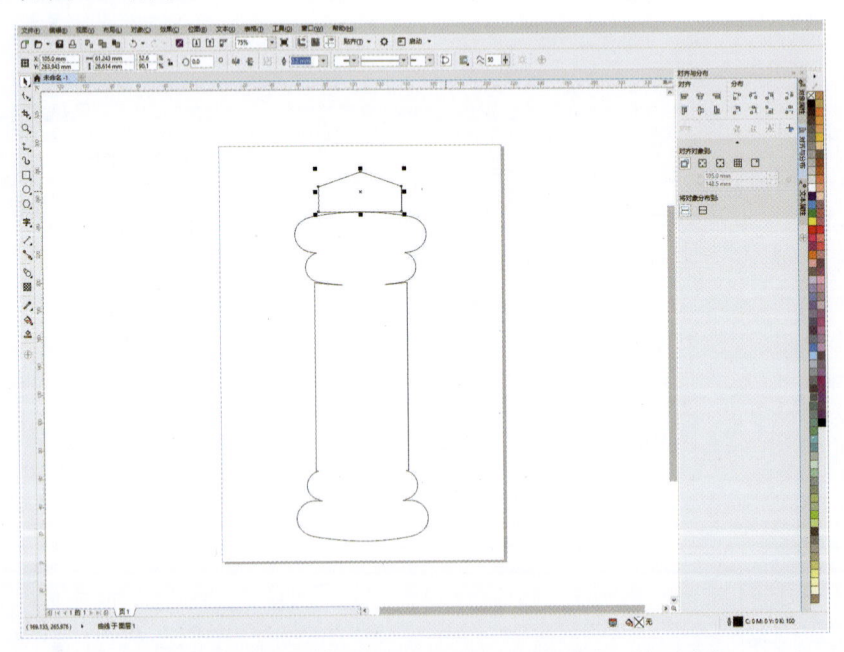

图 4-67 绘制矩形，转换直线为曲线，添加锚点，设置对齐

② 先绘制椭圆，将椭圆转换为曲线，然后使用形态工具将椭圆设置成如图 4-68

所示的形状。

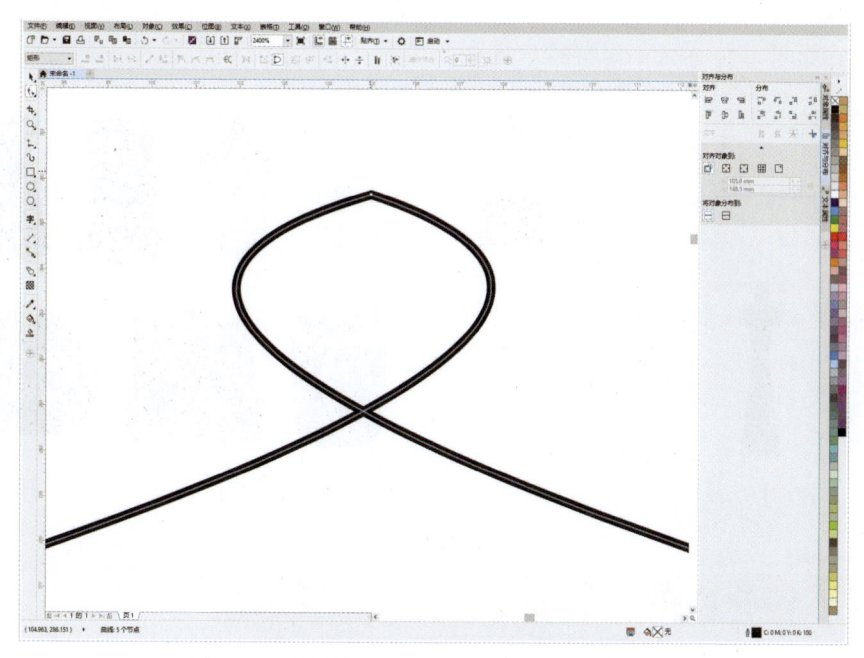

图 4-68　绘制椭圆，转换椭圆为曲线，调整形状

（6）合并图形，完成整体造型制作。

将全部图形选中，单击"合并"按钮，填充颜色，完成全图制作。完成后的造型如图 4-69 所示。

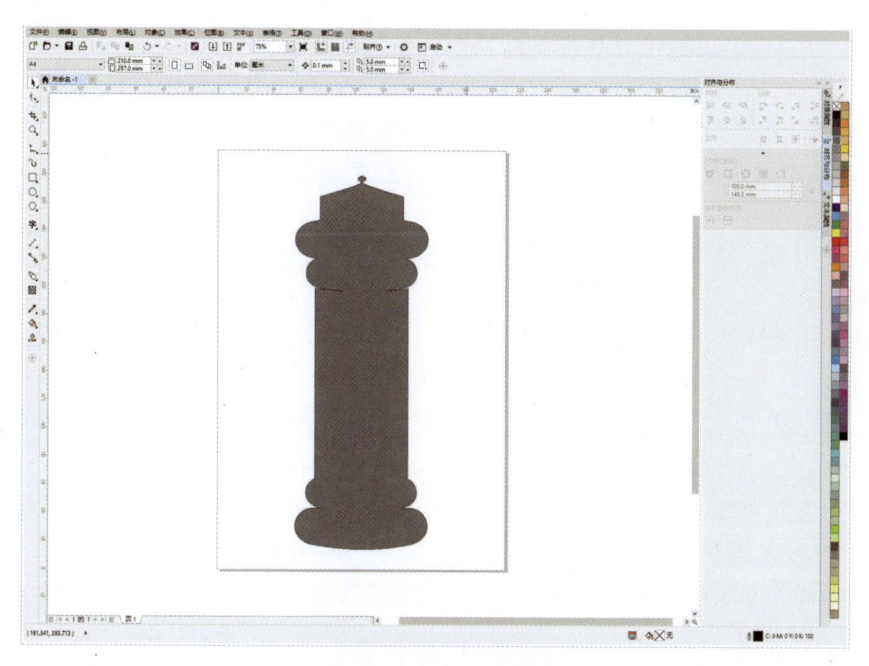

图 4-69　完成后的造型

## 4.2.4 造型设计作品欣赏

图 4-70 和图 4-71 所示为部分学生作品。

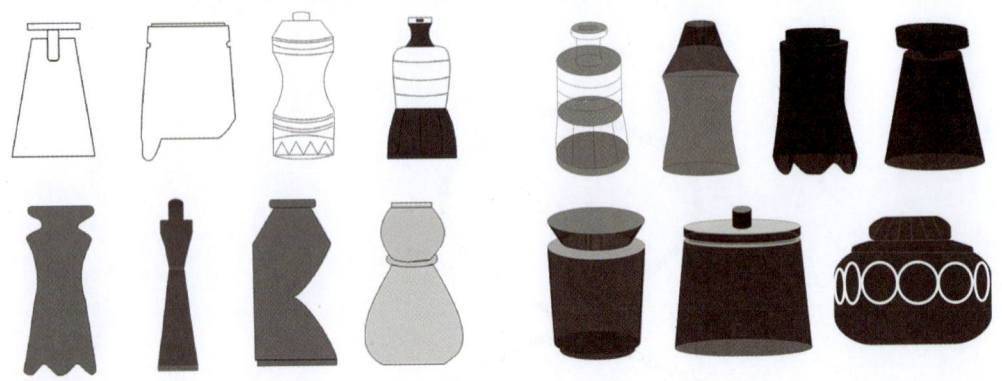

图 4-70　学生作品选①——包装造型线型图　　　图 4-71　学生作品选②——包装立体造型图

## 4.3 设计实例

### 4.3.1 绘制造型线形图

根据造型的具体形态，绘制出造型平面线形图即剖面图，并标出各部分的尺寸比例，以方便工艺制作。

**例 4-4**　用 CorelDRAW 软件绘制饮料瓶式包装线形图。

（1）启动软件，新建文件。

（2）绘制矩形，设置矩形宽度为 8 厘米、高度为 22 厘米。

（3）由基本形调整出瓶式容器的各个部分，包括瓶腹、瓶肩、瓶颈、瓶盖，操作步骤如下。

① 选中矩形，并将矩形的左下角和右下角转换为圆角，"转角半径"设置为 30.0mm，如图 4-72 所示。

② 选中矩形，并按 Ctrl+Q 组合键，将矩形转换为曲线（或单击 ⊙ 按钮），画出瓶腹、瓶肩参考线。

③ 选择形状工具，在瓶腹参考线与矩形相交处分别双击添加节点。用同样的方法，在瓶腹参考线的上、下位置分别添加两个节点，如图 4-73 所示。

④ 将瓶腹参考线上的左、右两个节点分别向矩形内部移动相同的距离，并在节点处将直线转换为曲线，调整瓶腹参考线的内凹及圆滑效果，如图 4-74 所示。

⑤ 用同样的方法在瓶肩线参考和瓶颈参考线上添加节点，设置曲线，如图 4-75 所示。

第 4 章　产品包装的造型设计

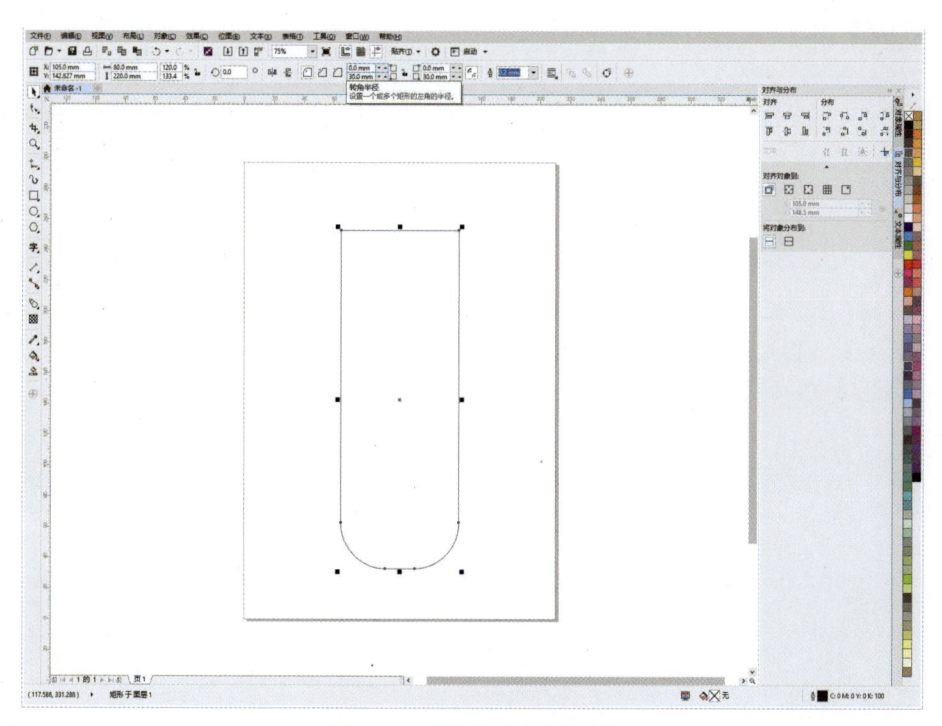

图 4-72　设置矩形相关参数

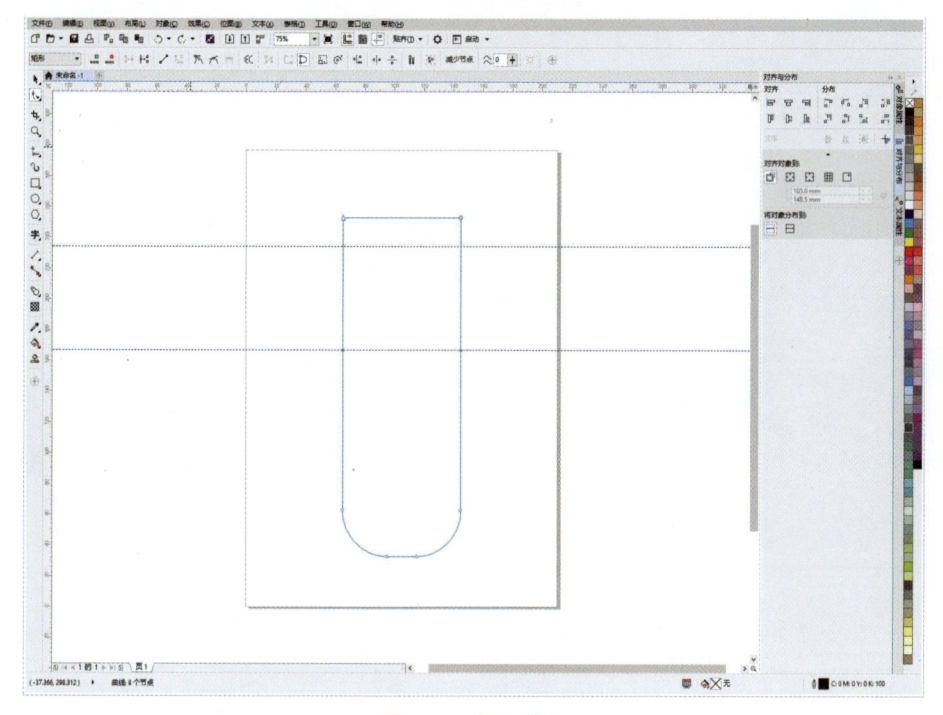

图 4-73　添加节点

125

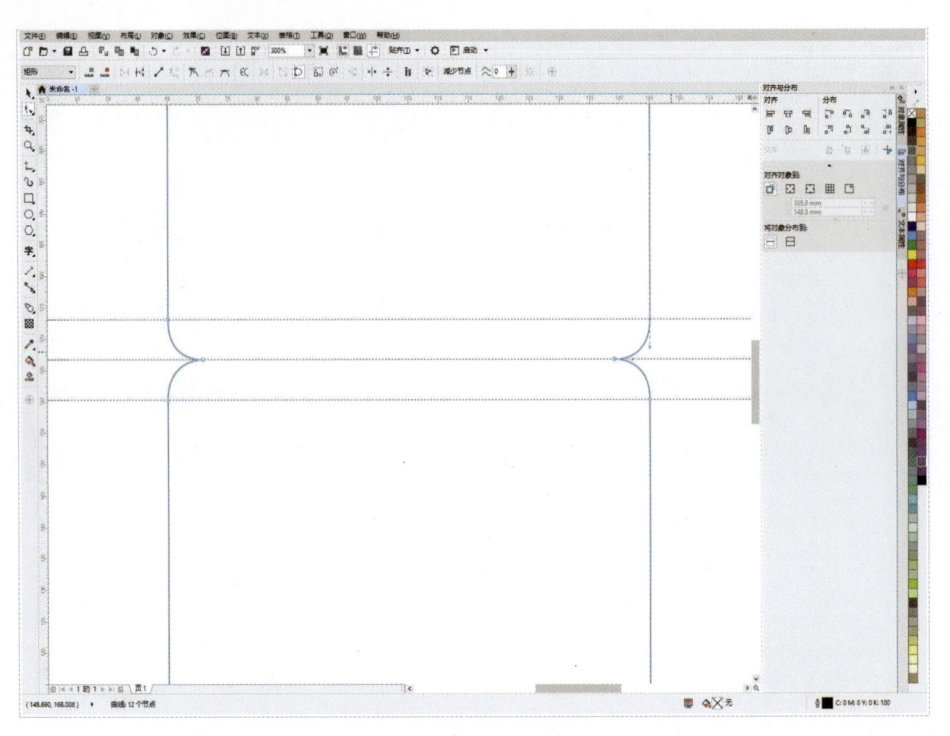

图 4-74 调整瓶腹参考线的内凹及圆滑效果

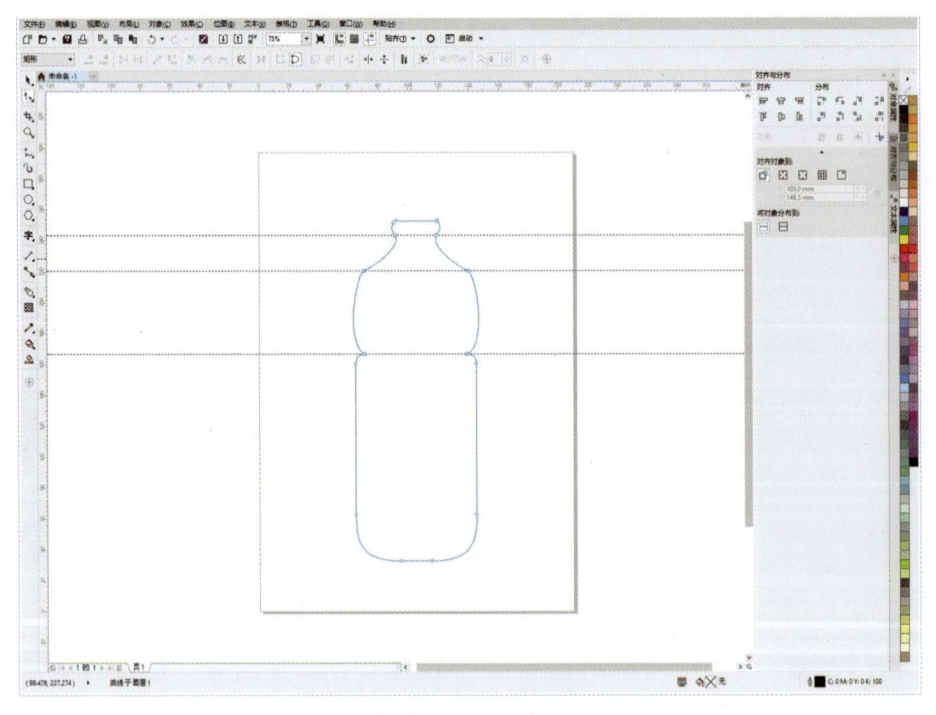

图 4-75 设置曲线

⑥ 选择"矩形"工具，绘制矩形，设置矩形的宽度为 3.5 厘米、高度为 0.6 厘米（见图 4-76），并分别设置矩形的左上角和右上角的"转角半径"为 20mm。

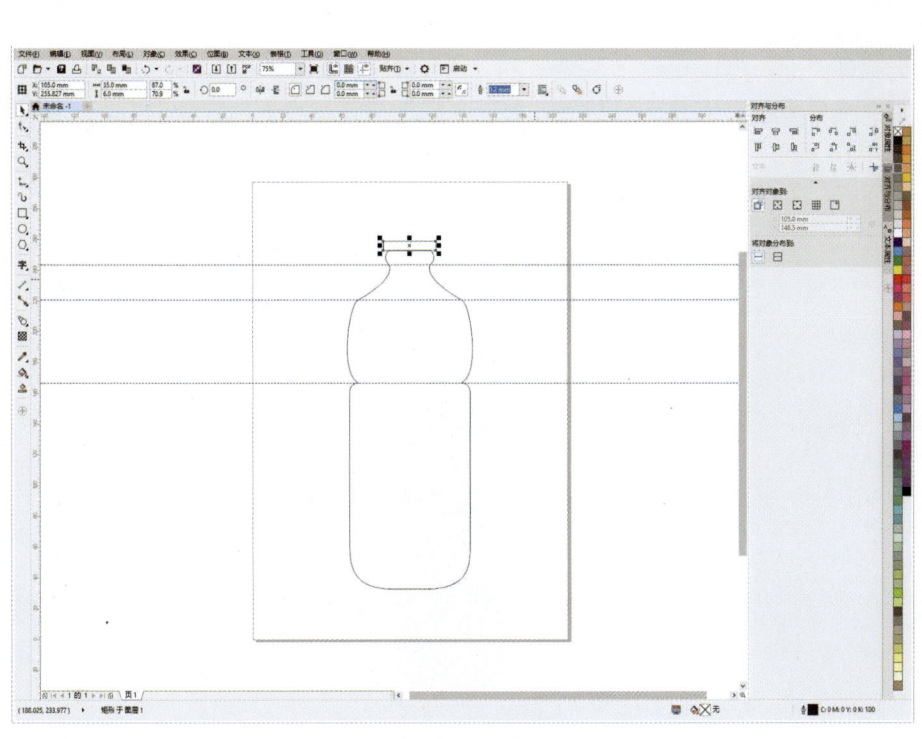

图 4-76　设置矩形

⑦ 先将瓶体和瓶盖同时选中，并设置其对齐方式为"垂直居中对齐"，分布方式为"上下间距"，使瓶体与瓶盖垂直居中对齐，然后分别对瓶体和瓶盖填充颜色，如图 4-77 所示。

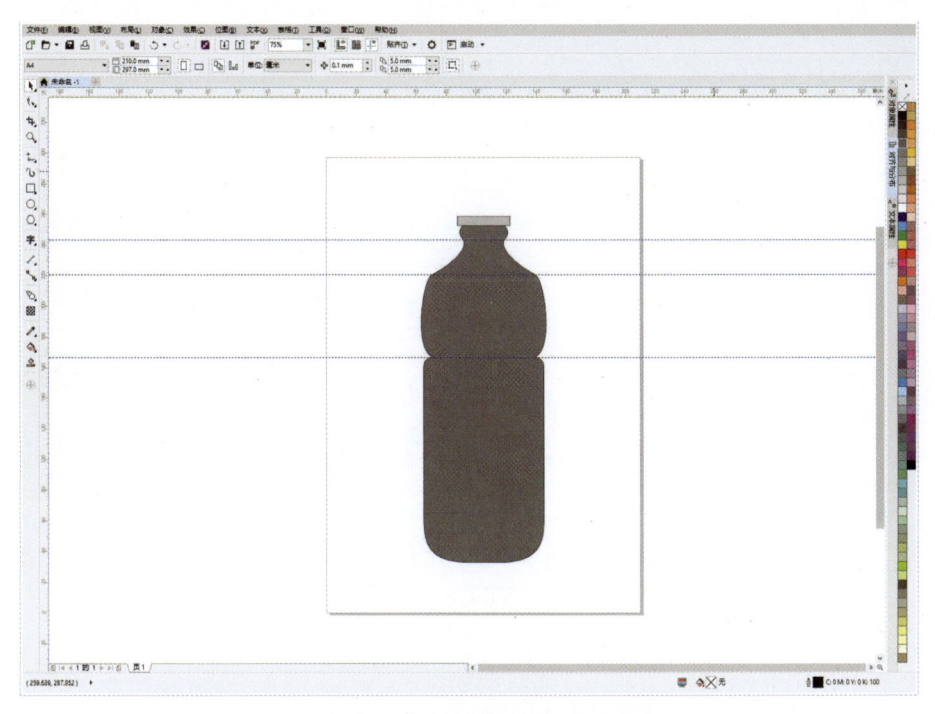

图 4-77　分别对瓶体和瓶盖填充颜色

(4)标注尺寸。

选择"平行度量"工具,分别用"水平度量"工具和"垂直度量"工具对瓶体进行度量,如图 4-78 所示。

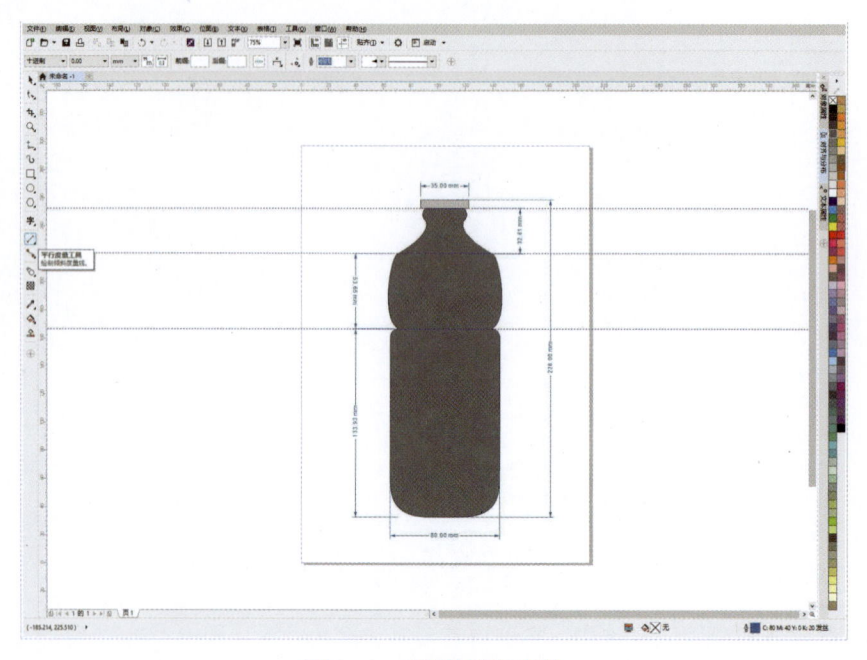

图 4-78　对瓶体进行度量

完成整个瓶式容器造型线形图绘制,如图 4-79 所示。

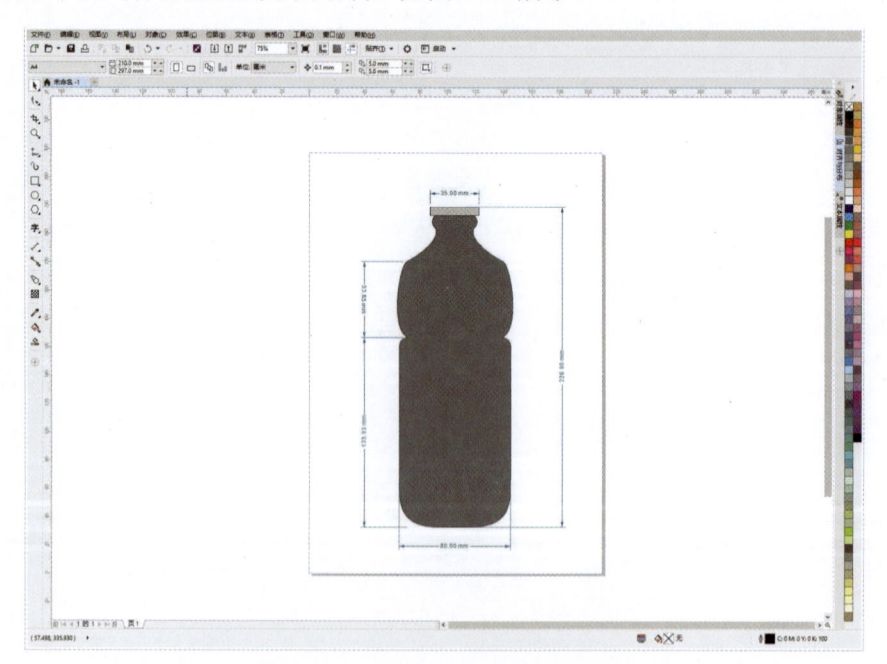

图 4-79　完成的瓶式容器造型线形图

## 4.3.2 绘制造型效果图

制作造型效果图的主要目的是将造型设计的意图表现出来，注重体现造型的立体效果，以及造型的材料与质感。

**例 4-5** 用 CorelDRAW 软件绘制金属包装桶立体效果图。

（1）绘制外轮廓。

使用"矩形"工具绘制矩形，先按 Ctrl+Q 组合键将矩形转换为曲线（或单击 按钮），再使用形状工具调整矩形上、下底线及侧边线为曲线。

侧边曲线的制作方法如下。

① 选择形状工具在需要生成曲线的位置添加节点，将图形打散（右击，在弹出的快捷菜单中执行"拆分"命令），选中节点并删除，如图 4-80 所示。

② 在图纸标尺线上右击，在弹出的快捷菜单中执行"网格设置"命令，弹出"选项"对话框。在左侧选择"网络"选项，在右侧勾选"显示网络"复选框，设置网格间隔，如图 4-81 所示。

③ 选择"钢笔"工具，在网格内绘制均匀折线，如图 4-82 所示。

④ 使用形状工具将使用"钢笔"工具绘制出来的全部节点选中，并单击"转换为曲线"按钮和"对称节点"按钮，如图 4-83 所示。

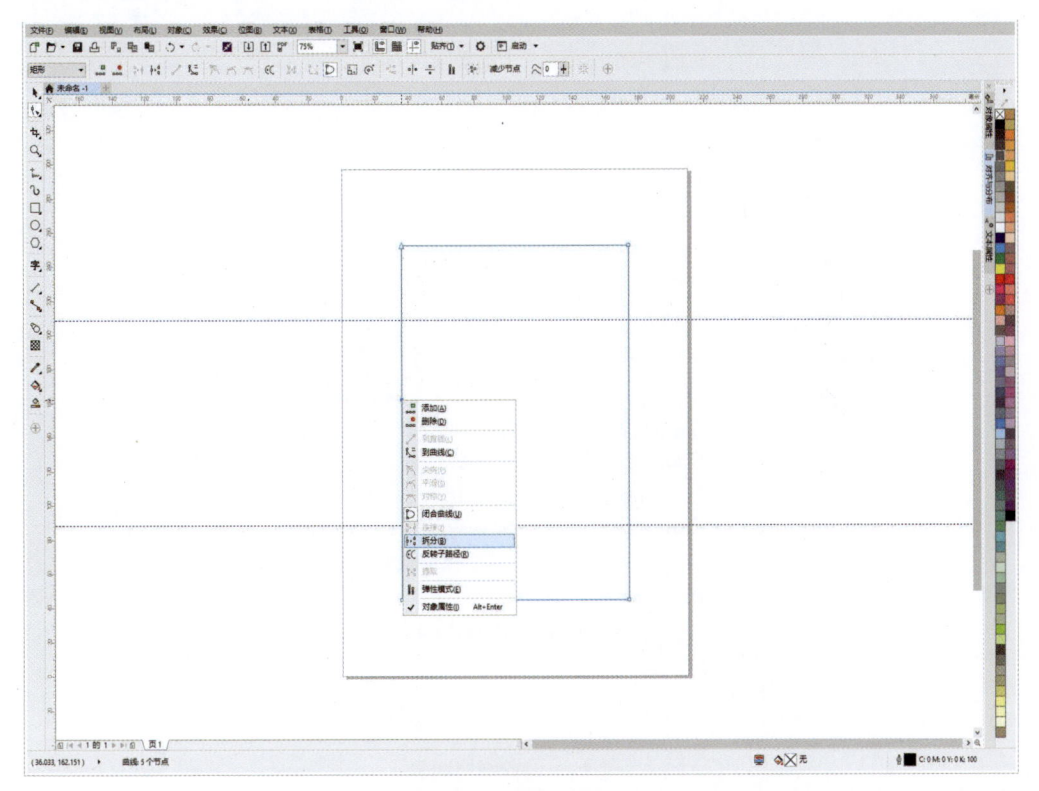

图 4-80 删除选中的节点

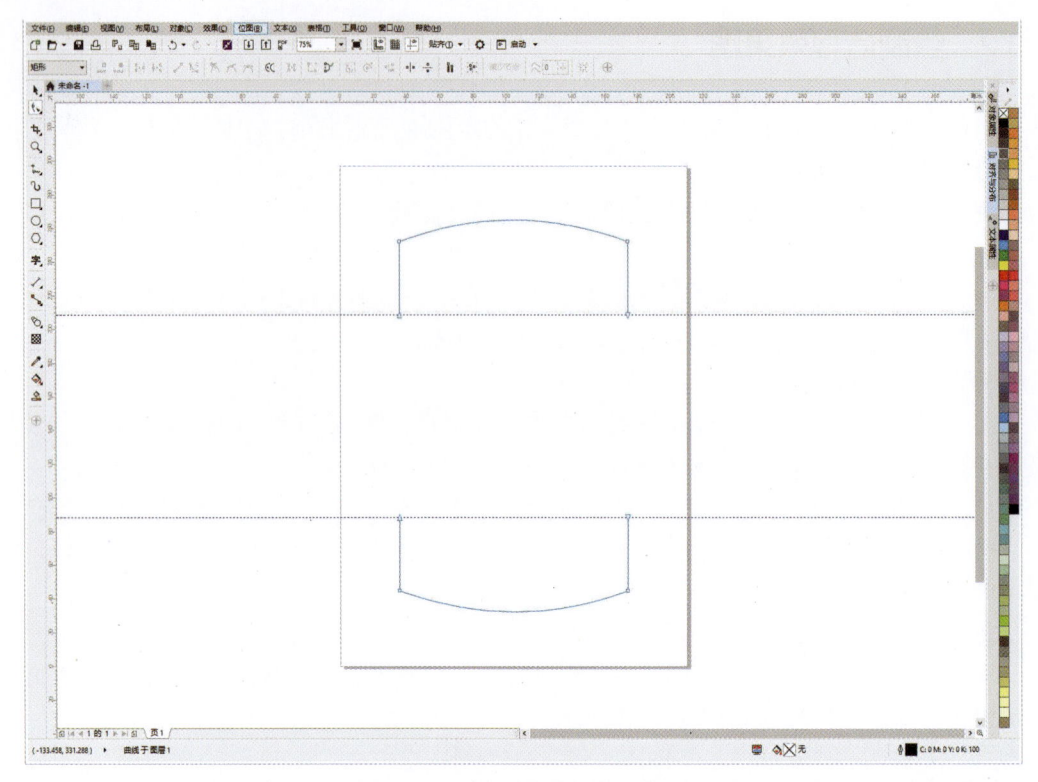

图 4-80　删除选中的节点（续）

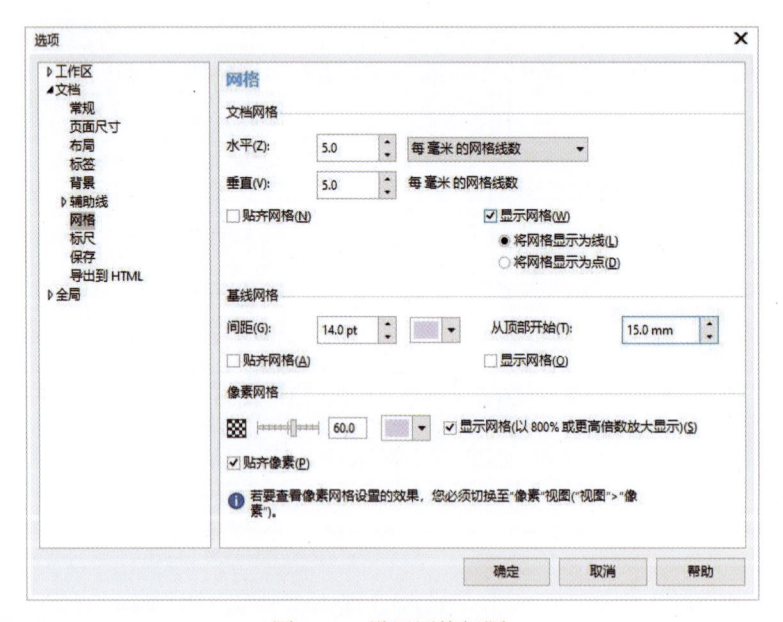

图 4-81　设置网格间隔

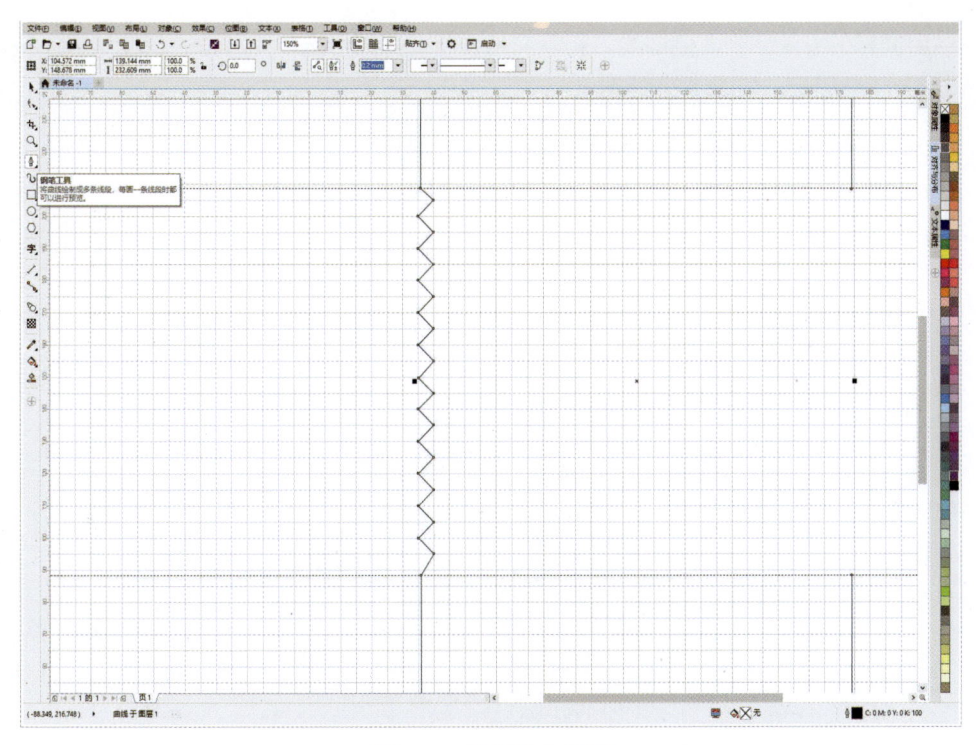

图 4-82　绘制均匀折线

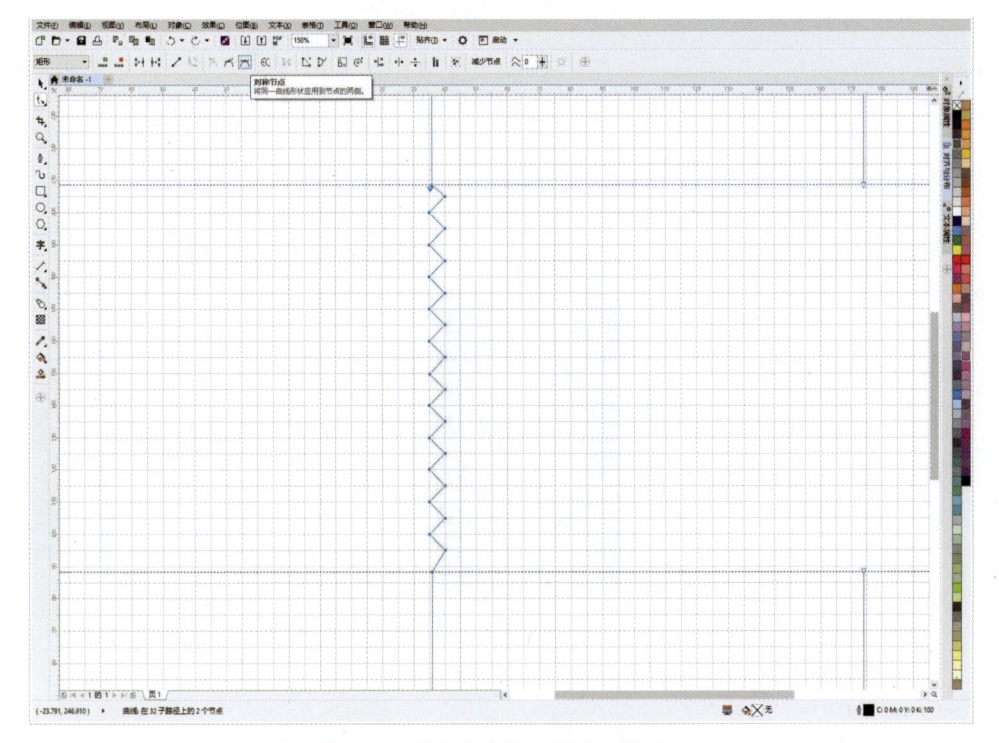

图 4-83　转换为曲线，生成对称节点

⑤ 用同样的方法绘制右侧曲线。删除网格，将全部图形选中，单击"创建边界"按钮，组合图形为闭合形状，如图4-84所示。

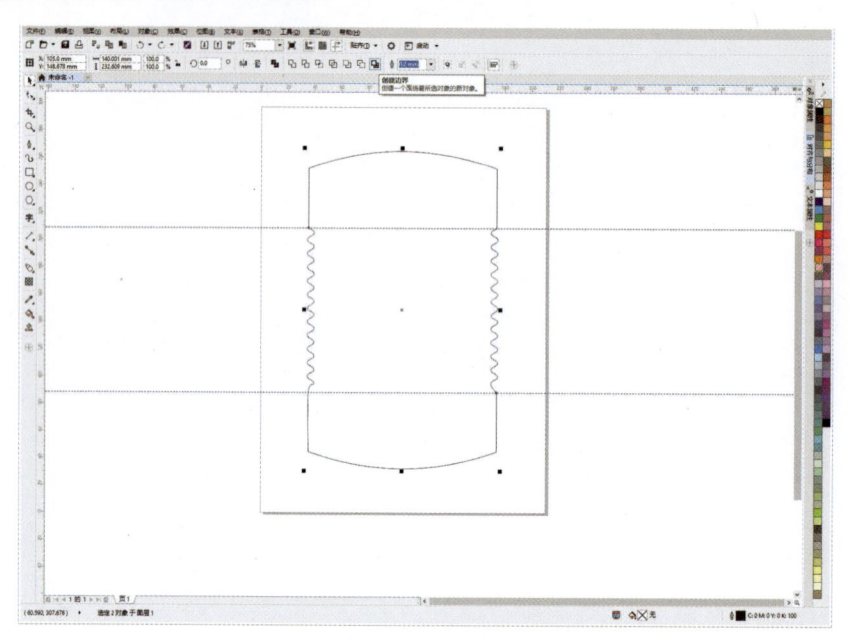

图4-84　组合图形为闭合形状

（2）填充颜色。

选择"交互式填充"工具，对图形进行渐变填充（见图4-85），注意高光和阴影部分的调整。

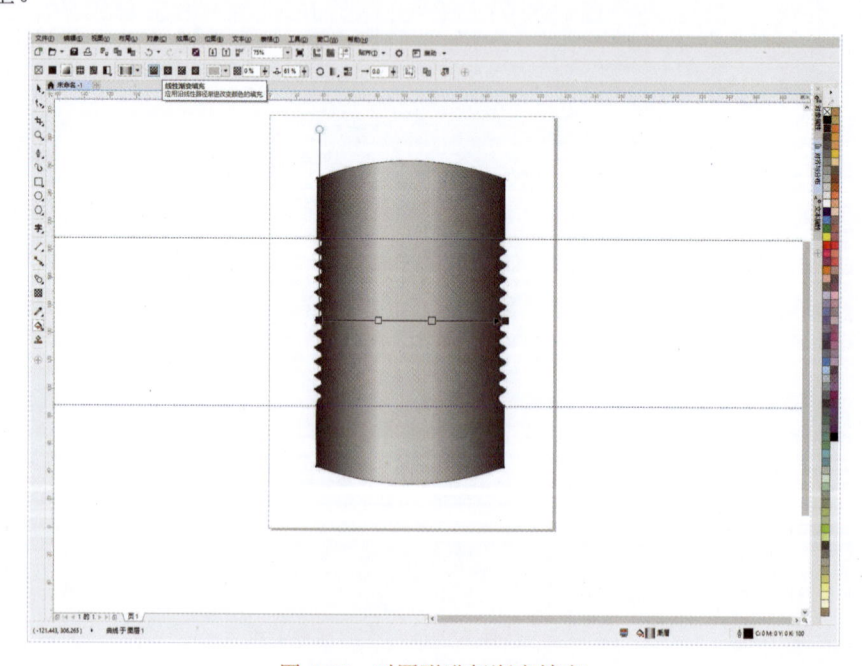

图4-85　对图形进行渐变填充

(3)绘制顶部和底部。

使用"钢笔"工具绘制顶部和底部,并使用"交互式填充"工具对顶部和底部进行填充,完成效果如图 4-86 所示。

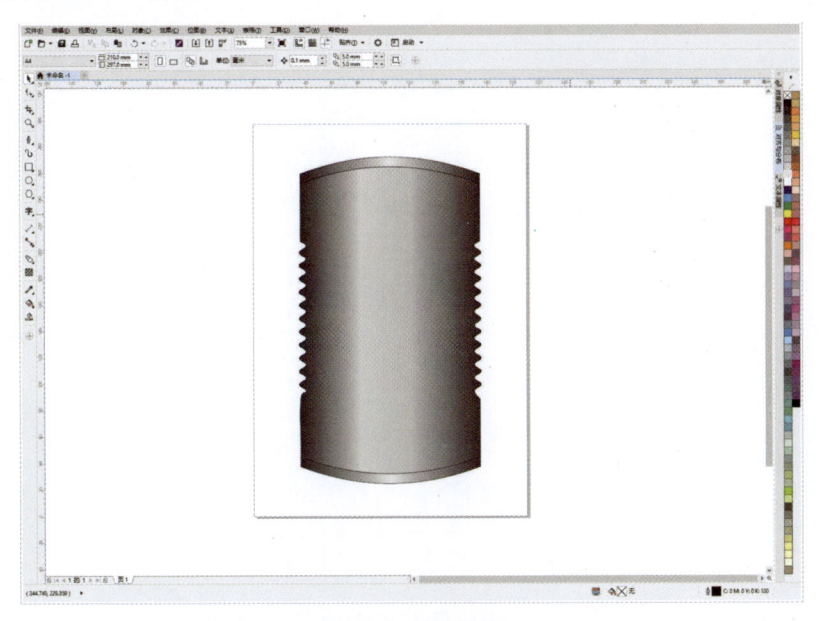

图 4-86　完成效果

**例 4-6**　用 CorelDRAW 软件绘制管状包装效果图。

(1)绘制一个宽度为 3 厘米、高度为 13.5 厘米的矩形,调整节点,并将节点设置为圆角,如图 4-87 所示。

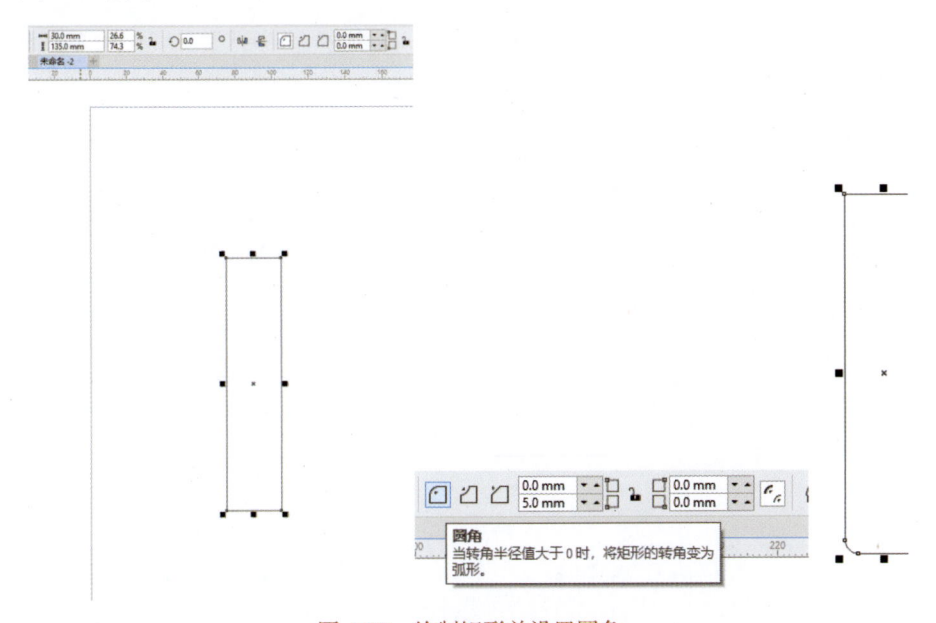

图 4-87　绘制矩形并设置圆角

（2）选择图形并右击，在弹出的快捷菜单中执行"转换为曲线"命令（见图 4-88），按住 Shift 键，并选择左上角的节点向左拖动，曲线效果如图 4-89 所示。

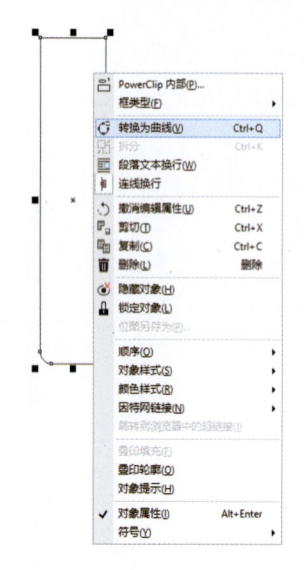

图 4-88　执行"转换为曲线"命令　　　　图 4-89　曲线效果

（3）先选择图形并右击，在弹出的快捷菜单中执行"复制"命令，再在右侧空白处右击，在弹出的快捷菜单中执行"粘贴"命令（见图 4-90），最后单击"水平镜像"按钮，将复制的图形拖动到图 4-91 所示的位置。

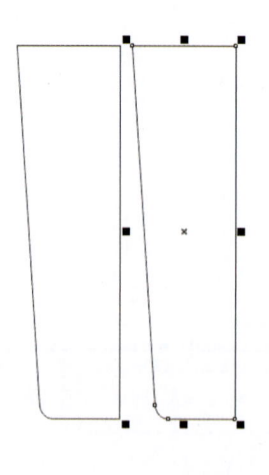

图 4-90　复制形状　　　　图 4-91　水平镜像

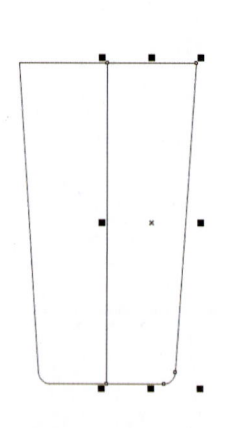

（4）框选两个图形，单击"合并"按钮，合并效果如图4-92所示。

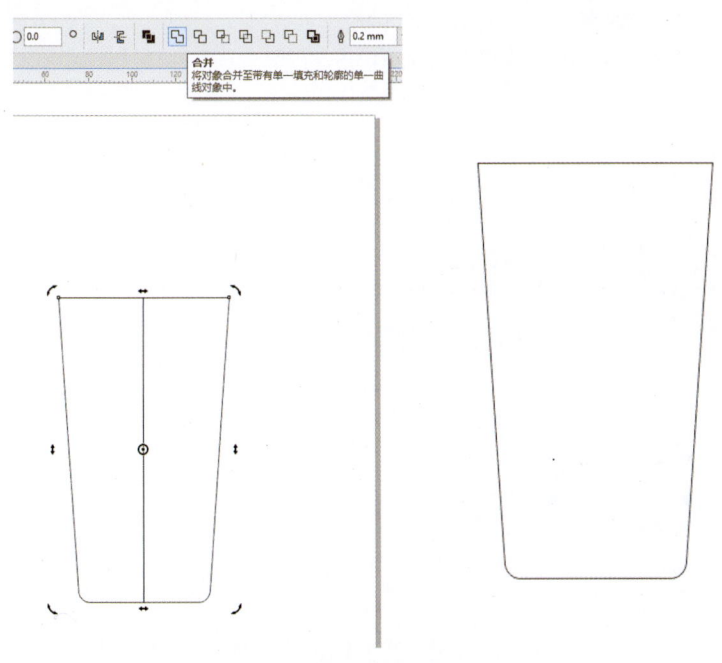

图4-92　合并效果

（5）选择图形，修改宽度参数如图4-93所示。

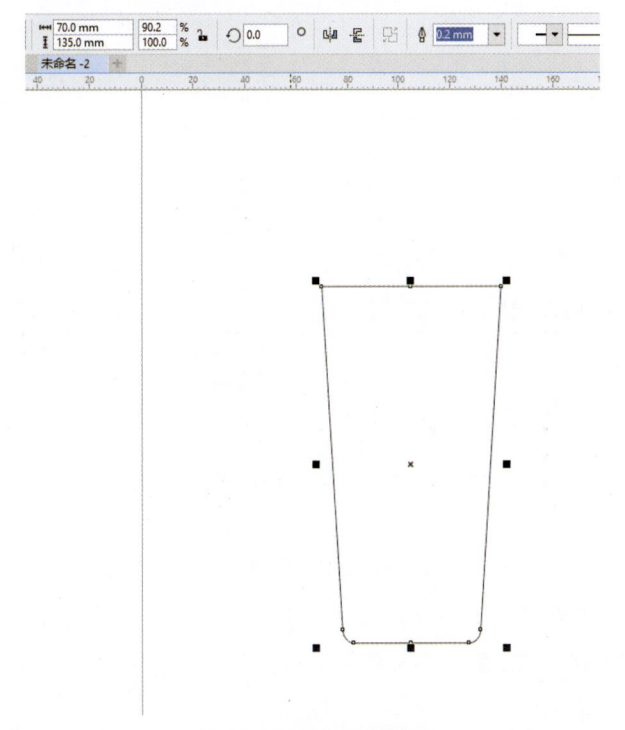

图4-93　修改宽度参数

（6）绘制一个宽度为 7 厘米、高度为 0.8 厘米的矩形，并将左上角与右上角的节点设置为圆角，形状效果如图 4-94 所示。

（7）将两个图形进行贴齐，完成效果如图 4-95 所示。

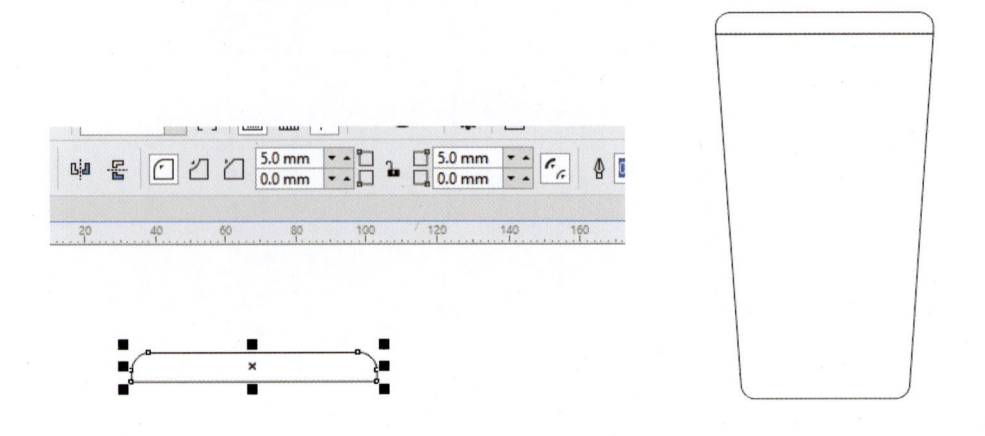

图 4-94　形状效果　　　　　　　　　　图 4-95　完成效果

（8）先选择"矩形"工具，绘制一个宽度为 4 厘米、高度为 2 厘米的矩形，然后选择"椭圆"工具，绘制一个宽度为 4 厘米、高度为 0.8 厘米的椭圆，最后选择矩形与椭圆形，并执行"对象"→"对齐和分布"→"水平居中对齐"命令，如图 4-96 所示。

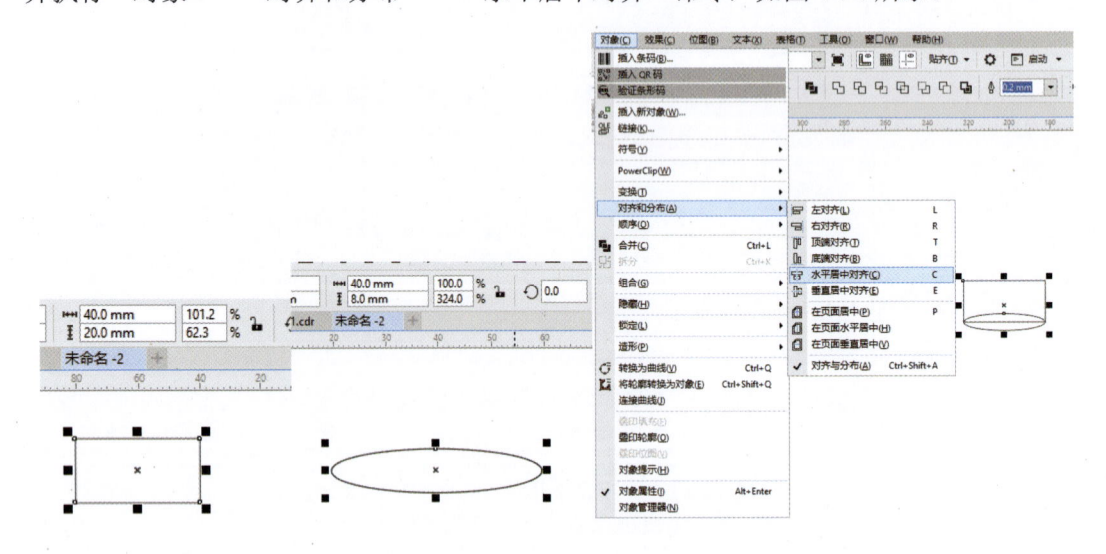

图 4-96　绘制矩形和椭圆并水平居中对齐

（9）框选矩形与椭圆形，执行"合并"命令，合并效果如图 4-97 所示。

（10）选择全部图形，先执行"水平居中对齐"命令，再执行"合并"命令，对齐效果如图 4-98 所示。

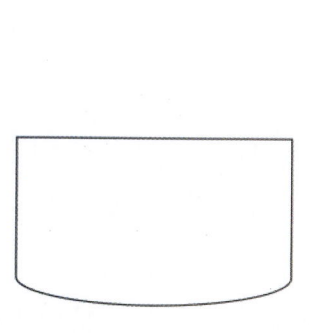

图 4-97　合并效果　　　　　　　　图 4-98　对齐效果

（11）对容器的各个部分进行颜色填充，填充颜色完成效果如图 4-99 所示。

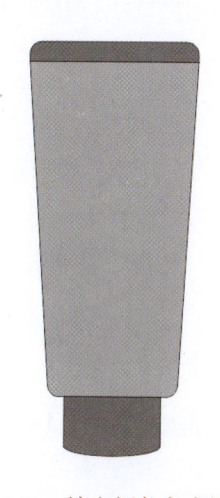

图 4-99　填充颜色完成效果

**注意**：包装造型效果图的制作不同于包装装潢设计效果图的制作，装潢设计的效果更侧重于画面构图的体现和整体效果，而包装造型的效果则更侧重于造型的形状、质量、材料等方面的体现。

### 4.3.3　制作容器的石膏模型

在完成容器造型的创意分析和线型图、立体效果图的绘制后，通常需要将容器造型制成模型，给客户以直观、立体的感受。因此，制模也是产品包装造型制作的一个重要环节。

目前，国内包装容器造型设计的制模材料有石膏、泥料、木料、有机玻璃、塑料板、金属材料等。一般，简单的几何形体容器造型多以石膏或陶土为主。

在制作石膏模型时需要注意以下几点。

#### 1. 模型制作常用工具

石膏粉：颗粒细、无杂质。

美工刀：用来切割石膏。

有机片：用刀在上面划几道线，用来磨制石膏。当然也可以使用其他工具。

小锯条：用来截锯石膏，也可以将锯条磨成小刀，进行石膏的雕刻。

水磨砂纸：用来打磨石膏。

乳胶：用来粘接造型的构件。

围筒：用来制作圆柱形或立方体。当然，也可以直接将饮料瓶从中间切割成两部分来代替围筒。

#### 2. 造型手法

常用的造型手法有造型"加法"和造型"减法"两种方法。

（1）造型"加法"。

造型"加法"是把造型分成几个单独的个体制作，将个体造型黏合为完整的造型，完成形态后用打磨装饰。

（2）造型"减法"。

造型"减法"是将造型按基本形浇注在基本形容器内（如圆柱形纸筒等），固成型后拆解基本容器，用工具在基本形上切削、修形，并将其打磨成型。

#### 3. 制作步骤

（1）材料准备。

将石膏粉和水按约 1∶1.3 的比例混合，搅拌 1～2min，去除上浮杂质，注意不要让混合泥产生气泡，否则造型凝固后会有气孔或杂质。

（2）塑形。

按照上述"加法"或"减法"的造型手法，将搅拌均匀后的石膏浆倒入塑形使用的容器中，并排出气泡。注意动作要快，以免石膏凝固。

（3）打磨。

用细砂纸打磨，使造型表面光滑，成型。

（4）修饰。

待石膏凝固后，用工具完成造型的修改和美化，可喷涂上相应色彩或使用一些配饰。

### 4.3.4 制模作品

如图 4-100 和图 4-101 所示，为一些成功的模型作品。

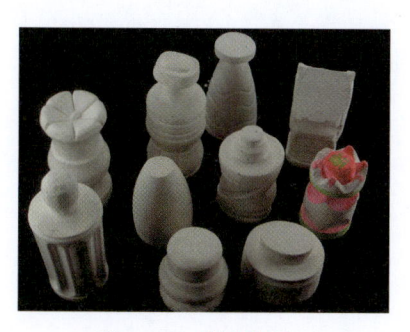

图 4-100　模型作品 1 　　　　　　　图 4-101　模型作品 2

## 思政园地

在设计上，中华民族有许多传统的形态元素可以用在包装造型设计实践中。设计者不仅要认识传统文化、民族文化的魅力与价值，而且要在设计中传承和守护优秀的传统文化，力争成为传统文化创新发展的践行者。

## 实训

1. 收集各种类型包装容器的造型图例，并分析其造型特点，以图 4-102 所示的包装容器为例。

茂圣六堡茶金花茶山型罐装 　　茂圣六堡茶竹节型罐装 　　茂圣六堡茶鼓型罐装 　　茂圣六堡茶风铃型罐装

图 4-102　不同类型的茶叶包装

六堡茶因产于广西梧州市六堡镇而得名，据南北朝时期的《桐君录》中记载，六堡茶的产制历史可追溯到 1500 多年前。如今六堡茶已是驰名中外的中国名茶。

此六堡茶罐装系列化包装的设计，采用拟形容器的设计方式，分别仿造自然的金花茶山、竹节、铜鼓、风铃的形状进行造型设计，既能体现产品的自然属性，又能体现产品的产地特征；既能体现产品的特性，具有纪念价值，又能在外形上吸引消费者的眼球。

2．参照收集的包装容器造型，模仿完成两个造型线描图及立体效果图的绘制。

3．完成家乡出品的某一液体产品的造型设计，要求如下。

（1）不少于3件作品的设计。

（2）作品包括线描图、立体效果图的绘制，要求文件保存为 CDR 格式，并导出 JPG 文件。

（3）完成作品模型的制作。

# 第 5 章 产品包装的装潢设计

包装装潢设计是现代产品包装设计中的主要内容，直接影响产品的展示和营销效果。包装装潢设计主要包含色彩设计、图形设计、文字设计和构图设计。这 4 个方面的组合构成了包装装潢的整体效果。

本章内容主要是了解包装装潢设计的含义及意义；把握色彩对包装装潢设计的主要作用；使用色彩的感性传达，通过对各种色调、明暗调的应用，设计出有美感的产品包装；将色彩、图形、文字进行不同编排，来表现包装装潢设计，力求达到更高的产品包装要求。

### 要点

- ◇ 包装装潢设计的内容
- ◇ 色彩、图形、文字、构图在包装装潢设计中的作用
- ◇ 构图类型及表现方式

### 重点内容

- ◇ 通过对实例的学习，使读者可以综合利用色彩情感表达，将图形、文字的合理构图方式运用到现代包装装潢设计中。

## 5.1 包装装潢设计概述

包装装潢设计是产品进行市场推广的重要组成部分，包装的好坏对产品的销售起着非

常重要的作用。产品的包装仅有美观的外表是不够的，更重要的是通过视觉语言来介绍产品的特色，建立及稳定产品的市场地位，以吸引消费者的购买欲望，达到提升销售的目的。

优秀的包装能给产品增加价值，作为现代包装体系中的一个重要组成部分，产品包装如何在色彩、图形、文字、构图各个方面体现出其本身应有的价值，是在设计时首先要研究的。此外，在设计时还要考虑系列化的设计。

## 5.2 产品包装的色彩设计

色彩的应用极为广泛，无论是环境空间设计还是产品空间设计，几乎涉及社会生活的方方面面。在设计色彩的实际运用中，要关注使用对象的需要，并结合人的个性与心理、生理等各种相关因素，充分考虑设计色彩的功能与作用，体现出以人为本的设计思想，从而达到相对完美、适宜的应用效果。

### 5.2.1 色彩技巧的把握

色彩技巧要把握以下几点：一是色彩与包装物的照应关系；二是色彩与色彩自身的对比关系。这两点是色彩运用中的关键。

**1. 色彩与包装物的照应关系**

那么色彩与包装物的照应关系应该从何谈起呢？主要是通过外在的包装色彩能够揭示或映照内在的包装物品，使人一看到外包装就能够基本上感知或联想到内在的包装为何物。但是往往当我们走进商店往货架上浏览时，不少产品并未体现这种照应关系。这就使消费者无法由表及里地猜测出包装物品为何物，当然也就对产品的销售发挥不了积极的促销作用。通常外在包装的色彩应该把握以下几个特点。

（1）从行业上来看，在食品类包装中，茶类以绿色为主，饮料类以绿色和蓝色为主，酒类、糕点类以大红色为主，儿童食品类以玫瑰色为主；在日用化妆品类包装中，正常用色的主色调多用玫瑰色、粉白色、淡绿色、浅蓝色、深咖啡色，以突出温馨典雅之情致；在服装、鞋帽类包装中，多用深绿色、深蓝色、咖啡色或灰色，以突出沉稳典雅之美感，如图 5-1～图 5-5 所示。

图 5-1　茶类包装　　　　　　　　　　图 5-2　饮料类包装

图 5-3　酒类包装

图 5-4　糕点类包装

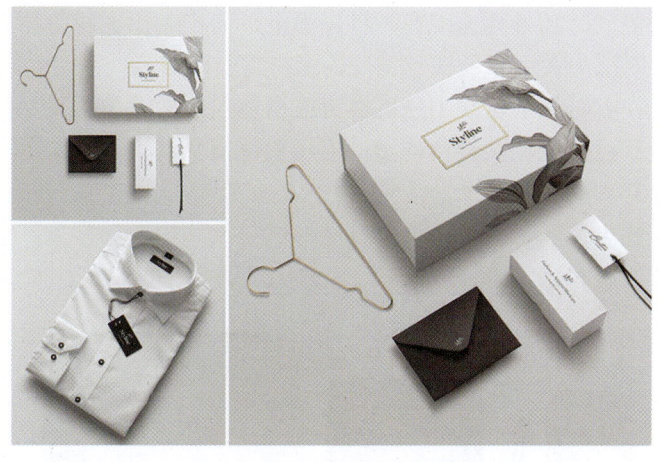

图 5-5　服装类包装

（2）从性能特征上来看，就食品类包装而言，糕点类多用金色、黄色、浅黄色，给人以香味袭人之印象；茶、啤酒等饮料类多用红色或绿色，象征着茶的浓郁与芳香；番茄汁、苹果汁类多用红色，集中表现该物品的自然属性，如图 5-6 和图 5-7 所示。

图 5-6　糕点类包装

图 5-7　苹果汁包装

**2. 色彩与色彩自身的对比关系**

色彩与色彩自身的对比关系是产品包装中非常容易表现却又非常不易把握的。中国书法与绘画中所说的"密不透风，疏可跑马"，实际上说的就是一种对比关系。表现在包装设计中，这种对比关系非常明显，又非常常见。这些对比，一般包括色彩使用的深浅对比、色彩使用的轻重对比、色彩使用的点面对比、色彩使用的繁简对比、色彩使用的雅俗对比、色彩使用的反差对比等。

（1）色彩使用的深浅对比。

色彩使用的深浅对比在目前包装设计的用色上出现的频率很高，使用的范围十分广。在很多平面设计（如招贴、吊画类或局面装帧类）上非常常见。所谓深浅对比，指在设计用色上深浅两种颜色同时巧妙地出现在一种画面上，而产生出比较协调的视觉效果。常用的色彩使用的深浅对比如大面积的浅色铺底，而在其上用深色构图。比如，用淡黄色铺底，用咖啡色构图，或在咖啡色的色块中使用淡黄或白色的图案线条；又如，用淡绿色铺底，墨绿色构图；用粉红色铺底，大红色构图；用浅灰色铺底，皂黑色构图等。这些对比在化妆品的包装上或葡萄酒的包装上十分常见。中国的张裕葡萄酒包装（见图 5-8）和双汇腊肠包装都是用这种形式表现的。此外，这种包装形式在日本也较为常见。它表现出来的视觉效果是明快、简洁、温和、素雅。

图 5-8　张裕葡萄酒包装

（2）色彩使用的轻重对比。

在包装色彩的运用上，色彩使用的轻重对比同样是重要的表现手法之一。这种轻重对比，往往是在轻淡、素雅的底色上衬托出凝重、深沉的主题图案，或在凝重、深沉的主题图案中（多以色块图案为主）表现出轻淡、素雅的包装物的主题与名称，以及商标或广告语等。反之，也有的用大面积的凝重、深沉的色调铺底，用轻淡、素雅的色调或集中某个色块来表达重点。这种轻重对比包括协调色对比和冷暖色对比两种对比。协调色对比的手法往往是淡绿色对深绿色、淡黄色对深咖啡色、粉红色对大红等，而冷暖色对比则多为红色对蓝色等，如图 5-9 所示。

（3）色彩使用的点面对比（或大小对比）。

这种对比主要表现在颜色从一个中心或集中点到整体画面的对比，即小范围和大范围之间的对比。尤其在洗涤化妆用品包装中，经常可以看到在产品的包装盒上，整个设计画面大量空白，中间集中位置出现一个非常明显的重颜色的小方块（如椭圆形或小圆形），从这个小方块的画面上体现包装物内容的品牌与名称的主题。这既是点与面的结合，又是大与小的对比，偶尔也有从点到面逐渐过渡的对比，如图 5-10 所示。

图 5-9　化妆品包装

图 5-10　香皂包装

（4）色彩使用的繁简对比。

色彩布局应简单整洁，不能滥用，更不能为了表现内容而设计复杂。例如，在一个画面上，即想表现商标又想表现名称，还想表现陪衬图案，结果由于其中大面积繁杂设计没有任何实际意义暗衬图案出现，而把本该说明的主体全部冲淡了，这种画面会使人在心理上产生压抑和烦躁之感。

如图 5-11 所示，在"统一 100"方便面的食品包装袋上，下半部分是复杂的方便面实物图案，而上半部分却是统一的红白色彩搭配，并且非常显眼地突出食品名称字样。

图 5-11　"统一 100"方便面包装

（5）色彩使用的雅俗对比。

色彩使用的雅俗对比主要以突出俗字反衬它的高雅。而这种俗的表现方式看似是表面的"脏"和无序排列，实际上是有意利用这种设计表现方式。这种构图，一方面可以象征性地揭示主题，另一方面可以烘托主题，以达到"万花丛中一点红"的效果。除了包装设计，在书籍装帧（见图5-12）、广告设计、宣传海报，以及电视节目上都有这样的尝试。

（6）色彩使用的反差对比。

色彩使用的反差对比实际上是由多种颜色自身的不同而形成的反差效果。这种反差效果通常的表现方法包括明暗的反差；冷暖的反差，如红与蓝的对比；动静的反差，如淡雅平静的背景与活泼图案的对比；轻重的反差，如深沉色与轻淡色的对比等，如图5-13所示。

综上所述，这些色彩的对比完全是因为图案需要通过各种不同颜色的对比而表现，但这又是构成整个包装图案的要素中必不可少的组成部分，而往往有些图案就是不同色素的巧妙组合。

图5-12　书籍装帧　　　　　　　　　　图5-13　酱油包装

## 5.2.2　包装装潢色彩的构成

色彩是在表现产品整体形象中非常鲜明、敏感的视觉要素。包装装潢设计通过色彩的象征性和感情性的特征来表现产品的各类特征。它是由色相、明度、纯度3个基本要素构成的，并通过它们形成6个基本色调。

## 1. 艳调

艳调，顾名思义就是画面大多是纯度较高的色彩构成的色调。在物体反射的光线中，是以哪种波长占优势来决定的，不同波长产生不同颜色的感觉。色调是颜色的重要特征，决定了颜色的根本特征，能使人产生鲜明、刺激、新鲜、活泼、积极、热闹之感。色彩艳丽的产品更容易引人注目。艳调常用于儿童食品包装中，如图 5-14～图 5-16 所示。

图 5-14　儿童食品包装 1

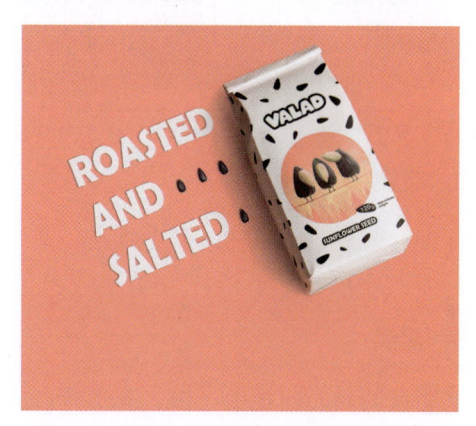

图 5-15　儿童食品包装 2

图 5-16　儿童食品包装 3

## 2. 灰调

灰调属于中间色，具有孤独、稳重、朴素、无力之感。灰调雅致、素净，常用于高档产品的包装，如香薰包装，如图 5-17 所示。

## 3. 冷调

冷调是给人以凉爽感觉的青、蓝、紫色，以及由它们构成的色调。冷调清洁、冰爽，常用于冷饮饮料包装中，如图 5-18 所示。

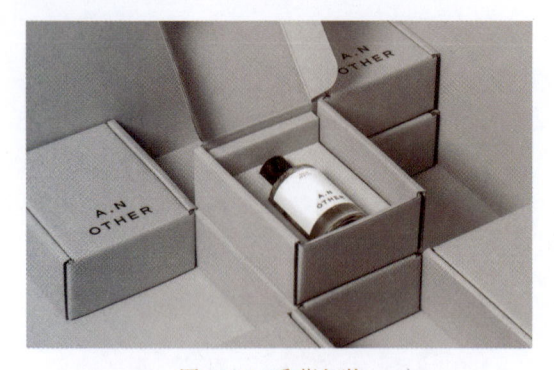

图 5-17　香薰包装　　　　　　　　图 5-18　饮料包装

**4. 暖调**

暖调为前进色，常使人产生膨胀、亲近、依偎、柔和、柔软之感。暖调常用于食品包装中，如图 5-19 所示。

**5. 明调**

在明调的画面面积中，白、灰部分占了很大比重，黑色所占比重较小。这种调子强调明朗、轻快的气氛。明调轻盈欢乐，常用于化妆品包装中，如图 5-20 所示。

图 5-19　食品包装

图 5-20　化妆品包装

#### 6. 暗调

在暗调的画面面积中，黑色部分占很大面积，白色部分多用于突出主体，起强调作用，也起对比作用。

暗调不仅会使人产生沉重、深厚、哀伤之感，而且可以产生神秘、阴森的气氛，常用于工业产品包装中，如图 5-21 所示。

在对 6 个基本色调了解的基础上，通过各种组合与变化，便可以根据产品的不同属性来选择合适的色彩搭配。药品类适合以白色为主的文字图案包装，表示干净、卫生、疗效可靠；化妆品类常用柔和的中间色调，表示高雅富丽、质量上乘；食品类以暖色调为主，突出食品的新鲜、营养和味觉；酒类适合用浅色包装，表示香浓醇厚、制作考究；五金、机电类常用蓝、黑及其他沉着的色块，以表示坚实、精密和耐用的特点；儿童用品类常用鲜艳夺目的纯色对比色块，符合儿童的心理。

图 5-21　工业产品包装

在进行产品包装的色彩设计时，需要注意以下几点。

（1）色彩应充分体现产品的个性特征和功能特点，适合产品消费市场的审美情趣。

（2）画面表现要求总体平衡、照应、协调和统一。

（3）视觉表达的展示效果，包括产品包装的材质及其自然的色彩美感。

## 5.3　产品包装的图形设计

要想在包装设计上独具一格与个性显现，图形是很重要的表现手法，它起到了"推销员"的作用。把包装内装物借视觉的作用传达给消费者，具有强烈的视觉冲击力，能够引起消费者的注意力，从而使消费者产生购买欲望。

### 5.3.1　决定包装图形的因素

#### 1. 包装内装物

包装图形可以归纳为具象图形、半具象图形和抽象图形 3 种，与包装内装物之间是紧密相关的。这样才能充分地传达产品的特性。一般情况下，若产品偏重于生理的，如吃的、喝的，则较着重使用具象图形包装；若产品偏重于心理的，则大多使用抽象的或半具象的图形包装，如图 5-22～图 5-24 所示。

图 5-22　具象图形包装

图 5-23　半具象图形包装

图 5-24　抽象图形包装

2. 诉求对象的年龄、性别、受教育程度

包装图形与诉求对象是相关联的，尤其是与诉求对象的年龄关联密切。在进行产品包装图形设计时，应好好把握住这一点，以便使设计的包装图形能够得到诉求对象的认同，从而达到需求的目的。

（1）年龄因素。

① 12 岁以下：这一年龄段为儿童时期，诉求对象对于认识图形与表现图形，倾向于主观意识。例如，处于这个阶段的儿童对卡通式的人物、半具象的图形包装，以及富有动感、乐趣的图形包装极为喜爱，这符合儿童单纯、天真的心理特点，如图 5-25 所示。

② 13～19 岁：这一年龄段为青春发育期，诉求对象富有幻想性、模仿性，喜爱偶像式、梦幻式及较有风格表现的图形包装，如图 5-26 所示。

图 5-25　卡通图形包装

图 5-26　梦幻式图形包装

③ 20～29岁：20岁以后的年轻人，生理发育已趋成熟。性别的差异特性也特别显著。他们开始注重价值感与权威感，并且多数已在就业阶段，判断力强，对不同表现形式的包装图形均可接受，但对抽象图形仍具新鲜感。图5-27所示为这一年龄段的年轻人喜欢的抽象图形包装。

④ 30～49岁：这一年龄段的人大多数已成家立业，因受生活、职业、经济、社会等因素的影响，思想较为现实，并且具有强烈的定位观念，喜欢理性的写实主义，大多数偏爱具象图形包装，如图5-28所示。

图5-27　抽象图形包装　　　　图5-28　具象图形包装

（2）性别因素。

男性喜欢冒险，有征服他人的野心；女性喜欢安定。因此，在包装图形的表现形式上，男性比较喜欢说明性、科幻性、新视觉的表现形式，而女性则偏向于情感需求，喜欢具象、美好的表现形式。同时，在设计包装时，男性与女性在生理与心理方面的不同，也应在考虑之列。

（3）受教育程度因素。

教育不仅能改变人们的观念、气质，而且能改变人们对知识的判断标准。由于受教育程度的不同，人们对于包装表现形式的喜好有极大的差异。而人们对包装设计图案中的抽象图形与具象图形的接受程度，也与人们自身的知识、审美情趣等相关。

## 5.3.2　包装设计图形要素

包装设计图形要素主要包括标志、图形内容。

（1）标志指行业标志、商标等，如图5-29所示。

图5-29　商标

（2）图形内容有品名、产地、原材料、商标、产品形象、使用示意图、象征图形和图案，如图5-30～图5-37所示。

图 5-30　品名

图 5-31　产地

图 5-32　原材料

图 5-33　商标

图 5-34　产品形象 1

图 5-35　产品形象 2

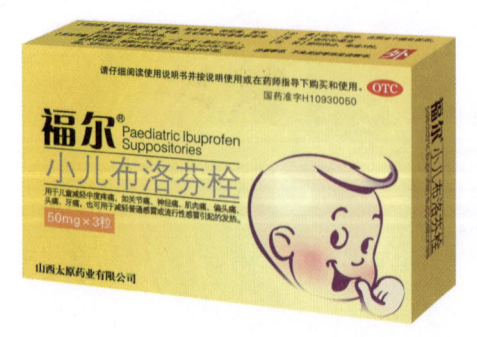

图 5-36　使用示意图

图 5-37　象征图形和图案

品名可以直接、明了地传达产品特性；原材料常用于产品包装中，容易让人产生产品性质的联想；商标指生产者、经营者为使自己的产品或服务与他人的产品或服务相区别，而使用在产品及其包装上或服务标记上的由文字、图形、字母、数字、三维标志和颜色组合，以及上述要素的组合构成的一种可视性标志；使用示意图常用于工业品、家用品的包装上，可以达到使人一目了然其功能的效果；象征图形和图案带有强烈的标志性和符号性。

## 5.3.3　包装图形的表现形式

在包装设计中，包装图形主要有下列几种表现形式。

### 1. 产品的再现

产品的再现可以使消费者直接了解包装的产品，通常使用具象的图形或写实的摄影图形。如食品类包装，为体现食品的美味感，往往将食物的照片印刷在包装上，以加深消费者的印象，使消费者产生购买欲，如图5-38所示。

图5-38　产品的再现

### 2. 产品的联想

"触景生情"即由事物唤起类似的生活经验和思想感情。它以感情为中介，由此物向彼物推移，从一事物的表象想到另一事物的表象。一般情况下，主要从产品的外形特征、产品使用后的效果特性、产品的静止及使用状态、产品的构成及包装的成分、产品的来源、产品的故事及历史、产地的特色及民族风俗等方面设计包装图形，来描绘产品的内涵，使人看到图形后就可以联想到包装产品。如图5-39所示为音乐包装盒。

图 5-39　音乐包装盒

### 3. 产品的象征

优秀的包装设计讨人喜欢，令人称赞，会引发人们的购买欲望。这些都是由包装散发出的象征效果。象征的作用在于暗示，虽然不直接或具体地传达意念，但暗示的功能却是强有力的，有时会超过具象的表达。咖啡是青年男女在恋爱交往与约会中不可缺少的饮料，如在咖啡的包装设计上，以一幅热气腾腾的包装图来象征咖啡香浓的品质，间接传达出浓浓的情意，用以吸引消费者，如图 5-40 所示。

图 5-40　咖啡包装

### 4. 品牌或商标的运用

使用品牌或商标作为产品包装图形，可以突出品牌，增强产品品质的可信度。如图 5-41 所示即使用商标作为产品包装图形。

图 5-41  使用商标作为产品包装图形

5. 产品的烘托

所谓烘托，即将事物的对立面十分突出地表现出来，借此显彼，使产品形象更为鲜明、强烈、突出，如酒的包装，如图 5-42 所示。

6. 产品的使用方法

消费者对于新产品具有的特点不太了解，这就要求借助人为的方法，运用包装图形来表达产品的使用方法，以增加产品的说服力，从而引起消费者的兴趣。如在方便面的包装上印有冲泡过程或使用方法的照片，可以使消费者预先了解产品的特点，如图 5-43 所示。

图 5-42  酒的包装　　　　　　图 5-43  方便面的包装

在包装设计中，包装图形不能孤立起来，而应与整体版面布局密切配合，使整体视觉设计趋于完美，从而确立独特的风格。

## 5.3.4  出口包装的设计

出口包装的设计，应根据世界各国对图形的喜好与忌讳，选择适宜的包装图形。

在出口包装中，因包装图形触犯进口国忌讳，造成进口货物被当地海关扣留，或遭到当地消费者拒用的事例屡有发生。因此，在出口包装的设计中，了解进口国家对包装图形的禁忌至关重要。不同国家对包装图形有不同的喜好与忌讳。例如，伊斯兰教国家禁用猪、六角星、十字架、女性人体，以及翘起的大拇指的图形作为包装图形，喜欢用五角星和新月形的图形作为包装图形；英国人将山羊比喻为不正经的男子，视雄鸡为下流之物，大象为无用之物，认为雄鸡和大象令人生厌，故其不能作为包装图形，喜欢用盾形的图形和橡树作为包装图形；新加坡以狮城之国闻名于世，喜欢用狮子作为包装图形；狗为泰国、阿富汗、北非伊斯兰国家所禁忌，故其不能作为包装图形；法国人认为核桃是不祥之物，黑桃的图形为丧事的象征，故其不能作为包装图形；尼加拉瓜人、韩国人认为三角形的图形不吉利，故其不能作为包装图形。

## 5.4 产品包装的文字设计

在包装设计中，文字是产品信息中非常全面、明确、直接的传达，必须使用销售对象的共同语言，以达到共同交流的目的。

为了保护消费者的合法权益，世界上许多国家都有相应的包装法规，规定必须用规范的文字进行设计。

根据文字的特征进行包装设计，是为了加深消费者的印象，但必须保证消费者能够准确地识别与理解。包装设计中的文字包括基本文字、资料文字、说明文字、广告文字等。

### 5.4.1 文字与字体

**1. 常用的包装设计中的字体**

包装设计中的文字作为第一传达要素，不仅承载告知功能，而且具有极强的装饰功能。没有文字的包装基本是不可能成立的。

汉字源远流长，从甲骨文到现代文字，不管如何演变，都是美丽的，且都具有设计感。汉字的演变如图 5-44～图 5-46 所示。

图 5-44　古代汉字的演变

图 5-45　汉字的演变 1　　　　　　　　　　　图 5-46　汉字的演变 2

2. 笔画性变化

（1）笔形变异。

① 运用统一的形态元素，如图 5-47～图 5-50 所示。

图 5-47　综艺体　　　　　　　　　　　　　　图 5-48　老宋体

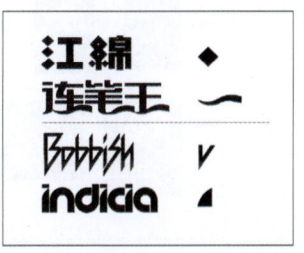

图 5-49　综艺体　　　　　　　　　　　　　　图 5-50　运用统一的形态元素

② 在统一的形态元素中加入不同的形态元素，如图 5-51 所示。

③ 拉长或缩短文字的笔画变异就是对笔画的形态进行一定的变异，这种变异是在基本文字的基础上对笔画进行改变，伸缩变形如图 5-52 所示。

图 5-51　在统一的形态元素中加入不同的形态元素　　　　图 5-52　伸缩变形

（2）笔画共用。

既然文字是线条的特殊构成形式，是一种视觉图形，那么在进行设计时，就可以从纯粹的构成角度，从抽象的线性视点，来理性地看待这些笔画的异同，分析笔画之间的内在联系，寻找它们可以共同利用的条件，借用笔画与笔画之间、中文字与拉丁文字之间存在的共性巧妙地加以组合。字体设计如图 5-53～图 5-57 所示。

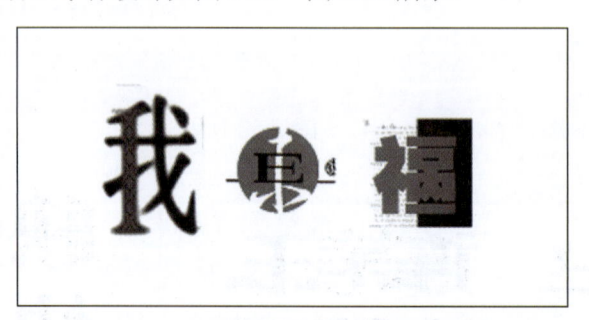

图 5-53　字体设计 1

图 5-54　字体设计 2　　　　图 5-55　字体设计 3

图 5-56　字体设计 4　　　　　　　　　　图 5-57　字体设计 5

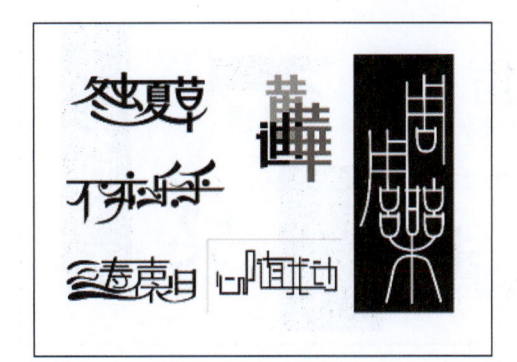

### 3. 具象性变化

根据文字内容的意思，用具体的形象来代替文字的某个部分或某一笔画。这些形象既可以是写实的，又可以是夸张的，但一定要注意文字的识别性。字体设计如图 5-58 所示。

图 5-58　字体设计

（1）直接表现。

直接表现指用具体的形象直接表达出文字的含义，如图 5-59 和图 5-60 所示。

图 5-59　直接表现 1　　　　　　　　　　图 5-60　直接表现 2

（2）间接表现。

间接表现指用相关的符号、形象间接隐喻出文字的含义，如图 5-61～图 5-63 所示。

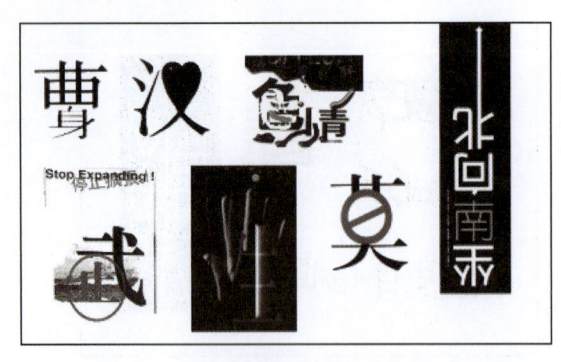

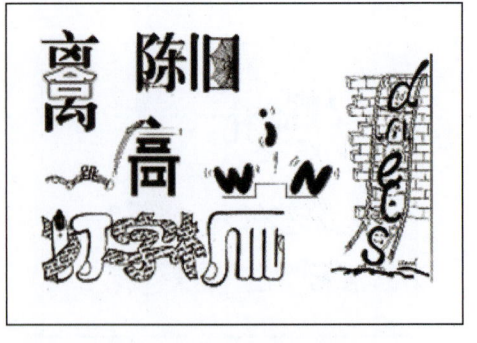

图 5-61　间接表现 1

图 5-62　间接表现 2

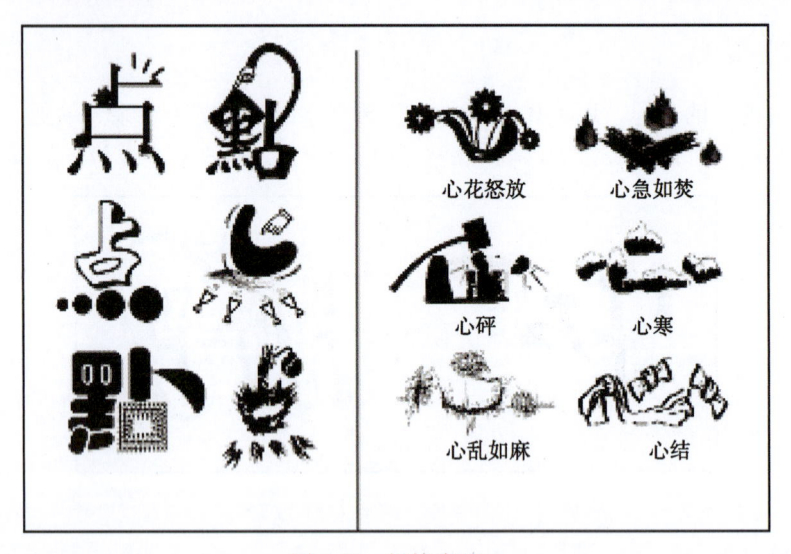

图 5-63　间接表现 3

### 4. 装饰性变化

在文字笔画外添加图形，或将笔画延伸并与图形接续，或在笔画的实空间中填充图形，都是装饰性文字设计的方法。

由于添加的图形没有使文字的原形改变，所以不影响文字的阅读，反而会因这些装饰而丰富文字的内涵。可以通过添加的图形，渲染或烘托文章的形态，直接或间接地让人们更好地理解文字的内容。装饰性变化如图 5-64 所示。

（1）飞白书。

在用扁平的竹笔写字时，因点画中丝丝露白，被称为飞白。飞白书是硬笔书写的文字，因笔画具有的独特装饰风格而自成一体。民间流行至今的花鸟字是飞白书的延续，如图 5-65～图 5-67 所示。

图 5-64　装饰性变化

图 5-65　春满人间　　　　　　　　图 5-66　松林风飞

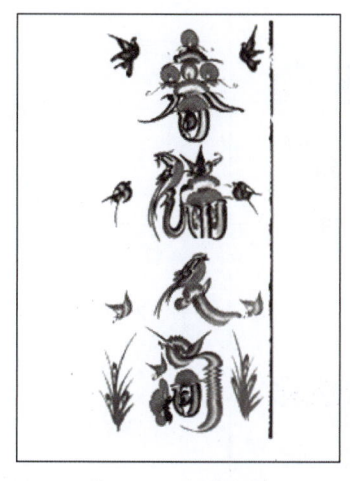

图 5-67　鸟语花香

（2）鸟虫书。

在春秋战国时期，一种极具趣味的字体突然兴起，构成了汉字字形演化历程中一道独特的风景线，它就是鸟虫书，如图 5-68 和图 5-69 所示。

图 5-68　寿命天下

图 5-69　恭贺新年

（3）吉祥装饰字。

在民间，人们同样喜欢装饰汉字，我们至今仍能从民间剪纸、挑花、砖雕、陶瓷的图案中看到诸如福、禄、寿、喜等附有装饰性的汉字。吉祥装饰字如图 5-70 和图 5-71 所示。

图 5-70　冰消石头沉，云散太阳出

图 5-71　福、禄、寿

（4）写本装饰字。

在写本画中最具特色的要数版画装饰艺术中以首字为主的装饰字。所谓以首字为主的装饰字，指彩绘在书中章节的开端，将起头的一个或几个文字使用装饰的手法加以美化，形成图案性文字。写本装饰字如图 5-72 所示。

（5）文字规范

555 香烟的包装设计（见图 5-73）是由文字组成的。在全世界严格控制香烟生产销售的形势下，555 香烟上的每一条文字都严格遵守了销售地区的法律规定。

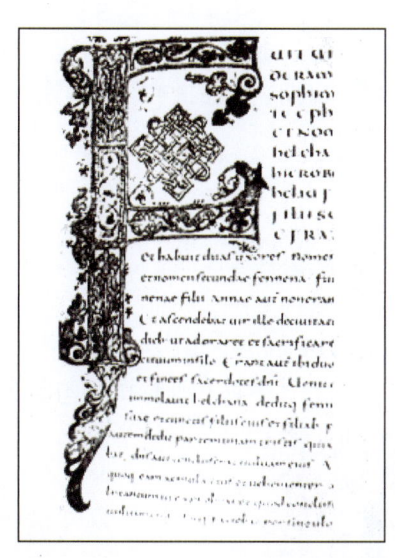

图 5-72 写本装饰字

图 5-73 555 香烟的包装设计

此外，对药品的文字规范要求更严格。在国家食品药品监督管理局令第 24 号《药品说明书和标签管理规定》中对药品说明文字管理的规范非常明确，其中要求"药品说明书和标签的文字表述应当科学、规范、准确""药品说明书和标签中的文字应当清晰易辨，标识应当清楚醒目""药品说明书和标签应当使用国家语言文字工作委员会公布的规范化汉字""药品通用名称应当显著、突出，其字体、字号和颜色必须一致""对于横版标签，必须在上 1/3 范围内显著位置标出；对于竖版标签，必须在右 1/3 范围内显著位置标出""不得选用草书、篆书等不易识别的字体，不得使用斜体、中空、阴影等形式对字体进行修饰""字体颜色应当使用黑色或者白色，与相应的浅色或者深色背景形成强烈反差""除因包装尺寸的限制而无法同行书写的，不得分行书写"。药品包装的文字设计如图 5-74 所示。对样品外标签要求"药品外标签

图 5-74 药品包装的文字设计

应当注明药品通用名称、成分、形状、适应症状或者功能主治、规格、用法用量、不良反应、禁忌、注意事项、贮藏、生产日期、产品批号、有效期、批准文号、生产企业等内容。适应症或者功能主治、用法用量、不良反应、禁忌、注意事项不能全部注明的，应当标出主要内容并注明'详见说明书'字样"。

### 5.4.2 文字在包装设计中的应用

（1）文字的设计应与产品的特点统一，如图 5-75 所示。

（2）文字的设计应强调易读性、艺术性和独特性，如图 5-76 所示。

图 5-75　三只松鼠酥糖

图 5-76　三只松鼠坚果礼

（3）文字的设计应体现一定的风格和时代特色，如图 5-77～图 5-81 所示。

（4）在包装设计中，文字的设计大多数以标识的形态出现，如图 5-77 和图 5-78 所示。

（5）在包装设计中，容器类的包装较多采用文字设计的形式，如图 5-79 和图 5-81 所示。

图 5-77　文字设计 1

图 5-78　文字设计 2

图 5-79　文字设计 3

图 5-80　文字设计 4

图 5-81 文字设计 5

（6）在包装设计中，应用中文书法的字体会使产品具有浓郁的古典气息，如图 5-82～图 5-86 所示。

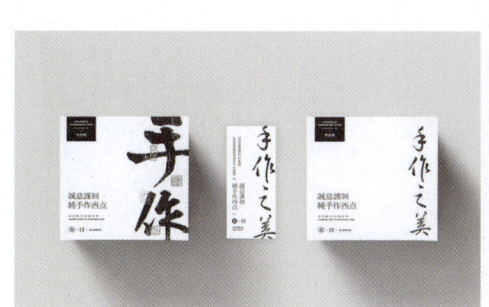

图 5-82 文字设计 6　　　　　　　　　图 5-83 文字设计 6

图 5-84 文字设计 8　　　　　　　　　图 5-85 文字设计 9

图 5-86　文字设计 10

## 5.4.3　文字在包装设计中的编排

（1）文字的编排一定要准确、醒目、易辨认，在设置文字的大小、主次、用色的强弱时要考虑整体效果。

（2）文字的编排整体感要强。如图 5-87 所示为白果仁包装中文字的编排。

（3）文字的编排要注意科学性和艺术性的结合。如图 5-88 所示为六堡茶包装中文字的编排。

图 5-87　白果仁包装中文字的编排 　　　　图 5-88　六堡茶包装中文字的编排

（4）优秀设计作品的标准如下。
① 引人注目，能脱颖而出。
② 精致，具有艺术审美性。
③ 久看耐人寻味，有长期保存的价值，经得起时间的考验。
④ 有整体统一的效果。
⑤ 注意货架的实用性的效果。

（5）产品包装文字设计的注意事项如下。
① 文字内容应简明、真实、生动、易读、易记。
② 在进行文字设计时，处理好文字相互之间的主次及大小关系。
③ 文字设计要反映产品的特点、性质、独特性，并具备良好的识别性和审美功能。

## 5.5　产品包装的构图设计

构图指将商标、文字、图案、条形码等构成一个和谐、统一的整体。

### 5.5.1　构图的根本任务

包装装潢是结合包装容器造型体现和完善设计构思的重要手段。它担负着对产品的信息传达和宣传、美化的重任。

构图正是围绕着以上任务和目的，将包装装潢设计的诸多要素进行合理、巧妙地编排组合，以构成新颖、悦目而又理想的构图形式。

### 5.5.2　构图的基本要求

#### 1. 整体要求

包装设计在装潢上有许多基本要素要表达，如产品名称、商标、厂家地址、用途说明、规格等。所有这些形象的大小比例、位置、角度、所占空间等方面的关系处理是相当复杂的，而包装画面又被要求在一瞬间能简洁、明了地向消费者传递众多信息，尤其需要强调构图的整体性，就像乐曲要设定一个基调一样，是活泼的还是严谨的，是华丽的还是素雅的……使画面形成一种大的构图趋势。

#### 2. 突出主题

由于包装装潢设计是在方寸之地做文章的，这就需要设计者在所有需要表达的要素中，用一个或一组要素来发挥主题的作用，我们称之为主要形象。应通过各种手段，如位置、角度、比例、排列、距离、重心、深度等方面来突出这一主要形象。如果对众多要素不分主次、不加选择地"全面"表现，就像文章没有重点，电影故事里没有主角一样，结果可想而知。

#### 3. 主次兼顾

在包装画面的诸多要素的整体安排中，主要部分必须突出，次要部分则应充分起到衬托主题的作用，给画面制造气氛，加强主要部分的效果。次要部分如何更好地衬托主题、达到主次呼应、整体协调，则需要反复推敲。构图的主要技巧就在于设计者对各个部分关系的处理。

### 5.5.3　构图技巧的把握

与色彩技巧一样，构图技巧多种多样，两者的关系相互依存和互为表述。色彩是基础，构图既是过程又是最终目的。在设计过程中，除了要把握一定的技巧，还要考虑它的视觉效果，而效果才是最终目的。

要把握构图技巧，除了色彩运用的对比技巧需要借鉴掌握，还需要考虑几种对比关系，如粗细对比、远近对比、疏密对比、静动对比、中西对比、古今对比等。

### 1. 构图技巧的粗细对比

所谓粗细对比，指在构图的过程中使用的色彩及由色彩组成图案而形成的一种风格。在书画作品中有工笔和写意之说，或用工笔的绘画手法，或用写意的绘画手法，或工笔与写意两种绘画手法同时出现在一个画面上，这种风格是在包装构图中常使用的表现手法。对于这种粗细对比，有些是主体图案与陪衬图案对比；有些是中心图案与背景图案对比；有些是一边粗犷如风卷残云，而另一边则精美得细若游丝；有些以狂草的书法取代图案。这在一些酒类和食品类包装中都能随时随地见到，如思念牌水饺和飘柔牌洗发露包装，如图 5-89 和图 5-90 所示。

图 5-89　思念牌水饺包装　　　　图 5-90　飘柔牌洗发露包装

### 2. 构图技巧的远近对比

在国画山水的构图中讲究近景、中景、远景，那么在包装图案的设计中，也应分为近、中、远几种画面的构图层次。所谓近，就是一个画面中最抢眼的那部分图案，也叫作第一视觉冲击力。最抢眼的那部分图案也是该包装图案中要表达的十分重要的内容，如在双汇最早使用过的火腿肠包装（见图 5-91）中，首先闯进人们视线中的是左上角背景中的双汇商标和中间部分背景中托出的硕大的"双汇金阳光"几个字（即近景），其次才是小一点的"特级火腿肠"几个字（应该说是第二视线，又叫作中景），再次是表述包装物的产品照片（又被称作第三视线，介于中景），最后是辅助性的企业吉祥物广告语、性能说明、企业标志等。这种明显的层次感又叫作视觉的三步法则。它在兼顾人们审视一个静物画面时从上至下、从右至左的习惯的同时，依次凸显出其中非常想表达的主题部分。设计者在创作画面之始，就应该弄明白诉求的主题，营造一个众星捧月、鹤立鸡群的氛围，从而使包装设计的画面像强大的磁力一样紧紧地把消费者的视线吸引过来。

图 5-91 双汇火腿肠包装

### 3. 构图技巧的疏密对比

构图技巧的疏密对比与色彩使用的繁简对比很相似，也与国画中的飞白很相似，即图案中该集中的地方就应有扩散的陪衬，不宜都集中或都扩散，而应疏密协调，节奏分明，有张有弛，同时也不妨碍主题突出，如化妆品包装，如图 5-92 所示。

### 4. 构图技巧的静动对比

在一种图案中，往往会发现这种现象，也就是一种包装主题名称处的背景或周边表现出的爆炸性图案往往看上去漫不经心，实则是故意涂抹的几笔随意的粗线条，或飘带形的英文或图案等，这些无不表现出一种"动态"的感觉。主题名称端庄、稳重，而大背景轻淡、平静，这种场面便是静与动的对比，如海飞丝洗发水包装，如图 5-93 所示。这种对比，符合人们的正常审美心理。

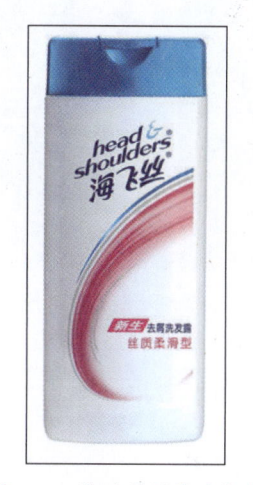

图 5-92 化妆品包装　　图 5-93 海飞丝洗发水包装

### 5. 构图技巧的中西对比

构图技巧的中西对比，常见的如在画面中使用卡通手法和中国传统手法的结合或中国汉学艺术和英文的结合。这种表达技巧在儿童用品、女式袜、服装或化妆品的包装上都曾出现过。中西对比包装如图 5-94 所示。

**6. 构图技巧的古今对比**

只要有洋为中用就有古为今用，特别是人们为了体现一种文化品位，常常在包装设计构图上把古代经典的纹饰、书法、人物、图案用在当前的包装上。其中，在酒的包装上体现得十分明显。如印着红楼梦十二金钗仕女图的酒、太白酒（见图 5-95）、中秋月饼（见图 5-96）等包装，都是从这些方面体现和挖掘内涵的。另外，还有一些化妆品及生活用品的高级礼品包装的纹饰与图案，也是从古典文化中寻找嫁接手法的。这些都给人一种古朴、典雅的视觉享受。

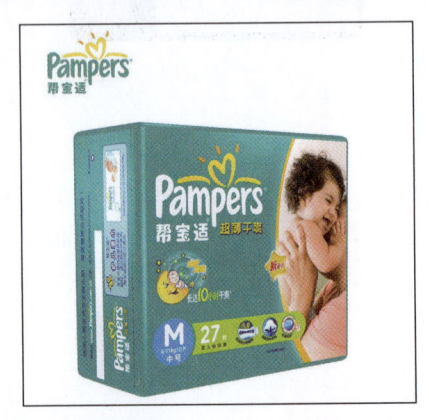

图 5-94　中西对比包装

图 5-95　太白酒包装　　　　　图 5-96　中秋月饼包装

### 5.5.4　常见的构图类型

**1. 分割构图。**

（1）上下分割

在平面设计中较为常见的分割构图形式是将版面横向分成上、下两个部分，其中一部分配置图片，另一部分配置方案。横向分割容易显呆板，故采用的图片应尽量生动、活泼，富有动感,如洗涤剂包装,如图 5-97 所示。

(2) 左右分割。

与上下分割相反,左右分割是将画面垂直分割为左、右两个部分,给人以崇高、肃穆之感。由于视觉上的原因,图片宜配置在左侧,右侧配置小图片或方案。如果两侧的明暗对比强烈,则效果会更加明显,如食品包装,如图 5-98 所示。

图 5-97　洗涤剂包装　　　　　　　　图 5-98　食品包装 1

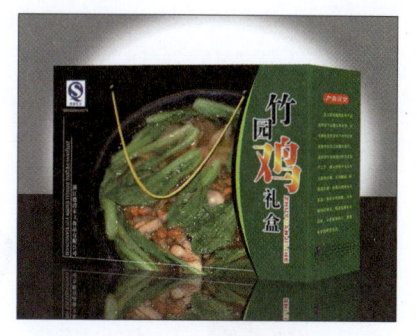

(3) 斜向分割。

斜向分割是将图片倾斜放置或将画面斜向分割,较之上下分割更为生动、活泼,因为斜线可以产生动感,所以在对汽车等以速度见长的产品或较为呆板、冷漠的产品进行倾斜配置时,效果会更生动,如食品包装,如图 5-99 所示。

**2. 形状构图**

(1) 螺旋形编排。

螺旋形编排指图片由大渐小、由外向内有规律地渐变配置,形成螺旋形,使人的视觉移动轨迹由外向内弯曲旋动,最终落到中心点,形成一定的动感。这种编排,不仅可以使多张图片形成有机的整体,而且主次明确,中心突出。运用这种方式构图,会使人的视线立刻集中到中心点,而这一点就是广告的重要图片的放置点。螺旋形编排的包装设计如图 5-100 所示。

图 5-99　食品包装 2　　　　　　　　图 5-100　螺旋形编排的包装设计

（2）以中心为重点编排。

人的视线往往会集中在中心部位，产品图片或需要重点突出的景物配置在中心，会起到强调作用。如果由中心向四周放射，主次分明，则可以起到统一的效果。以中心为重点编排的包装设计如图 5-101 所示。

（3）L 形编排。

L 形编排是以一幅大图为主，将其配置在上、下、左、右的任何一隅，两边出血，另两边留出 L 形空白。由于有图片处较沉，故留白的地方应巧妙编排，一来活跃变化版面，二来重量上加以均衡，否则会给人一头沉的感觉。L 形编排的包装设计如图 5-102 所示。

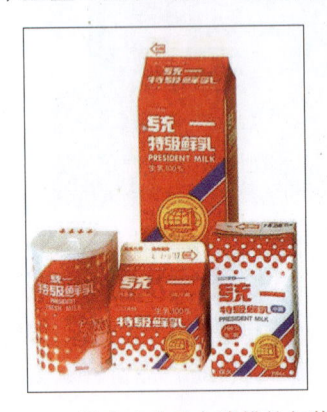

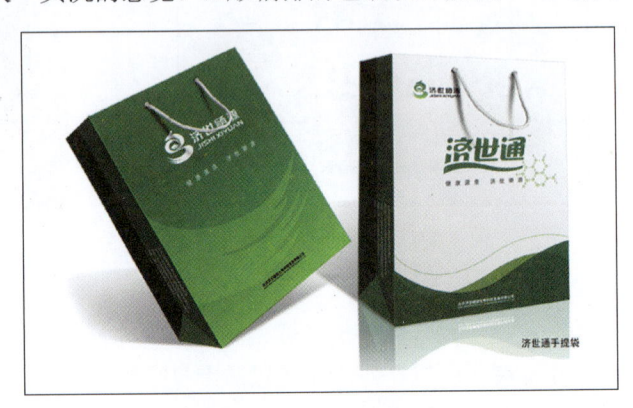

图 5-101　以中心为重点编排的包装设计

图 5-102　L 形编排的包装设计

（4）U 形编排。

U 形编排是把图片配置于版面中央的上方或下方，并在一方出血，以产生 U 形空白。这种编排有强烈的稳定感，具有强烈的感染力。空白处的编排要精心设计，否则会过于呆板。U 形编排的包装设计如图 5-103 所示。

（5）三角形编排。

正三角形编排是非常有稳定感的金字塔形编排，逆三角形编排则是富有极强的动感的编排。在用正三角形编排时应注意避免呆板，在用逆三角形编排时则应注意保持版面的平衡，而在用任意三角形编排时则没有在使用以上两个三角形编排时的弊端，因为它既有很强的动感，又不失平稳、安定。三角形编排的包装设计如图 5-104 所示。

图 5-103　U 形编排的包装设计

图 5-104　三角形编排的包装设计

(6)上、下(左、右)编排。

将图片或文字配置在上、下(左、右)两侧时,会产生一种稳定的水平作用力,并相互呼应,这是十分简单但又极具高格调的形式,若能掌握运用,需要相当深的功力。上、下(左、右)编排的包装设计如图5-105所示。

(7)N形编排。

在版面上将图片进行流线型编排,使视觉由上向下反复移动,形成既有上、下(左、右)相呼应,又有均衡的稳定感。在进行多图编排时,N形编排是最佳方案,如图5-106所示。

图5-105 上、下(左、右)编排的包装设计

图5-106 N形编排的包装设计

(8)重复编排。

把内容相同或有着内在联系的图片重复编排,会使人产生冷静的畅快感与调和感。尤其对较为繁杂的事物来说,通过比较和反复联系,会使复杂的过程变得简单、明了。重复和强调的作用,会使得主体更加突出。画面的反复出现,会有流动的韵律感出现。同一个产品在重复出现的情况下,表现角度不同的两张图片会自然融合为一体,产生的调和感能引起读者的共鸣。若将这样的图片以大小或强弱对比处理,则会产生立体感,妙趣横生。重复编排的包装设计如图5-107所示。

(9)并置编排。

将同一类内容的图片,以大小相同的面积并置在一起,会加重分量,突出重点。图片并置的画面,富有冷静、畅快与调和感,容易让读者比较对象物,如同在相同的条件下比较分析得出实验结果。在画面构成上,图片的反复出现能够使人冷静,使对比更鲜明,使人形成新生的视野。并置编排的包装设计如图5-108所示。

图5-107 重复编排的包装设计

图5-108 并置编排的包装设计

(10) 包围型编排。

包围型编排是用图案或图形将四周围起来，使画面产生热烈的气氛，从而加深主题，起到烘托的作用。包围构图使空间有了约束，限定了范围，同时也强调了保护作用，增加了稳定感。包围型编排的包装设计如图5-109所示。

### 3. 对比构图

(1) 大与小的对比。

大与小是相对而言的，就造型艺术布景而言，使用大与小的对比会产生奇妙的视觉效果。若大与小之间差别小，则给人的感觉是温和、沉稳的；若大与小之间差别大，则给人的感觉是鲜明、强烈、有力的。大与小的对比在广告编排设计中经常被使用，并且在配图、文字设计中也都适用。在一幅画面中当同时有几张图片出现时，首先必然落在最大的一张图片上，然后才会逐一浏览小的图片。因此，图片的配置，采取由大到小的次序排列，既简单又明快。大与小的对比如图5-110所示。

图5-109　包围型编排的包装设计　　　　图5-110　大与小的对比

(2) 明与暗的对比。

黑与白、阴与阳、正与反，都可以形成对比。在画面上，黑的部分与白的部分形成对比，会产生时差感的空间。在黑的背景下放置亮的物体，也可以黑里有白，白里有黑地反复进行对比，产生出奇妙的光与影的视觉效果。明与暗的对比如图5-111所示。

图5-111　明与暗的对比

(3) 曲与直的对比。

在一幅画上若都是曲线或都是直线，将显得十分呆板、单调，缺少变化。同样，在画面上若都是圆形或都是方形，也将令人乏味。所以将曲与直、圆与方的对比运用在画上，会使人产生强烈的情感和深刻的印象。在许多圆中放一个方形，方形会显得尤为突出。当曲线周围有直线时，则曲线会使人印象强烈。在编排设计中，巧妙地运用曲与直的对比，会收到事半功倍的效果。曲与直的对比如图 5-112 所示。

(4) 动与静的对比。

在自然界中，动与静是相对而言的，如正在运行的汽车和停止不动的汽车，正在飞翔的大雁与栖息在枝头的大雁。在编排设计上，把富有扩散感或具有流动形态的形状和物体称为"静"，"动"与"静"相互配合，以"动"的部分为主体占据较大面积，"静"的部分占据较小面积，周围适量地留白强调其独立性，虽然面积小，却能产生强烈的画龙点睛的效果。动与静的对比如图 5-113 所示。

图 5-112　曲与直的对比

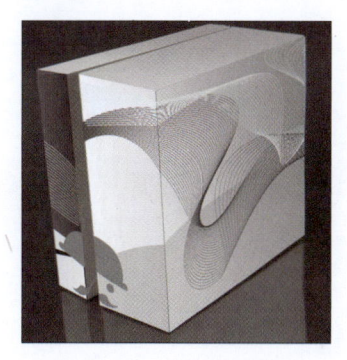

图 5-113　动与静的对比

(5) 疏与密的对比。

在广告设计编排时，疏表示空白，密表示图或文字。在大量空白中如果有一段稠密的文字或图，则一定会格外突出，而如果在密布的文字或图中留有一块空白，则这块空白将会十分醒目。疏与密的对比，会使整个画面更加生动、新颖。疏与密的对比如图 5-114 所示。

(6) 垂直与水平的对比。

垂直线具有动感，会使画面冷静鲜明；水平线具有稳定的平和感，会使画面沉着理智。将两者进行对比处理，不但会使画面产生紧凑感，而且能避免冷漠、呆板的画面效果。垂直与水平的对比如图 5-115 所示。

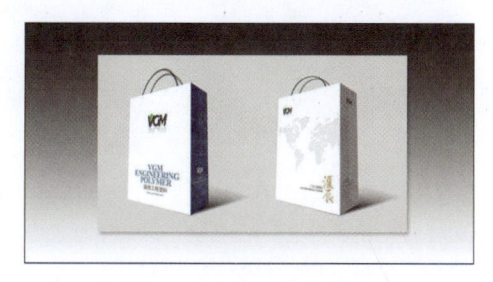

图 5-114　疏与密的对比

图 5-115　垂直与水平的对比

（7）虚与实的对比。

虚与实的对比是将次要辅助的景物隐去，使主体表现物更加突出。这种手法经常在摄影中体现。在编排设计时，运用此方法，可以取得相同的效果。虚与实的对比如图 5-116 所示。

图 5-116　虚与实的对比

## 5.6　设计实例

如图 5-117 所示，绿茶饮料在文字上除了大大的"茶"字 Logo，汉字小而低调，取而代之的是优雅纤细的英文，包装上使用充满高级感的雾面玻璃，并在半透明的玻璃瓶上绝妙地运用渐变，营造出一种简约的美学。

如图 5-118 所示，果汁饮料独特的棱角造型勾勒出抽象的水果形象，可爱的字体加上可爱的卡通造型使人产生鲜明、新鲜、活泼、积极之感，让人爱不释手，缤纷的水果色彩让人一见就垂涎欲滴。棱角造型与水果曲线的对比让消费者产生强烈的情感和深刻的印象。水果形象让人一眼就能想象出果汁饮料的味道。

图 5-117　绿茶饮料　　　　　　　　图 5-118　果汁饮料

## 思政园地

在包装装潢设计中的文字、图形和创意设计，可以借鉴中华传统艺术，如传统书画、汉字、民间工艺、文化习俗、神话传说中的形象等，设计者可以挖掘包装设计中包含的民族智慧和艺术基因，运用中国的汉字、传统图案、传统色彩等设计元素，结合现代审美进行设计，将传统文化与现代设计有机地结合起来，让作品更具文化底蕴。在设计实践中，寻求具有中国文化特色的包装设计，感受中华民族文化的魅力，坚定文化自信。

## 实训

1. 以色彩为主要表达方式进行儿童食品的包装设计。
2. 市场调研，寻找使用笔形变异、笔画共用作为包装的成功实例。
3. 使用左右分隔的构图方式，创作完成一组食品类包装，要求不少于 3 件物品。

（1）展示内容包括设计的食品实物、内包装（直接接触产品）、外包装，可加入相关配件。

（2）包装上必须包括基本文字（如品牌、品名、出产者等）、资料文字（如产品成分、容量、型号、规格、准字号、生产日期等）、说明文字（如产品用途、用法、保养方面的注意事项等）、条形码、QS 认证标识及生产日期、出厂日期等，如有广告语则需要处理好主次关系。

# 第 6 章 系列化包装设计

在所有包装设计中,系列化包装设计最具有影响力和视觉冲击力。在产品研发完成时,可以先根据产品的不同型号、不同规格,设计一整套的外包装,然后投放市场,其影响力要远远大于没有完整的系列化包装设计。

本章首先概述系列化包装设计的基础知识,然后通过较为常见的食品的系列化包装设计的实例分析与制作,让读者掌握系列化包装设计的流程及思路、定位方法等,进而将基础知识转化为应用能力。

### 要点
- ◇ 系列化包装设计的概念、功能、分类
- ◇ 系列化包装的设计实例——糖果系列化包装设计
- ◇ 设计实例的构思及具体操作步骤

### 重点内容
- ◇ 了解系列化包装在市场中的战略意义。
- ◇ 掌握系列化包装的设计方法。

## 6.1 系列化包装设计概述

一整套的包装设计不仅具有统一的企业标识,而且具有相同的颜色配置、紧密联系的外部形状设计特征,以及不同规格、不同型号的产品包装。它们在整体形象上是统一的,便于人们识别。

## 6.1.1 系列化包装设计的概念

系列化包装设计是现代包装设计中较为普遍、流行的形式。它是以一个企业或一个商标、品牌名的不同类产品用一种共性特征来统一的设计，可以用特殊的包装造型特点、形体、色调、图案、标识等统一设计，形成统一的视觉形象。这种设计的好处在于，既有多样的变化美，又有统一的整体美；上架陈列效果强烈；容易识别和记忆；能缩短设计周期，便于产品新品种的发展，方便制版印刷；可以增强广告的宣传效果，强化消费者的印象，扩大影响，树立品牌。

## 6.1.2 系列化包装设计的应用

（1）同类产品，造型统一，图案统一，文字位置统一，只有颜色发生变化，如图 6-1 所示。

（2）同类产品，图案、文字、颜色都统一，规格、造型发生变化，如图 6-2 所示。

图 6-1　系列化包装的颜色发生变化 　　图 6-2　系列化包装的规格、造型发生变化

（3）同类产品，文字位置统一，规格、图案、颜色发生变化，如图 6-3 所示。
（4）同类产品，规格统一，图案、颜色、文字发生变化，如图 6-4 所示。

图 6-3　系列化包装的规格、图案、颜色发生变化 　图 6-4　系列化包装的图案、颜色、文字发生变化

（5）同类产品，品牌、表现手法统一，规格、颜色、造型发生变化，如图 6-5 所示。

（6）同类产品，颜色基调、文字品牌、造型统一，图案及位置发生变化，如图 6-6 所示。

图 6-5　系列化包装的规格、颜色、造型发生变化　　图 6-6　系列化包装的图案及位置发生变化

## 6.2　设计实例

糖果包装设计是展现糖果产品信息十分直观的媒介，可以把糖果产品核心的卖点及规定的信息完整呈现在消费者眼前。对于糖果包装设计来讲，信息的准确传递需要在文字排版、色彩搭配等过程中来体现。

通过本实例的练习，使读者学习在 Photoshop 软件中制作系列化包装的方法和技巧。本实例制作完成的糖果包装效果如图 6-7 所示。

图 6-7　糖果包装效果

**1．手提袋包装设计的操作步骤**

（1）启动 Photoshop 软件。

（2）选择"文件"→"新建"命令，新建一个 A4 大小的文档，如图 6-8 所示。

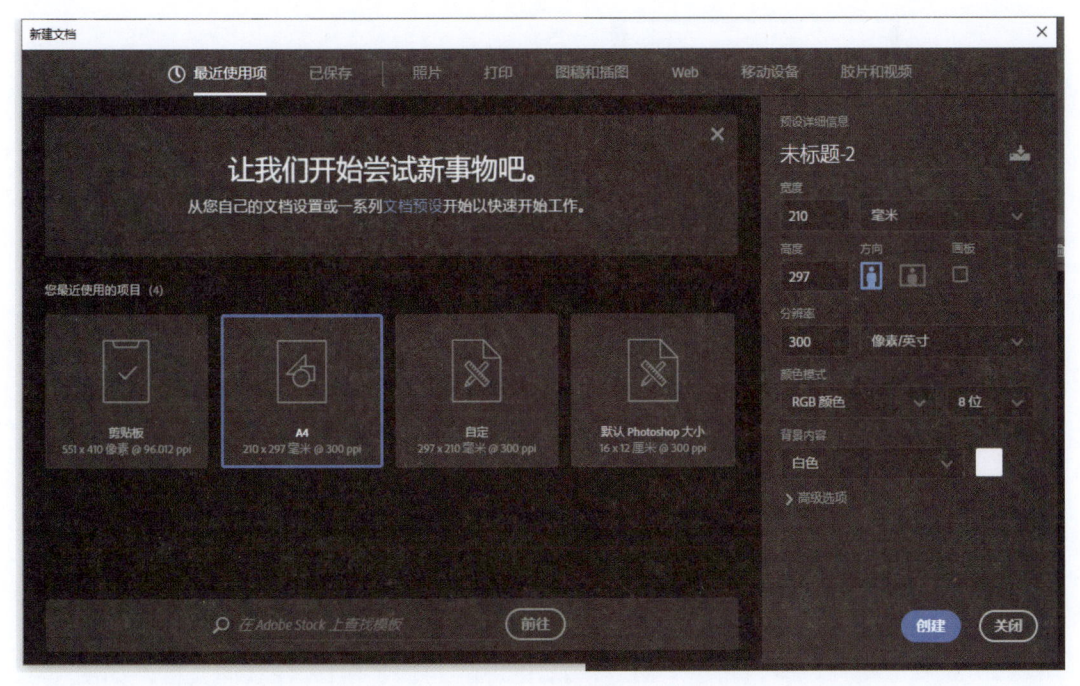

图 6-8 新建文档

（3）新建图层，先用"矩形"工具绘制一个矩形，并将前景色设置为蓝色（R：48，G：155，B：216），按 Alt+Delete 组合键进行填充，按 Ctrl+D 组合键取消选区，然后导入素材文件"纹样.png"，如图 6-9 所示。

图 6-9 绘制矩形并导入素材文件

（4）使用"文字"工具输入文字"彩色糖果"，字体自选，并将文字放入图案上方，如图 6-10 所示。

（5）打开素材文件"手提袋样机"，并插入设定完成的图片，完成手提袋包装的设计，完成效果如图 6-11 所示。

图 6-10 输入文字　　　　　　　　　图 6-11 完成效果

**2. 盒装包装设计的操作步骤**

（1）启动 Photoshop 软件。

（2）选择"文件"→"新建"命令，新建一个 1419×1419 像素的文档，如图 6-12 所示。

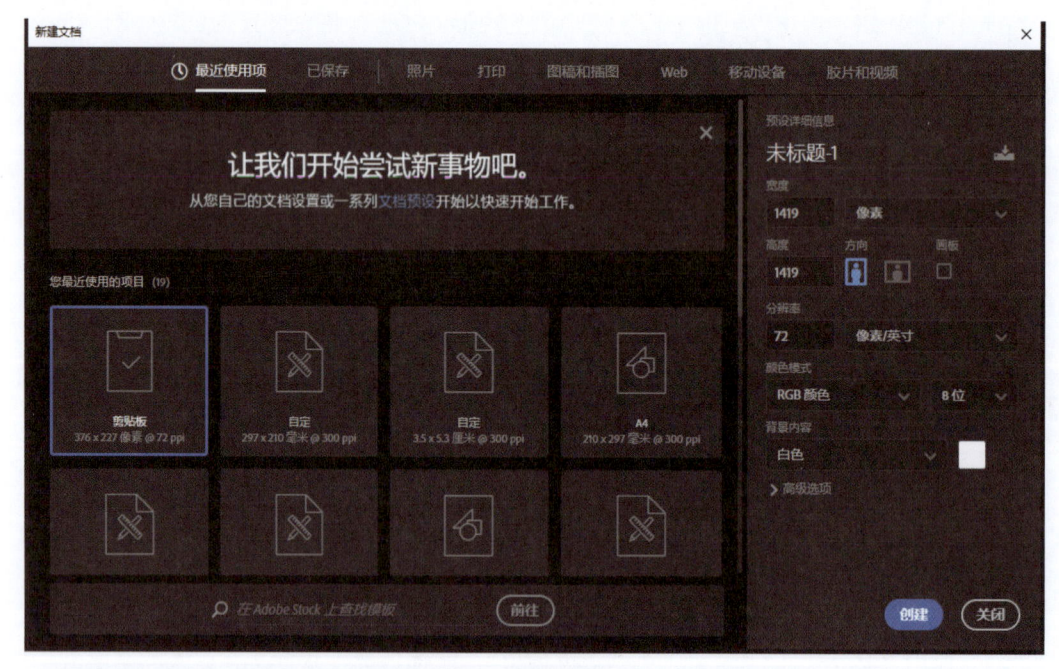

图 6-12 新建文档

（3）新建图层，并将其填充颜色设置为蓝色（R：48，G：155，B：216），导入素材文件"纹样.png"，如图 6-13 所示。

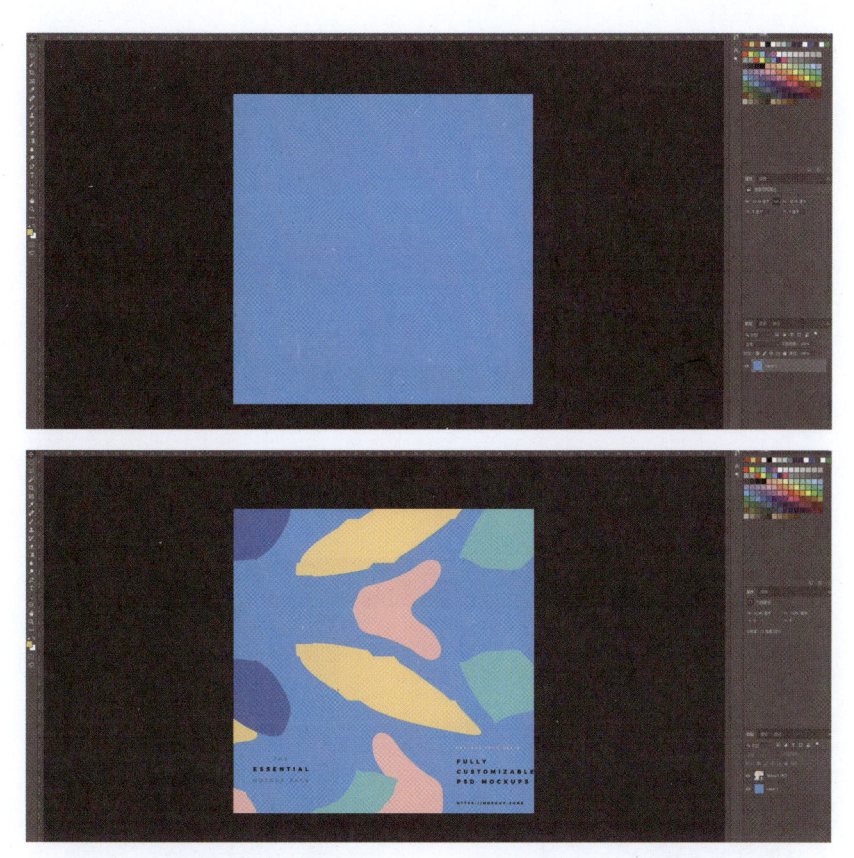

图 6-13　导入素材文件

（4）新建一个 1419×1419 像素的文档，并在文档中新建图层，导入素材文件"纹样.png"，如图 6-14 所示。

图 6-14　新建文档并导入素材文件

（5）新建一个 1419×1419 像素的文档，并在文档中新建图层，设置填充颜色为蓝色（R：48，G：155，B：216），导入素材文件"纹样.png"，如图 6-15 所示。

图6-15　新建文档并导入素材

（6）新建图层，并使用"矩形"工具绘制一个矩形，设置矩形的填充颜色为白色，如图6-16所示。

图6-16　绘制矩形并设置填充颜色

（7）新建图层，使用"文字"工具输入文字"彩色糖果"，字体自选，将文字放在白色矩形的位置，如图6-17所示。

图6-17　编辑文字

（8）打开素材文件"盒子样机"，将前面3组设计的内容置入，完成盒子包装的设计，完成效果如图6-18所示。

(9)最终完成效果如图 6-19 所示。

图 6-18  完成效果

图 6-19  最终完成效果

## 思政园地

系列化包装设计是一整套作品的设计,不仅需要灵感的迸发,而且需要始终如一的从业态度。设计者要有匠心精神,对自己的设计要精雕细琢、精益求精。在设计中,需要不断雕琢自己的产品,不断改善工艺,打造优质的原创设计。因此,在设计系列化包装作品时,要从设计创意、设计理念、设计思维、图形语言表达等各个方面精雕细琢,树立精于专业、钻于专业、服务于社会的工匠精神。

## 实训

参考系列化包装的设计实例,完成一种食品的系列化包装设计。

# 第 7 章 产品包装设计的案例制作

本章通过对常见的几类产品,包括酒、茶、糕点的系列化包装设计的实例分析与制作介绍,让读者掌握系列化包装设计的流程及设计思路、定位方法等,将基础知识转化为应用能力。

## 要点

- ◇ 系列化包装设计的案例分析——红酒系列化、茶系列化、糕点系列化包装设计
- ◇ 案例分析的定位及具体操作步骤

## 重点内容

- ◇ 掌握系列化包装的设计方法。

## 7.1 红酒系列化包装设计

### 7.1.1 设计背景

痴迷红酒的爱好者通过看酒标,便可以非常迅速地找到自己喜欢的红酒。看一瓶酒的酒标,其实就可以大概了解这瓶酒的一些来历,酒标内容的复杂多变表现了酒的不同特点。因为产地的不同,酒标的标示方式也不同。酒标是葡萄酒的"身份证"。

16世纪意大利画家阿尔钦博托把金秋之神绘成酒神的模样,他的形象既表现出青春的紧张,又表现出在转瞬即逝的和谐中焕发出的精神。画家弗朗西斯科·德·科雅、查尔斯·福朗索瓦、德比涅和奥古斯丁·赫努等的绘画,均根据葡萄及葡萄丰收时的采摘场景加以表

现酒标，以展示大自然的慷慨无私。弗朗索瓦•米勒用箍桶匠酒桶的粗壮来表示，亚吉纳•布丹则用波尔多葡萄酒桶的运输场面来描述。

## 7.1.2 设计定位

可以根据红酒系列化包装设计的以下几个特征来进行定位。

（1）由于酒的颜色呈暖色调，因此对于酒瓶颜色的要求应该是能衬托酒的色调。

（2）酒瓶表层商标的选择。因为红酒文化始源于西方国家，所以可以选用具有文化代表性的图案。但随着红酒文化的全球化，一大批具有东方色彩魅力的图案也开始出现。

（3）外层包装。目前，大多数葡萄酒采用纸袋、纸筒、硬质套筒和木质封盒等外层包装。下面通过展示几种不同的包装类型，展示不同的包装效果。

## 7.1.3 制作一个红酒包装

通过本例的练习，使读者掌握在 Photoshop 软件中制作玻璃包装的方法和技巧。本例制作完成的红酒包装效果如图 7-1 所示。

图 7-1　红酒包装效果

本例的具体操作步骤如下。

（1）按 Ctrl+N 组合键，在弹出的"新建"对话框中将"名称"设置为"瓶贴"，"宽度"设置为4厘米，"高度"设置为10厘米，"分辨率"设置为300像素/英寸，"颜色模式"设置为"CMYK 颜色"。

（2）选择"矩形"工具，创建一个矩形选区。

（3）新建图层 0，将前景色设置为红色（C：0，M：100，Y：100，K：0），并按 Alt+Delete 组合键，将矩形选区填充为红色，如图 7-2 所示。

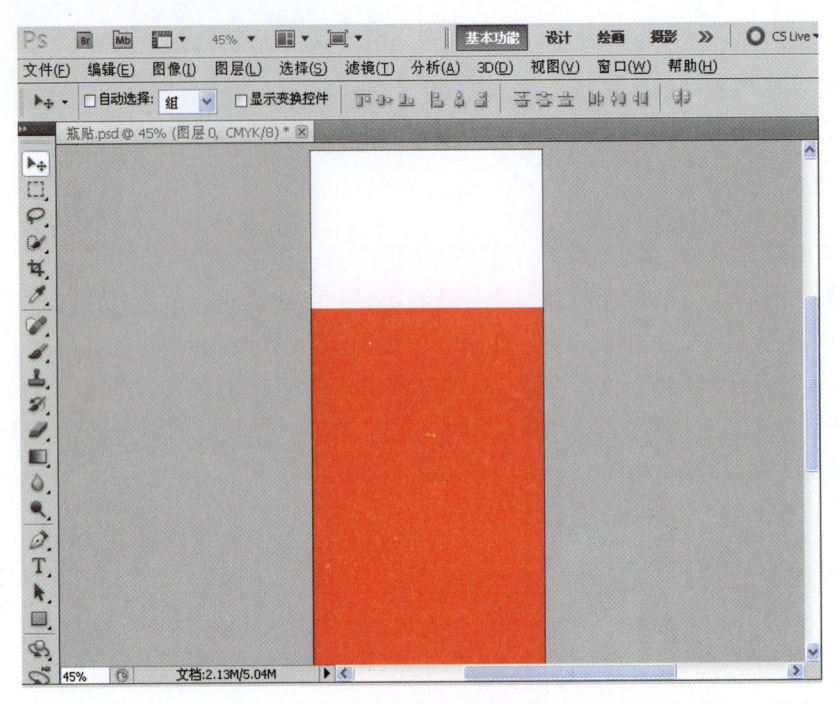

图 7-2　将矩形选区填充为红色

（4）选择"文件"→"打开"命令，在打开的"打开"对话框中分别选择"新郎.psd""新娘.psd"和"双喜.psd"文件，并单击"打开"按钮，打开文件，如图 7-3 所示。

图 7-3　打开文件

（5）选择"移动"工具，分别将"新郎.psd""新娘.psd"和"双喜.psd"文件拖入"瓶贴.psd"文件，同时生成图层 0 副本、图层 1 和图层 2（见图 7-4），并按 Ctrl+T 组合键，确保"双喜"对应的图层 2 在"新郎"和"新娘"对应的图层下方。

（6）先选择"自定义形状"工具，并在其属性栏中单击"形状"按钮，再在打开的下拉列表中选择"全部（按住 Shift 键框选完）"选项，最后在弹出的面板中选择锯齿图案，如图 7-5 所示。

图 7-4　生成图层 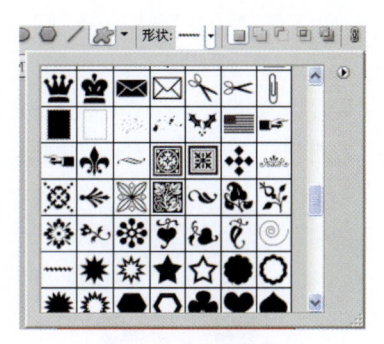　　　　　　　　　　　图 7-5　选择图案

（7）先在属性栏中选择"路径"选项，然后在图形绘制区下方绘制一条封闭的路径并调节锯齿的密集度，如图 7-6 所示。

图 7-6　调整锯齿的密集度

（8）先按 Ctrl+Enter 组合键，将路径转换为选区，然后在"图层"面板中选择图层 0 后，按 Delete 键，将选区中的图形删除。选择"矩形"工具，选中红色图形并按 Delete 键将其删除，制作瓶贴下方的锯齿形状，得到删除后的瓶贴图形如图 7-7 所示。

（9）选择"矩形"工具，按住 Shift 键，创建一个正方形选区。在"图层"面板中新增图层 3 并设置正方形选区的填充颜色为金色（C：19，M：45，Y：95，K：10），如图 7-8 所示。

图 7-7　删除后的瓶贴图形 　　　　　　　图 7-8　设置填充颜色

（10）首先，选择"横排文字"工具，并在其属性栏中将字体设置为"经典粗黑简"，文字大小设置为 43 点，文字颜色设置为红色（C：0，M：100，Y：100，K：0）。其次，使用设置完成的"横排文字"工具，输入文字"喜"并将其放置在金色的正方形的上方，在其属性栏中将字体设置为"经典标宋简"，文字大小设置为 43 点，文字颜色设置为金色（C：19，M：45，Y：95，K：10）。最后，使用设置完成的"横排文字"工具，输入文字"福"，如图 7-9 所示。

（11）打开"框.psd"文件，如图 7-10 所示。

图 7-9　输入文字"喜""福"　　　　　　　　图 7-10　打开文件

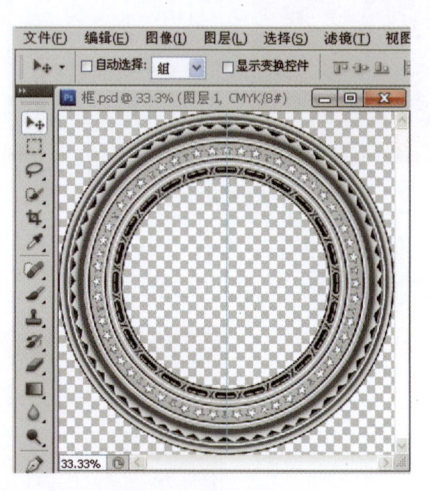

（12）使用"移动"工具，将打开的文件中的图片拖入"瓶贴.psd"文件，生成图层 4，并调整图片的大小及位置。在"图层"面板中将图层 4 的"混合模式"设置为"正片叠底"，"不透明度"设置为 20%。选择"横排文字"工具，将字体设置为"黑体"，文字大小设置为 4.3 点，文字颜色设置为黑色（C：0，M：0，Y：0，K：100）。使用设置完成的"横排文字"工具，输入文字"四川长城酒业"。在属性栏中单击"创建变形文字"按钮，弹出"文字变形"对话框，在对话框中将"样式"设置为"扇形"，"弯曲"设置为 100%，并调整方向。在"图层"面板中将文字的"不透明度"设置为 20%，将文字和图形融合在一起。文字与图形融合后的效果如图 7-11 所示。

（13）选择"横排文字"工具，并在其属性栏中将字体设置为"宋体"，文字大小设置为 28.5 点，文字颜色设置为金色（C：19，M：45，Y：95，K：10）。输入"长城"两个字，选择"椭圆"工具，并按住 Shift 键，创建一个圆形。在"图层"面板中新建图层 5，选择"编辑"→"描边"命令，在弹出的"描边"对话框中将"宽度"设置为 2px，"颜色"设置为金色（C：19，M：45，Y：95，K：10），"位置"设置为"居中"，单击"确定"按钮，得到一个圆环。在属性栏中先将字体设置为"经典标宋简"，文字大小设置为 10 点，文字颜色设置为金色（C：19，M：45，Y：95，K：10），然后使用设置完成的"文字"工具，输入 R。输入 R 后的效果如图 7-12 所示。

（14）选择"横排文字"工具，并在其属性栏中将字体设置为"黑体"，文字大小设置为 6 点，文字颜色设置为黑色（C：0，M：0，Y：0，K：100）。使用设置完成的"文字"

工具，输入文字"起泡甜型玫瑰红"。打开"葡萄酒介绍.doc"文件，先将文件中的文字全部选中，并按 Ctrl+C 组合键复制文字，然后在"瓶贴.psd"文件中选择"横排文字"工具，单击鼠标后，按 Ctrl+V 组合键，将文字粘贴到图形绘制区，最后将文字大小设置为 3 点。选择"横排文字"工具，将字体设置为"黑体"，文字大小设置为 4 点，文字颜色设置为黑色（C：0，M：0，Y：0，K：100）。输入文字"四川长城酒业有限公司荣誉出品"，并将其放置在图形绘制区的最下方，如图 7-13 所示。

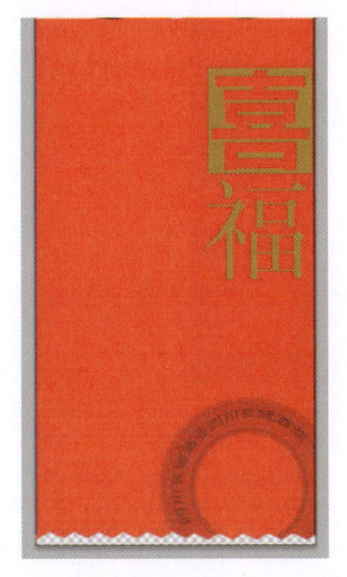

图 7-11　文字和图形融合后的效果 　　　　图 7-12　输入 R 后的效果

（15）选择"文件"→"打开"命令，打开"标贴.psd"文件，如图 7-14 所示。

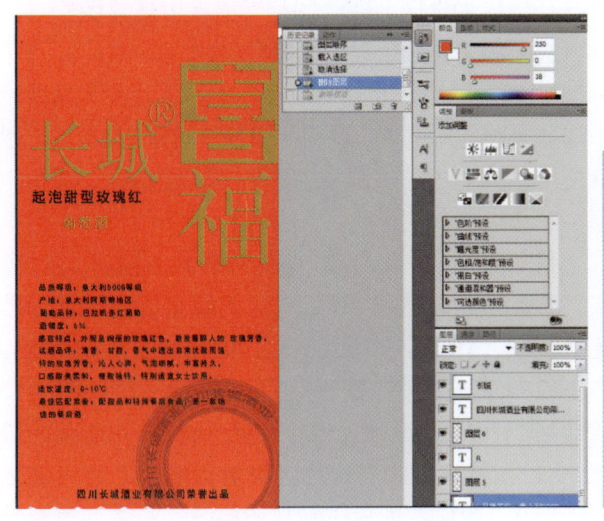

图 7-13　输入文字并调整其位置 　　　　图 7-14　打开"标贴.psd"文件

（16）使用"移动"工具，将"标贴.psd"文件拖入"瓶贴.psd"文件，生成图层 4 副本 7，如图 7-15 所示。调整其大小和位置，完成标贴。

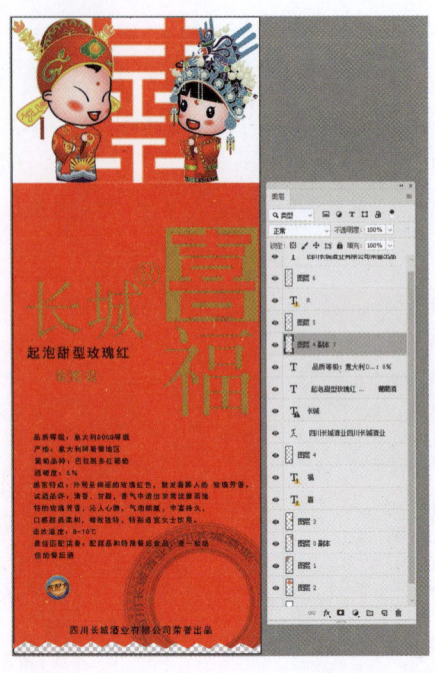

图7-15 生成图层4副本7

（17）按Ctrl+N组合键，在弹出的"新建"对话框中将"名称"设置为"红酒包装"，"宽度"设置为15厘米，"高度"设置为15厘米，"分辨率"设置为300像素/英寸，"颜色模式"设置为"CMYK颜色"。选择"钢笔"工具，并在其属性栏中选择"路径"选项。使用设置完成的"钢笔"工具创建一个路径，并按Ctrl+Enter组合键，将路径转换为选区。在"图层"面板中新建图层1，并将选区的填充颜色设置为黑色（C：0，M：0，Y：0，K：100）。选择"圆角矩形"工具，并在其属性栏中选择"路径"选项，先将"半径"设置为10点，然后使用设置完成的"圆角矩形"工具绘制一个圆角矩形，制作出瓶口的形状。

按Ctrl+Enter组合键，将路径转换为选区。在"图层"面板中新建图层2，将选区的填充颜色设置为黑色（C：0，M：0，Y：0，K：100），如图7-16所示。

图7-16 新建图层2并设置选区的颜色

（18）首先选择"钢笔"工具，创建一个如图7-17所示路径，绘制出瓶身上的高光形状，然后按Ctrl+Enter组合键，将路径转换为选区，最后选择"选择"→"修改"→"羽化"命令，在弹出的"羽化选区"对话框中，将"羽化半径"设置为5像素，单击"确定"按钮。在"图层"面板中新建图层3，并将其填充颜色设置为灰色（C：29，M：21，Y：16，K：0），如图7-17所示。

（19）用相同的方法绘制另一处的高光，并在"图层"面板中将"不透明度"设置为30%。先使用"钢笔"工具创建一个路径，再按Ctrl+Enter组合键，将路径转换为选区后，选择"选择"→"修改"→"羽化"命令，在弹出的"羽化选区"对话框中将"羽化半径"设置为 5 像素。选择"渐变"工具，打开"渐变编辑器"对话框，设置一个从深红色（C：63，M：80，Y：71，K：36）到黑色（C：77，M：77，Y：75，K：49）的渐变色，并选择"线性渐变"选项。在"图层"面板中新建图层 4，将设置好的"渐变"工具，从左至右拖动，在选区中填充渐变色，如图 7-18 所示。

图 7-17　创建路径　　　　　　图 7-18　设置填充颜色

（20）选择"画笔"工具，并在其属性栏中将画笔设置为"柔角 100 像素"。先使用设置完成的"画笔"工具，在选区中涂抹，制作出反光的立体感，并将图层 5 的"不透明度"设置为 80%（见图 7-19），使反光和瓶身更好地融合在一起，再绘制一个深红色（C：63，M：80，Y：71，K：36）的反光，并在"图层"面板中将图层 4 的"混合模式"设置为"亮度"。

图 7-19　绘制反光

（21）先将制作好的"瓶贴.psd"文件打开，并按 Ctrl+Shift+E 组合键，将所有图层合并，然后将瓶贴拖入"红酒包装.psd"文件，并生成新的图层，命名为"6"，调整其大小和位置，如图 7-20 所示。

（22）先将前景色设置为黑色，然后选择"画笔"工具，在属性栏中将画笔设置为"柔角 200 像素","不透明度"设置为 25%。在"图层"面板中新建图层 7,使用设置完成的"画笔"工具在瓶右侧涂抹,给瓶增加立体感。按住 Ctrl 键,并单击瓶贴所在的图层,选择"画笔"工具,将前景色设置为红色(C:4,M:99,Y:99,K:4),使用"画笔"工具在瓶贴右侧增加一条红色的图形,以增加反光效果,如图 7-21 所示。

图 7-20  调整瓶贴的大小和位置              图 7-21  绘制反光效果

(23)先选择"矩形"工具,创建一个与瓶口同宽的矩形选区,然后设置其填充颜色为红色(C:4,M:99,Y:99,K:4),制作出瓶口包装纸的效果。先选择"画笔"工具,将前景色设置为深红色(C:48,M:100,Y:100,K:29),然后使用设置好的"画笔"工具涂抹,制作出立体感并将前景色设置为白色(C:0,M:0,Y:0,K:0),使用"画笔"工具在瓶口涂抹,制作出高光效果。选择"椭圆"工具,并按住 Shift 键,创建一个圆形选区,在"图层"面板中新建图层 8,将其填充颜色设置为金色(C:24,M:45,Y:84,K:0)(见图 7-22),将前景色设置为红色(C:4,M:99,Y:99,K:4)。选择"横排文字"工具,输入文字"荣"。

图 7-22  输入文字

(24)选择"椭圆"工具,并按住 Shift 键,创建一个圆形选区。选择"编辑"→"描边"命令,在打开的"描边"对话框中将"宽度"设置为 3px,"颜色"设置为金色(C:24,M:45,Y:84,K:0),"位置"设置为"居中",单击"确定"按钮,描边流程如图 7-23 所示,描边效果如图 7-24 所示。

图 7-23 描边流程　　　　　　　　　　　图 7-24 描边效果

（25）选择"横排文字"工具，并在其属性栏中将字体设置为"黑体"，文字大小设置为 2.27 点（见图 7-25），颜色设置为金色（C：24，M：45，Y：84，K：0）。使用设置好的"横排文字"工具，输入文字"荣誉出品"。单击"创建变形文字"按钮，打开"变形文字"对话框，在对话框中将"样式"设置为"扇形"，"弯曲"设置为+55%。单击"确定"按钮后，将变形好的文字居中放置。

图 7-25 设置"横排文字"属性

（26）新建图层 9，用相同的方法制作出另一组变形文字，即"四川长城酒业有限公司"，变形文字的设置如图 7-26 所示，变形文字效果如图 7-27 所示。

图 7-26 变形文字的设置　　　　　　　　图 7-27 变形文字效果

（27）选择"矩形"工具，创建一个矩形选区，新建一个图层后设置其填充颜色为红色（C：0，M：100，Y：100，K：0）。按 Ctrl+T 组合键，将图形进行"透视"和"斜切"，并自由变形调整，如图 7-28 所示。

（28）先选择"钢笔"工具和"矩形"工具，创建一个矩形选区，然后选择"图像"→"调整"→"色相/饱和度"命令，完成对外包装袋轮廓的设置，如图 7-29 所示。

图 7-28 自由变形调整　　　　　图 7-29 对外包装袋轮廓的设置

（29）先选择"矩形"工具，创建一个矩形选区，然后选择"图像"→"调整"→"色相/饱和度"命令，打开对话框。将"明度"设置为-60，如图 7-30 所示。单击"确定"按钮，完成效果如图 7-31 所示。

图 7-30 "色相/饱和度"对话框　　　　　图 7-31 完成效果

（30）用相同的方法，逐步实现外包装袋的阴影层次。盒子的立体效果如图 7-32 所示。

图 7-32 盒子的立体效果

（31）分别复制瓶贴上的文字和图案，并将复制好的文字和图案放置在外包装袋的右下角，如图 7-33 和图 7-34 所示。

图 7-33　标贴的文字和图案

图 7-34　外包装的文字和图案

（32）选择"椭圆"工具，并按住 Shift 键，创建一个圆形选区。新建图层 13，设置填充颜色为黑色（C：0，M：0，Y：0，K：100），并复制一个圆形，将其放置在如图 7-35 所示的位置。

图 7-35　复制圆形

（33）新建图层 14，打开"蝴蝶结.psd"文件，使用"移动"工具将蝴蝶结拖入"包装红酒.psd"文件。双击"蝴蝶结"所在的图层，在打开的"图层样式"对话框中进行设置。设置完成后，复制图层，并将复制的图层命名为"图层 15"，在图层 15 中重复图层 14 的设置。同时，分别复制图层 13、图层 14，并将复制的图层命名为"图层 13 副本"和"图层 14 副本"，重复上述设置，如图 7-36 所示，单击"确定"按钮，得到的投影效果如图 7-37 所示。

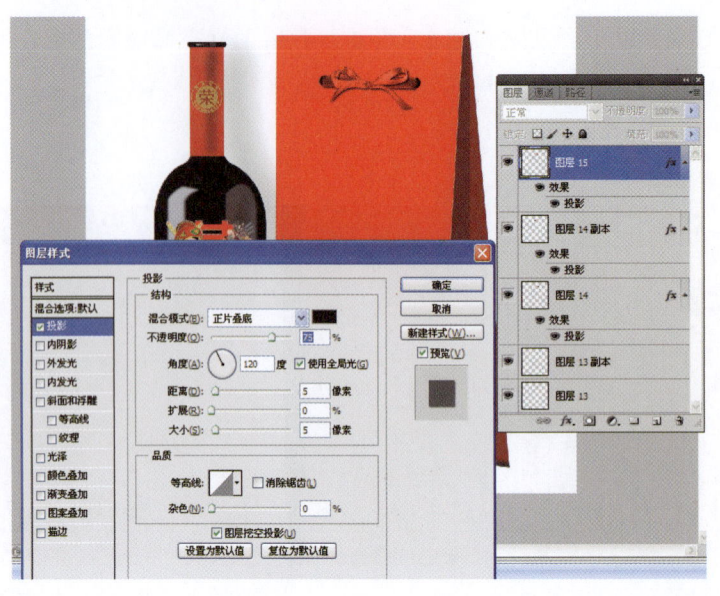

图 7-36　新建并复制图层

（34）先选择"钢笔"工具，创建一个路径，制作出酒瓶在盒子上的投影形状，然后按 Ctrl+Enter 组合键，将路径转换为选区后，选择"选择"→"修改"→"羽化"命令，在打开的"羽化选区"对话框中将"羽化半径"设置为 10 像素，如图 7-38 所示。新建图层，并设置其填充颜色为黑色（C：0，M：0，Y：0，K：100），"不透明度"为 30%。

图 7-37　投影效果　　　　　　　图 7-38　"羽化选区"对话框

（35）新建图层 17，选择"画笔"工具，并在其属性栏中将画笔设置为"柔角 250 像素"，"不透明度"设置为 50%。先将前景色设置为深红色（C：39，M：100，Y：100，K：39），再使用设置好的"画笔"工具，在画面中涂抹，制作出包装的投影效果，如图 7-39 所示。

图 7-39　投影效果

（36）完成本例的制作。最终效果如图 7-40 所示。

图 7-40　最终效果

## 7.1.4　其他款式包装效果的制作 1

本例制作是承接 7.1.3 节中红酒包装的其他款式包装效果的制作，与前例同属红酒系列化包装。操作步骤如下。

（1）新建"红酒包装 2.psd"文件。参考 7.1.3 节中的步骤（17），把酒瓶换成墨绿色，如图 7-41 所示。

（2）处理光泽。参考 7.1.3 节中的步骤（18）～（20），光泽应与瓶色相符，处理过程与前例一致，如图 7-42 所示。

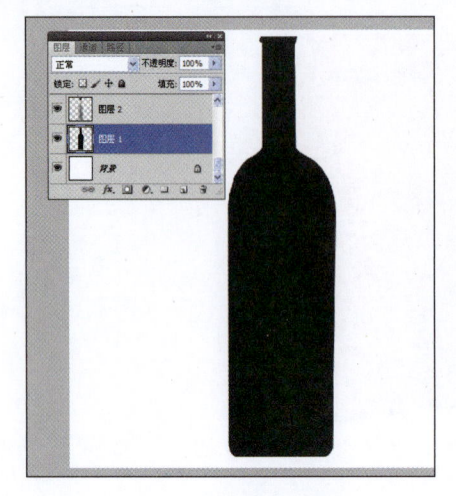

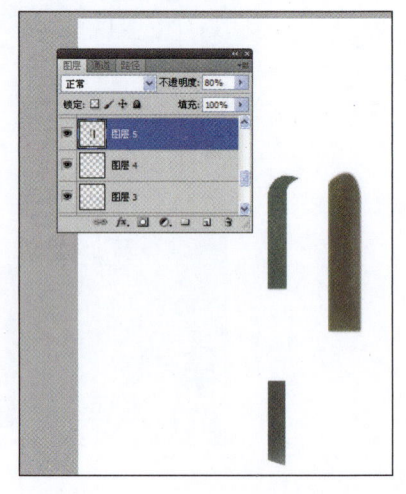

图 7-41　墨绿色酒瓶　　　　　　　　图 7-42　光泽填充颜色的处理

（3）瓶子与光的漫反射效果的组合，如图 7-43 所示。反射图层在瓶子图层的上面，单击 👁 图标以显示图层 5。

图 7-43　瓶子与光的漫反射效果的组合

（4）将 7.1.3 节中的"瓶贴.psd"文件拖入"包装红酒 2.psd"文件，如图 7-44 所示。调整瓶贴的大小和位置并将其作为墨绿色酒瓶的瓶贴，如图 7-45 所示。

（5）按照 7.1.3 节中的步骤（22）～（36），实现本例红酒包装的其余部分。本例最终效果如图 7-46 所示。

图 7-44 将"瓶贴.psd"文件拖入

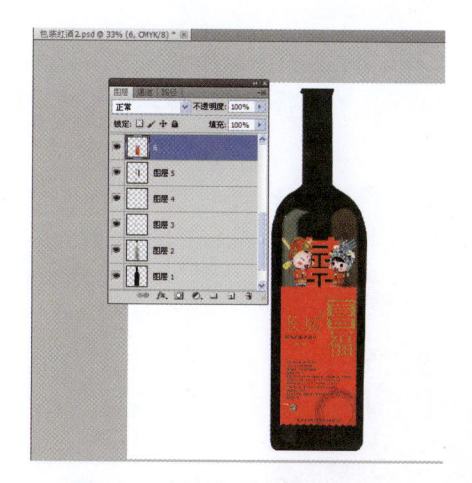

图 7-45 调整瓶贴的大小和位置

图 7-46 最终效果

## 7.1.5 其他款式包装效果的制作 2

本例制作是承接 7.1.3 节中红酒包装的其他款式包装效果的制作，与前例同属红酒系列化包装。操作步骤如下。

（1）打开 7.1.3 节中已完成的"瓶贴.psd"文件，选择"窗口"→"图层"命令，显示"瓶贴.psd"文件的全部信息，如图 7-47 所示。

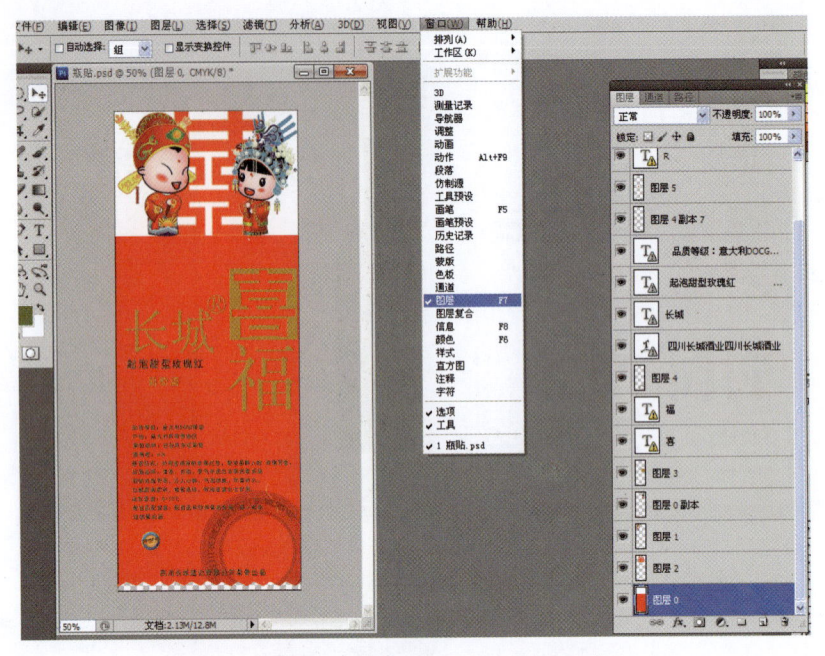

图 7-47 显示"瓶贴.psd"文件的全部信息

（2）选择"长城"图层，先单击 按钮，然后单击 按钮，将新图层命名为"郎蒂菲"，使用"横排文字"工具在原来写有"长城"字样的区域输入"郎蒂菲"字样，色彩与前例字样一致，如图 7-48 所示。

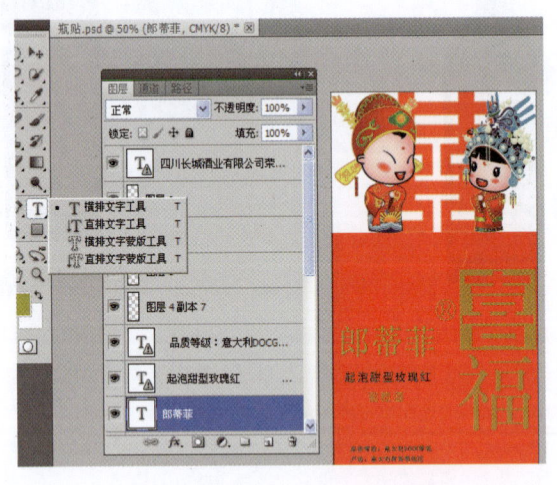

图 7-48 输入"郎蒂菲"字样

（3）选择"起泡甜型玫瑰红 葡萄酒"图层，先单击 按钮，然后单击 按钮，将新图层命名为"橡木桶干型 葡萄酒"，使用"横排文字"工具在原来写有"起泡甜型玫瑰红 葡萄酒"字样的区域输入"橡木桶干型 葡萄酒"字样，色彩与前例字样一致，如图 7-49 所示。

第 7 章　产品包装设计的案例制作

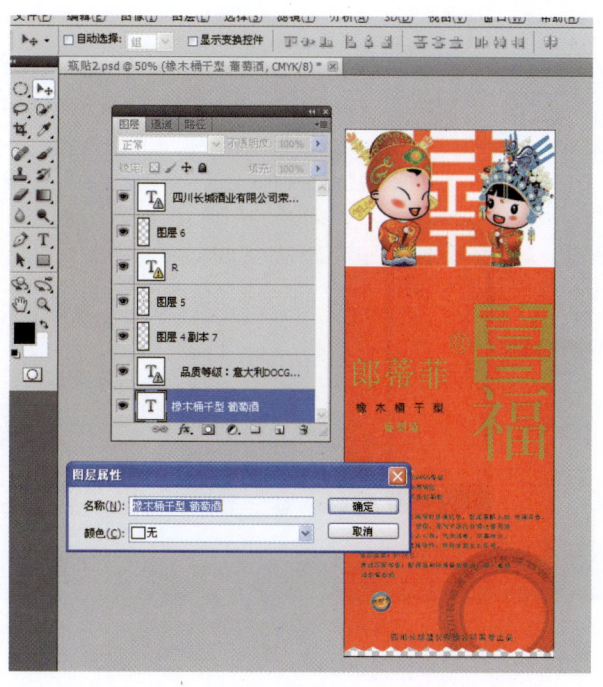

图 7-49　输入"橡木桶干型 葡萄酒"字样

（4）打开"包装红酒 2.psd"文件，选择"瓶贴.psd"文件的"郎蒂菲"图层，并将其复制到"包装红酒 2.psd"文件的"长城"图层的上一层，替换"包装红酒 2.psd"文件中的外包装袋上的"长城"字样所在的"长城"图层，如图 7-50 所示。

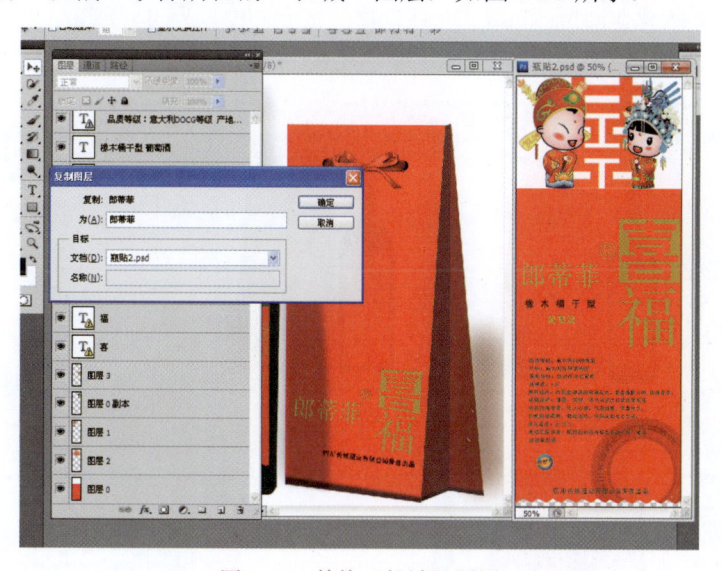

图 7-50　替换"长城"图层

（5）先将制作好的"瓶贴 2.psd"文件打开，并按 Ctrl+Shift+E 组合键，将所有图层合并，然后将"瓶贴 2.psd"文件拖入"包装红酒 2.psd"文件，并生成新的瓶贴图层，即图层 18。调整其大小和位置，最终效果如图 7-51 所示。

产品包装设计案例教程（第3版）

图 7-51　最终效果

## 7.1.6　红酒系列化包装陈列

（1）分别打开"包装红酒.psd""包装红酒 2.psd"和"包装红酒 3.psd"文件，同时新建"系列化包装展示.psd"文件，将"宽度"设置为 15 厘米，"高度"设置为 15 厘米，"分辨率"设置为 300 像素/英寸，"颜色模式"设置为"CMYK 颜色"，如图 7-52 所示。

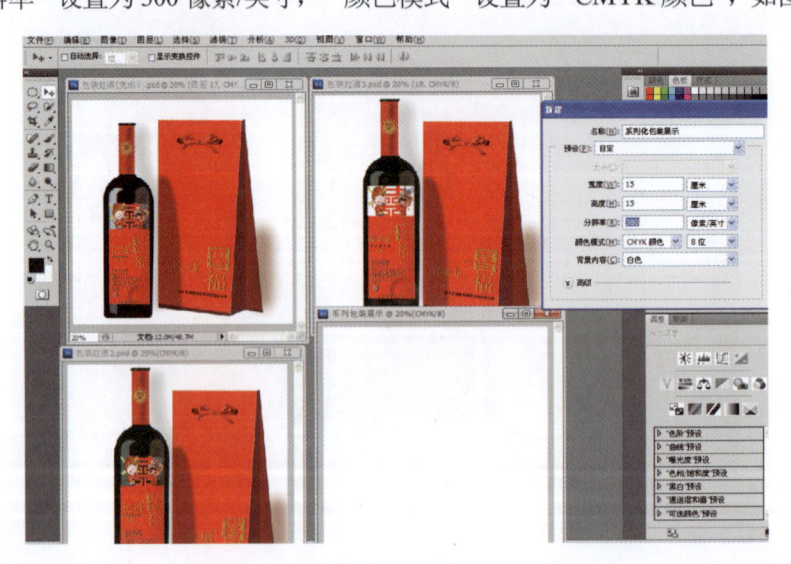

图 7-52　打开并新建文件

（2）先按 Ctrl+Shift+E 组合键，将制作好的"包装红酒.psd"文件中的酒瓶和瓶贴部分的所有图层合并（见图 7-53），然后将瓶贴拖入"系列化包装展示.psd"文件，并生成新的瓶贴图层，即图层 1，调整其大小和位置，如图 7-54 所示。

图 7-53　合并图层

图 7-54　生成图层 1

（3）先按 Ctrl+Shift+E 组合键，将制作好的"包装红酒 2.psd"文件和"包装红酒 3.psd"文件中的所有图层合并（见图 7-55），然后将瓶贴拖入"系列化包装展示.psd"文件，并分别生成新的瓶贴图层，即图层 2 和图层 3，调整其大小和位置。系列化包装展示如图 7-56 所示。

图 7-55 合并图层

图 7-56 系列化包装展示

## 7.2 茶系列化包装设计

### 7.2.1 设计背景

我国是世界茶叶的故乡，有着悠久的茶文化历史。茶叶和茶文化是中华文明的重要组成部分。针对茶叶包装设计的表现，按不同的方式，可以选择不同的表现方法。

1. 以茶种类的特征为表现主题

（1）绿茶：在绿茶系列化包装中以清新、淡雅的色调为主。

（2）红茶：在红茶系列化包装中以红、黄等暖色调为主。

（3）花茶：在花茶系列化包装中往往以所采用的花种形象作为画面的主要构成元素，并呈现出相应的色调。

2. 以茶文化为表现主题

此类茶的包装设计风格古朴、淳厚，多以表现茶文化的诗词、书画为载体，具有浓郁的传统文化气息。此外，其包装设计在版面构成和色彩搭配上，也以传统美学为指导。

3. 以地域风貌为表现主题

此类茶的包装以茶叶生产和加工地具有代表性的山水照片或图画为包装版面的主要构成元素，以当地名胜风景来提升产品的知名度。

4. 以民间传说为表现主题

此类茶的包装以茶叶生产和加工地的民间传说中的人物或动物的形象为包装版面的主要构成元素，具有浓郁的民间文化气息，可以提升品牌的文化附加值。

5. 以本土茶道为表现主题

由于我国各族人民有着各种不同的饮茶习俗，因而形成了各个地区特有的本土茶道。在此类茶的包装中，将本土茶道作为表现主题，是茶文化中共性与个性的结合。

## 7.2.2 设计定位

1. 凌云白毫茶简介

凌云白毫茶，属于绿茶类。原名"白毛茶"，又名"凌云白毛茶"，因其叶背长满白毫而得名，素以色翠、毫多、香高、味浓、耐泡五大特色闻名中外，为我国名茶中的新秀。凌云白毫茶产于广西壮族自治区凌云、乐业二县境内的云雾山中，以青龙山一带的玉洪、加尤两地的白毫茶品质最佳，产量最多。凌云白毫茶茶树的品种独特，是乔木大叶种类型，芽叶密披茸毛，以白毫满身而得名。

2. 设计定位

结合绿茶系列化包装设计的表现方式，采用茶形象作为画面的主要构成元素，在色调上可以以清新的浅绿色为主体进行设计。同时，可以根据不同的产地特征，选用不同的地域背景、文化形象作为包装版面的主题形象。这样既能突出茶的产品特征，又能增加包装中的文化内涵，使整个系列化包装透出淡雅、清香、高贵的特征，以吸引消费者的注意，从而刺激消费。

### 7.2.3 设计实例

本系列化包装设计包含小袋包装、大盒包装、圆筒盒装 3 种，属于同类产品。它们是图案、文字、颜色都不变，只是规格不一、造型不同的系列化包装形式。

在对本系列化包装进行设计时，可以首先绘制出各个包装造型的平面展开图（使用 CorelDRAW 软件完成），其次根据设计的构思，设计出包装的主版面，其中包含主要构成元素（如图片、图案、文字等）、色彩的搭配方式及设计风格的表现等方面（使用 Photoshop/CorelDRAW 软件完成），最后进行后期效果处理及立体效果图的制作（使用 Photoshop 软件完成）。制作过程如下。

**1. "盒装平面展开图"的制作**

（1）运行 CorelDRAW 软件，选择"文件"→"新建图形"命令，设置图形大小，如图 7-57 所示。

图 7-57 设置图形大小

（2）首先选择"矩形"工具，分别绘制一个宽度为 5 厘米、高度为 7 厘米的矩形和一个宽度为 10 厘米、高度为 7 厘米的矩形，并分别设置其填充颜色为 20%黑色和 40%黑色，有轮廓填充。然后将标尺原点设置在矩形的左上角节点处，再参照标尺原点设置辅助线，选择"视图"→"设置"命令，如图 7-58 所示。

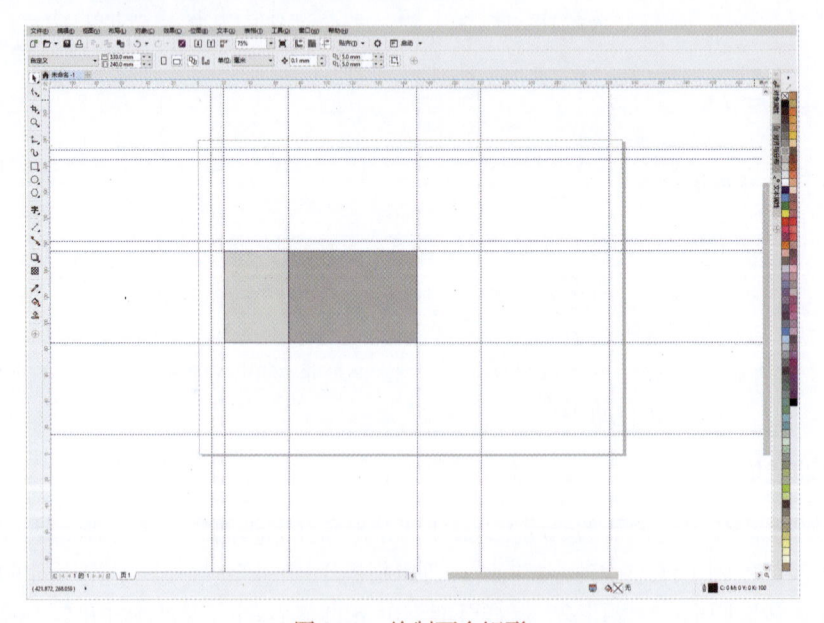

图 7-58 绘制两个矩形

（3）复制矩形，选择"挑选"工具，分别调整 4 个矩形的位置，使其与辅助线对齐，如图 7-59 所示。

（4）首先选择"矩形"工具，分别绘制宽度为 1 厘米、高度为 7 厘米，宽度为 5 厘米、高度为 1 厘米，宽度为 10 厘米、高度为 1 厘米的 3 个矩形，设置其填充颜色为白色，然后右击，在弹出的快捷菜单中选择"转换为曲线"命令，将矩形转换为曲线。接着选择形状工具，参照图 7-60 所示调整曲线。

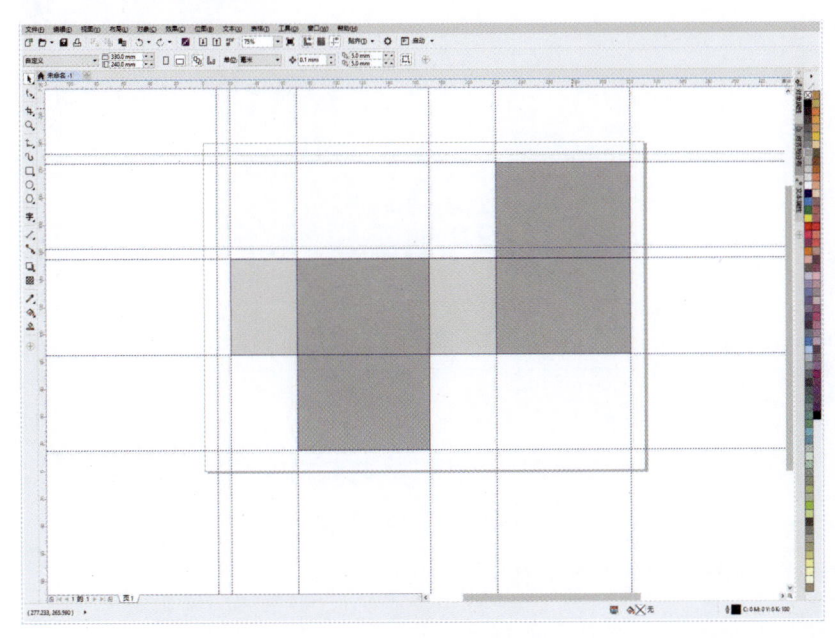

图 7-59　调整矩形的位置

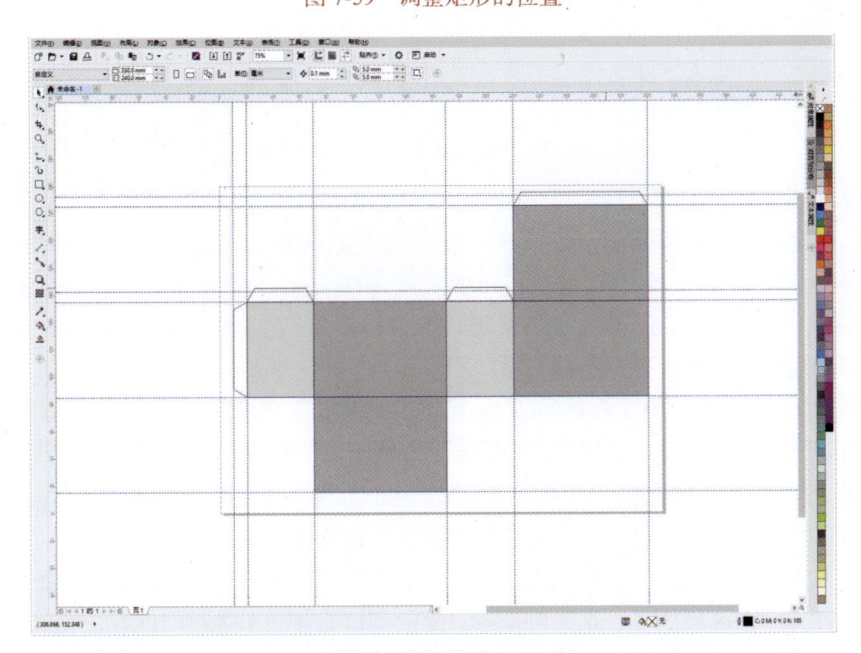

图 7-60　绘制并设置矩形

（5）将图形保存为 CDR 格式，并导出 PSD 格式，便于后面进行版面设计及立体效果的制作，完成效果如图 7-61 所示。

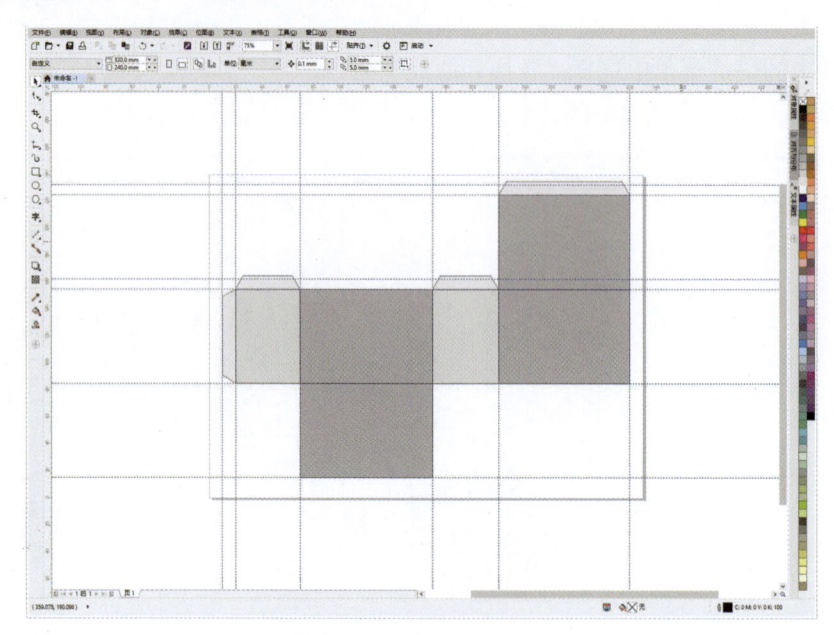

图 7-61　盒装平面展开图

## 2. "礼盒装平面展开图"的制作

（1）运行 CorelDRAW 软件，选择"文件"→"新建图形"命令，设置图形大小，如图 7-62 所示。

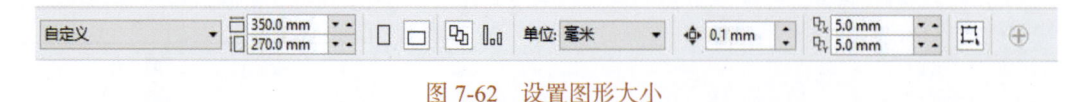

图 7-62　设置图形大小

（2）首先选择"矩形"工具，分别绘制一个宽度为 6 厘米、高度为 15 厘米的矩形和一个宽度为 10 厘米、高度为 15 厘米的矩形，将其填充颜色分别设置为 20%黑色和 40%黑色，有轮廓填充。然后将标尺原点设置在矩形的左上角节点处，再参照标尺原点设置辅助线，选择"视图"→"设置"命令。复制矩形，选择"挑选"工具，将 4 个矩形分别放到如图 7-63 所示的位置，使其与辅助线对齐。

（3）首先选择"矩形"工具绘制两个矩形，一个矩形宽度为 6 厘米、高度为 4 厘米，另一个矩形宽度为 10 厘米、高度为 6 厘米，将其填充颜色分别设置为 20%黑色和 40%黑色。然后右击，在弹出的快捷菜单中选择"转换为曲线"命令，将矩形转换为曲线。接着选择形状工具，在线上双击形状工具时添加锚点，调整曲线，如图 7-64 所示。

（4）首先选择"矩形"工具，分别绘制一个宽度为 6 厘米、高度为 2.5 厘米的矩形和一个宽度为 2 厘米、高度为 1.5 厘米的矩形，设置其填充颜色分别为 100%白色和 10%黑色。然后右击，在弹出的快捷菜单中选择"转换为曲线"命令，将矩形转换为曲线。接着选择

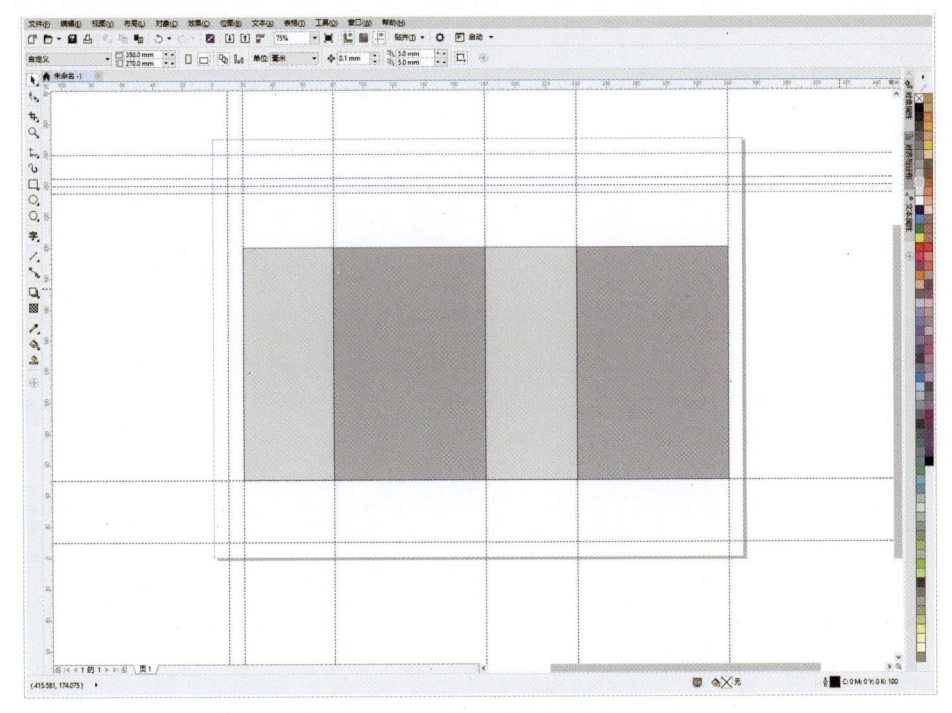

形状工具，调整曲线。用"指标"工具框选区域，进行合并，如图7-65和图7-66所示。

图7-63　绘制并设置矩形

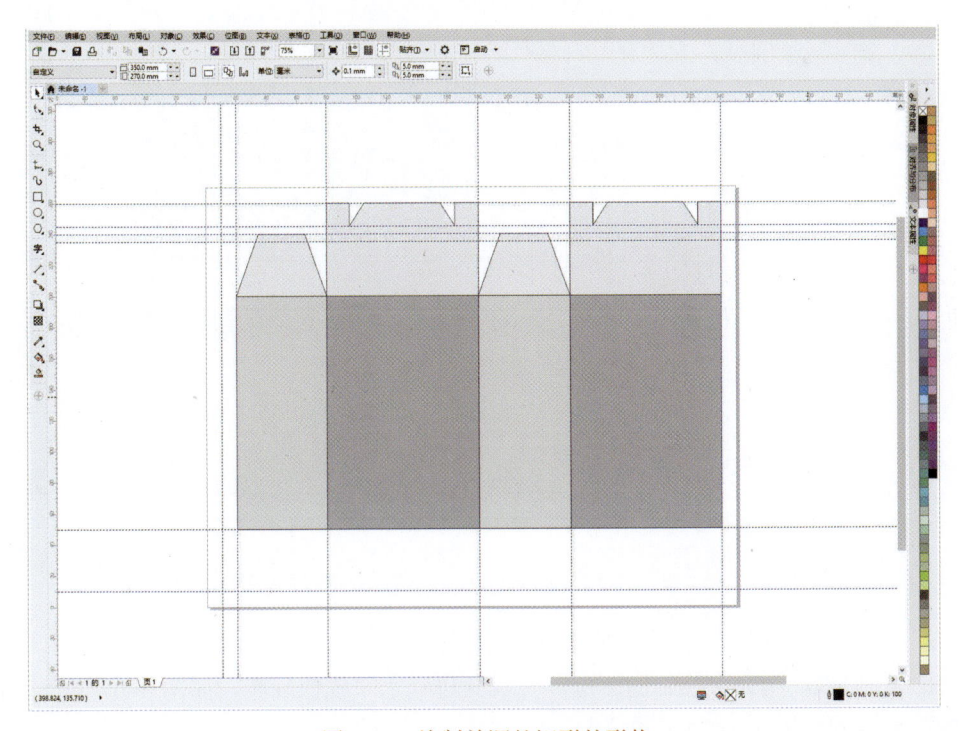

图7-64　绘制并调整矩形的形状

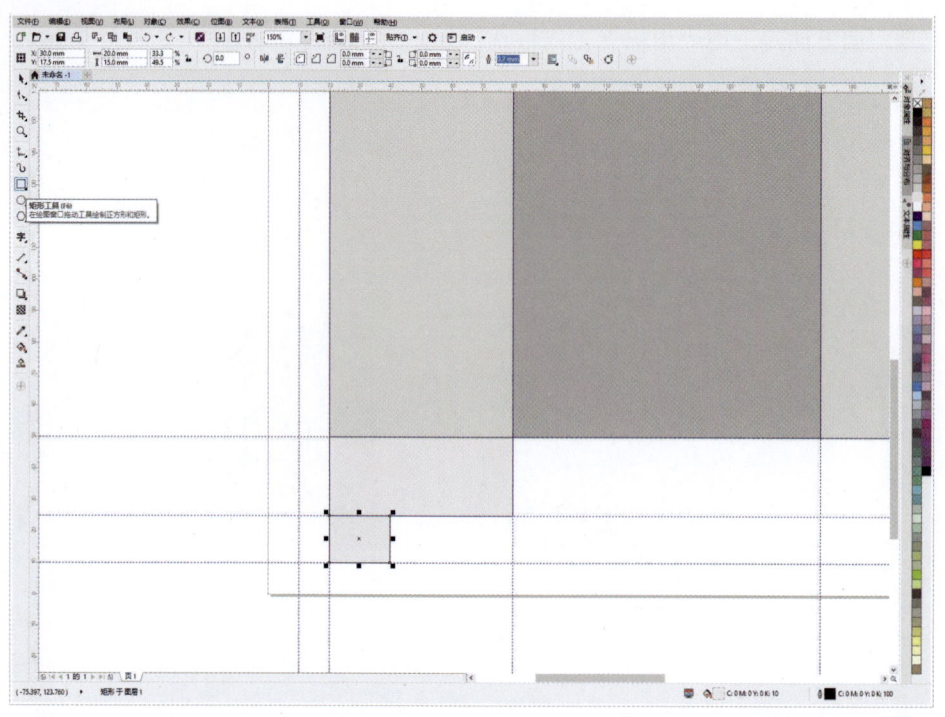

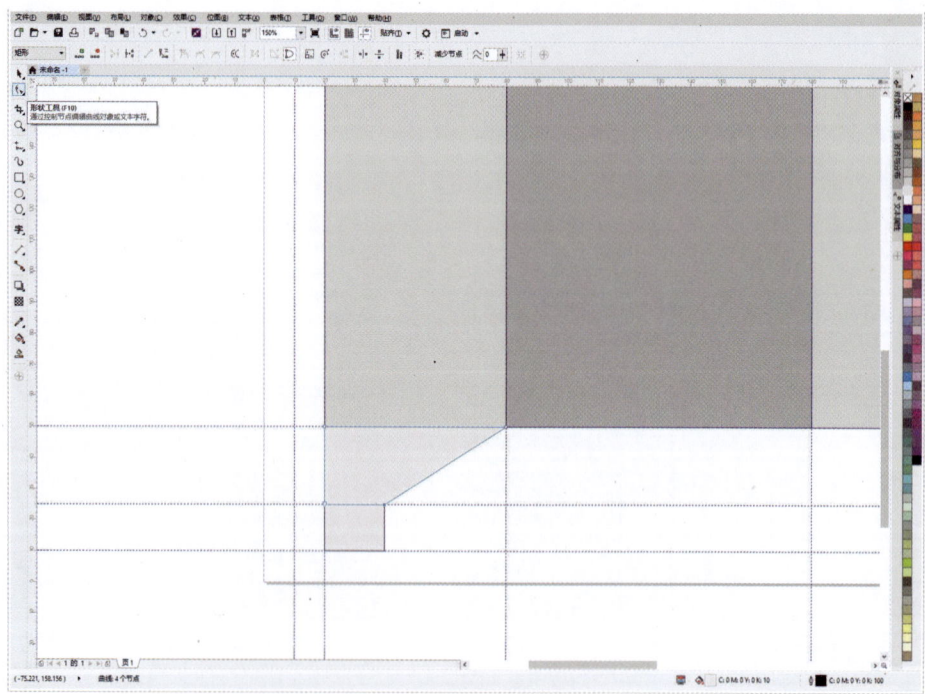

图 7-65　调整矩形的形状

（5）复制步骤（4）中绘制的图形，并对其进行水平镜像翻转，如图 7-67 所示。将复制好的图形放到如图 7-68 所示的位置。

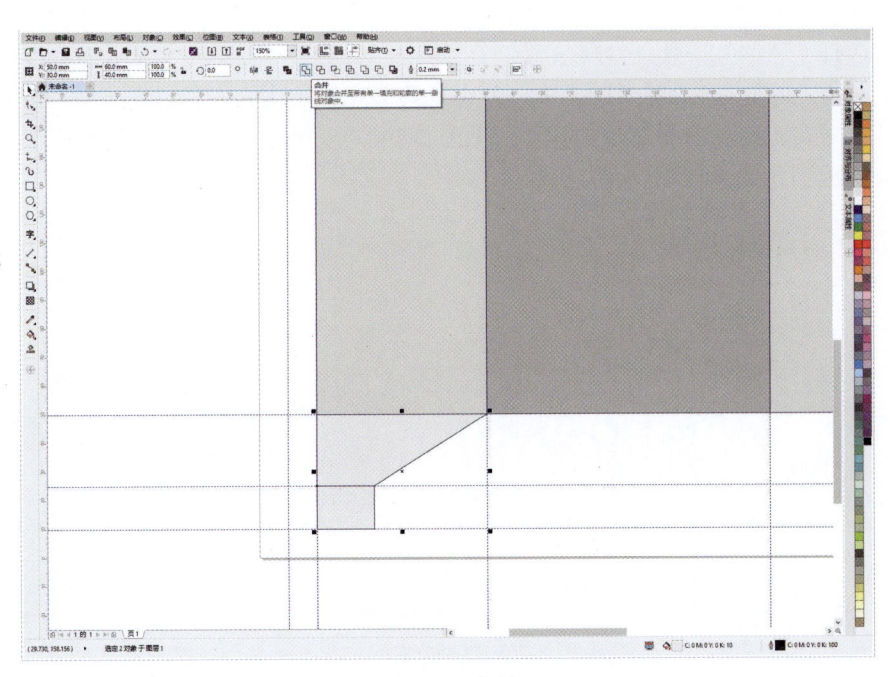

图 7-66 合并

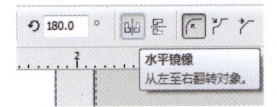

图 7-67 水平镜像翻转

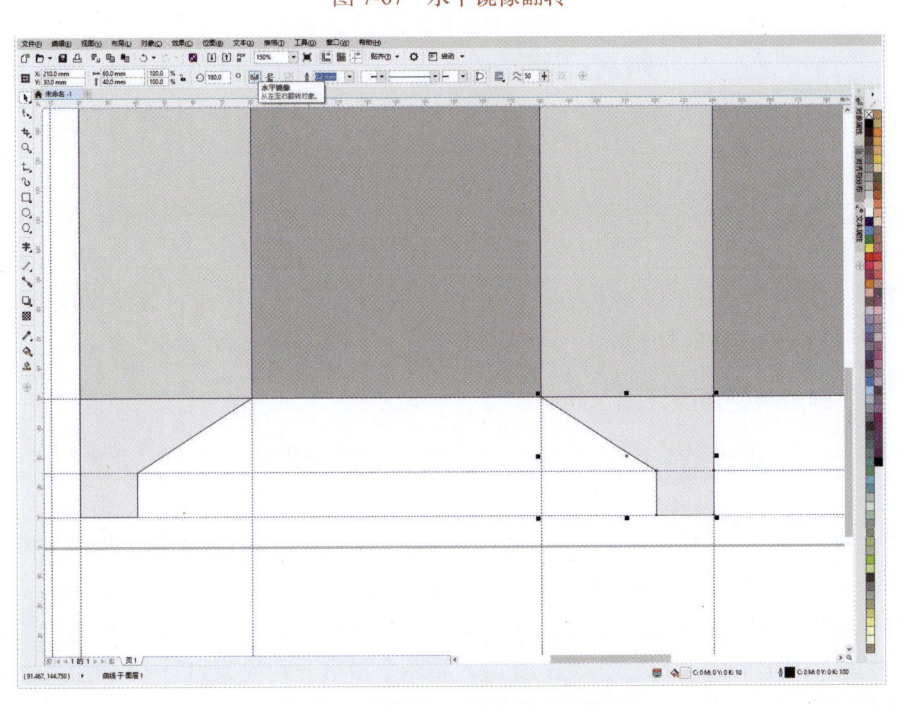

图 7-68 翻转后的图形放置的位置

（6）选择"矩形"工具，分别绘制一个宽度为 10 厘米、高度为 4 厘米的矩形和一个宽度为 6.8 厘米、高度为 1.5 厘米的矩形，并设置其填充颜色均为白色。使先用"指标"工具框选区域，并实施移除前面对象的操作（见图 7-69），复制矩形，选择"挑选"工具，将两个矩形分别放到如图 7-70 所示的位置。

图 7-69　移除前面对象

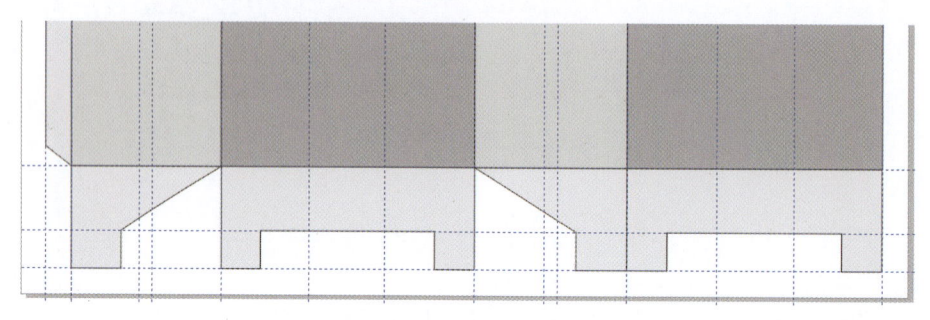

图 7-70　矩形放置的位置

（7）先选择"矩形"工具，分别绘制一个宽度为 0.5 厘米、高度为 3 厘米的矩形和一个宽度为 3 厘米、高度为 1 厘米的矩形，并设置其填充颜色均为 100%白色，然后复制矩形，选择"挑选"工具，将两个矩形分别放到如图 7-71 所示的位置。

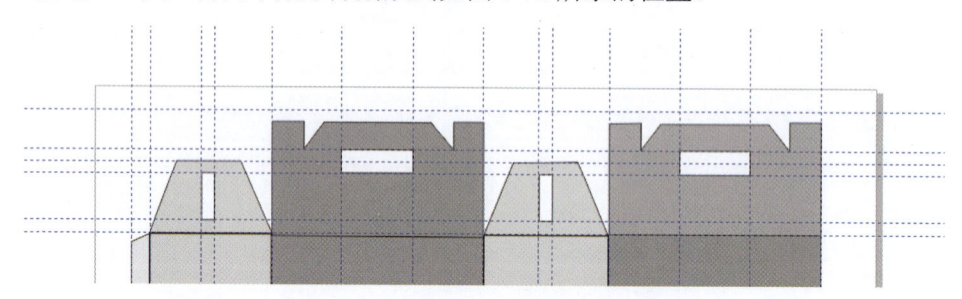

图 7-71　移动新矩形到合适的位置

（8）将图形保存为 CDR 格式，并导出 PSD 格式，便于后面进行版面设计及立体效果的制作，完成效果如图 7-72 所示。

3. "手提袋装平面展开图"的制作

（1）运行 CorelDRAW 软件，选择"文件"→"新建图形"命令，设置图形大小，如图 7-73 所示。

（2）选择"矩形"工具，分别绘制一个宽度为 10 厘米、高度为 14 厘米的矩形和一个宽度为 10 厘米、高度为 15 厘米的矩形，并分别设置其填充颜色为 40%黑色和 20%黑色，有轮廓填充。先将标尺原点设置在矩形的左上角节点处，然后参照标尺原点设置辅助线，选择"视图"→"设置"命令，复制矩形，选择"挑选"工具，将两个矩形分别放到如图 7-74 所示的位置，使其与辅助线对齐。

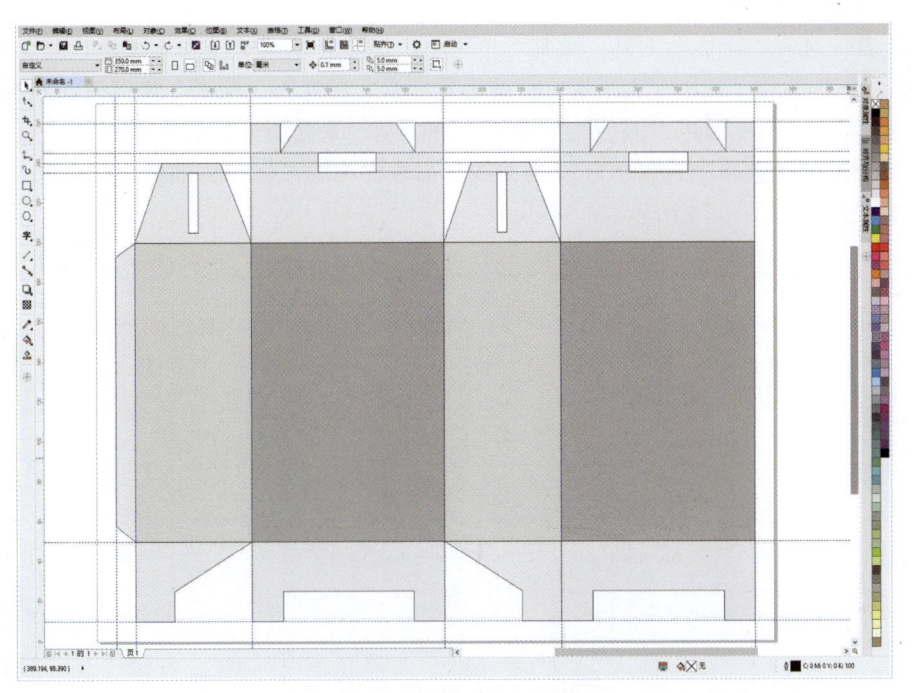

图 7-72 礼盒装平面展开图

图 7-73 设置图形大小

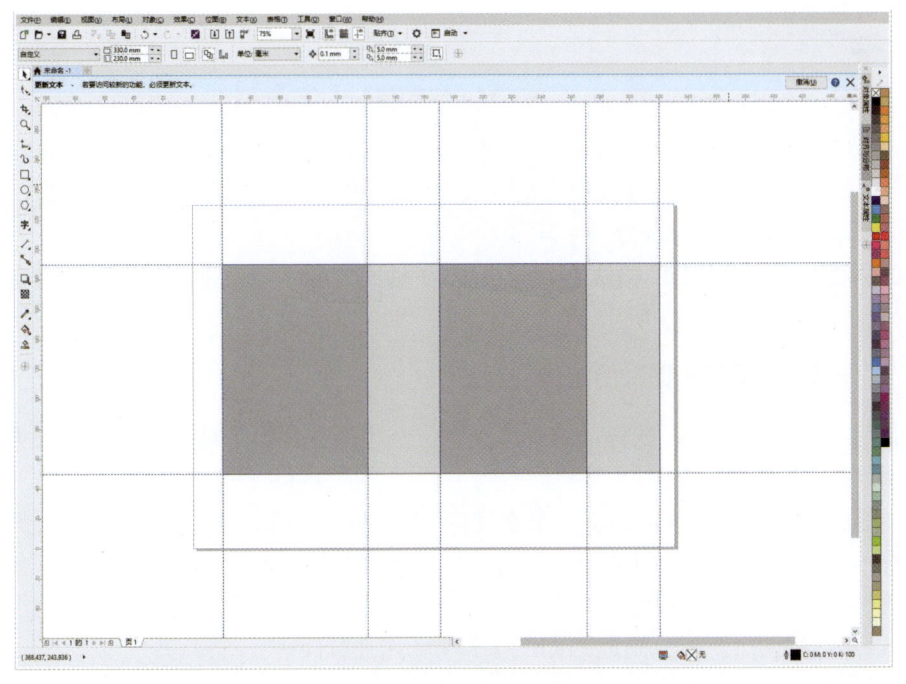

图 7-74 调整矩形的位置

（3）首先选择"矩形"工具，绘制5个矩形，尺寸分别是宽度为1厘米、高度为11厘米，宽度为10厘米、高度为3厘米，宽度为5厘米、高度为3厘米，宽度为5厘米、高度为4厘米，宽度为10厘米、高度为4厘米，并分别设置其填充颜色为100%白色。然后右击，在弹出的快捷菜单中选择"转换为曲线"命令，将矩形转换为曲线。接着选择形状工具，调整曲线，如图7-75所示。

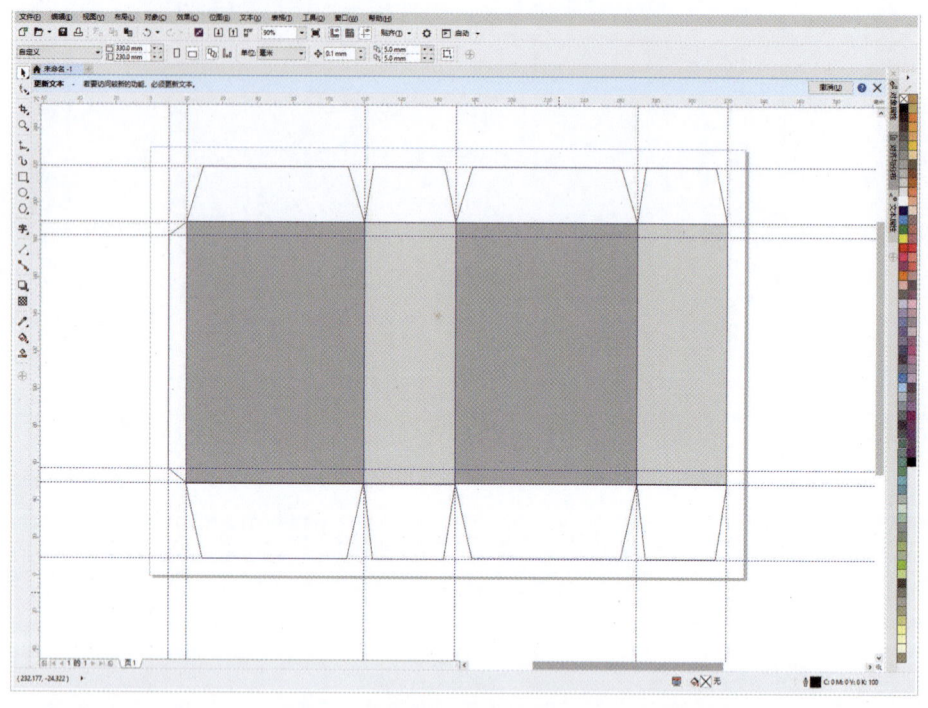

图7-75 调整曲线

（4）首先选择"椭圆"工具，绘制宽度为0.5厘米、高度为0.5厘米的椭圆，然后复制3个这样的椭圆，并设置其填充颜色均为10%黑色，再选择"挑选"工具，将椭圆分别放到如图7-76所示的位置。

（5）将图形保存为CDR格式，并导出PSD格式，便于后面进行版面设计及立体效果的制作，完成效果如图7-77所示。

### 4. "外盒装平面展开图"的制作

（1）运行CorelDRAW软件，选择"文件"→"新建图形"命令，设置图形大小，如图7-78所示。

（2）选择"矩形"工具，绘制一个宽度为11厘米、高度为15厘米的矩形，并设置其填充颜色为40%黑色，有轮廓填充。先将标尺原点设置在矩形的左上角节点处，参照标尺原点设置辅助线，选择"视图"→"设置"命令，设置辅助线的位置，再复制矩形，选择"挑选"工具，将两个矩形分别放到如图7-79所示的位置。

第 7 章 产品包装设计的案例制作

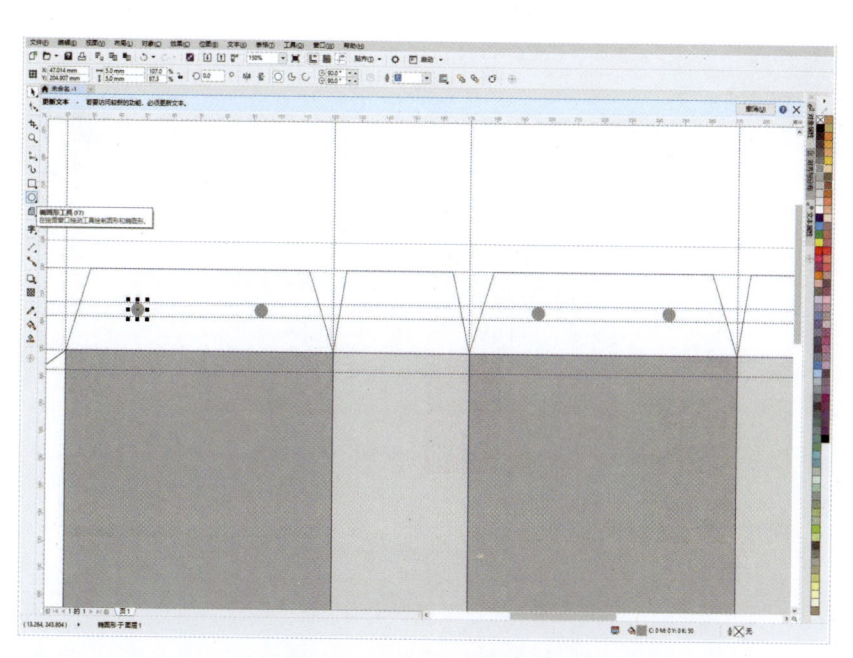

图 7-76 设置椭圆的位置

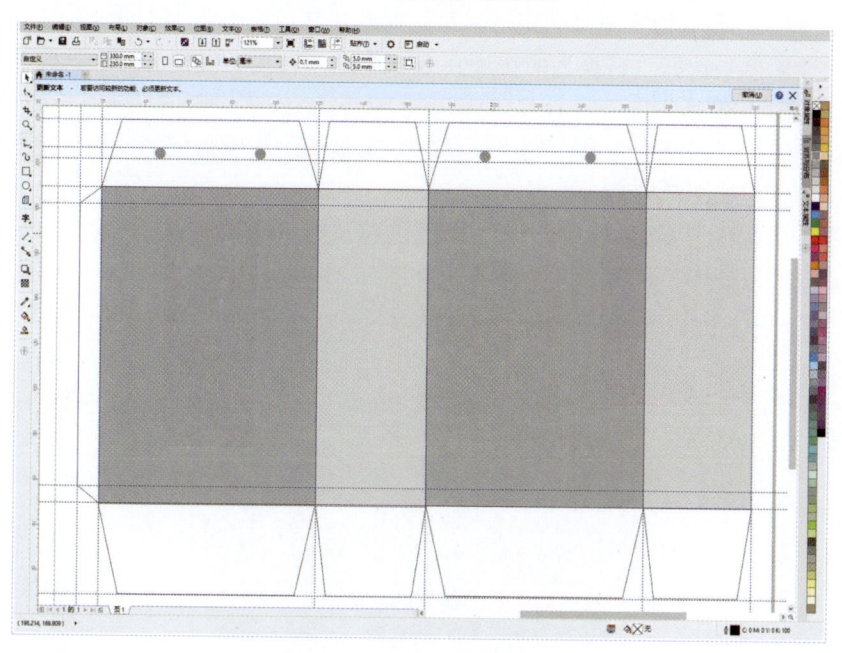

图 7-77 手提袋装平面展开图

图 7-78 设置图形大小

图 7-79　调整矩形的位置

（3）首先选择"矩形"工具，分别绘制一个宽度为 1 厘米、高度为 11 厘米的矩形和一个宽度为 11 厘米、高度为 6 厘米的矩形，并分别设置其填充颜色为 100%白色。然后右击，在弹出的快捷菜单中选择"转换为曲线"命令，将矩形转换为曲线。接着选择形状工具，调整曲线，如图 7-80 所示。

（4）首先选择"手绘"工具中的"贝塞尔"工具，绘制所需图形，然后选择形状工具对曲线进行调整，如图 7-81 所示。

（5）将图形保存为 CDR 格式，并导出 PSD 格式，便于后面进行版面设计及立体效果的制作，完成效果如图 7-82 所示。

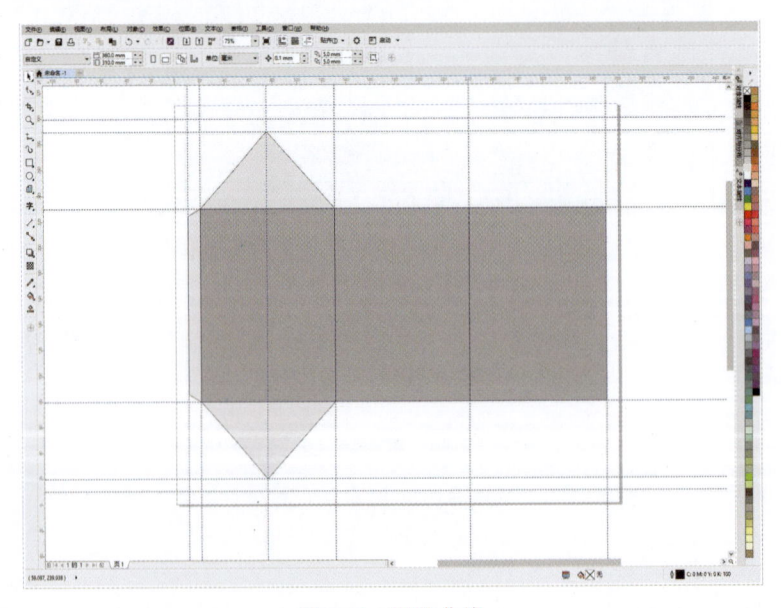

图 7-80　调整曲线

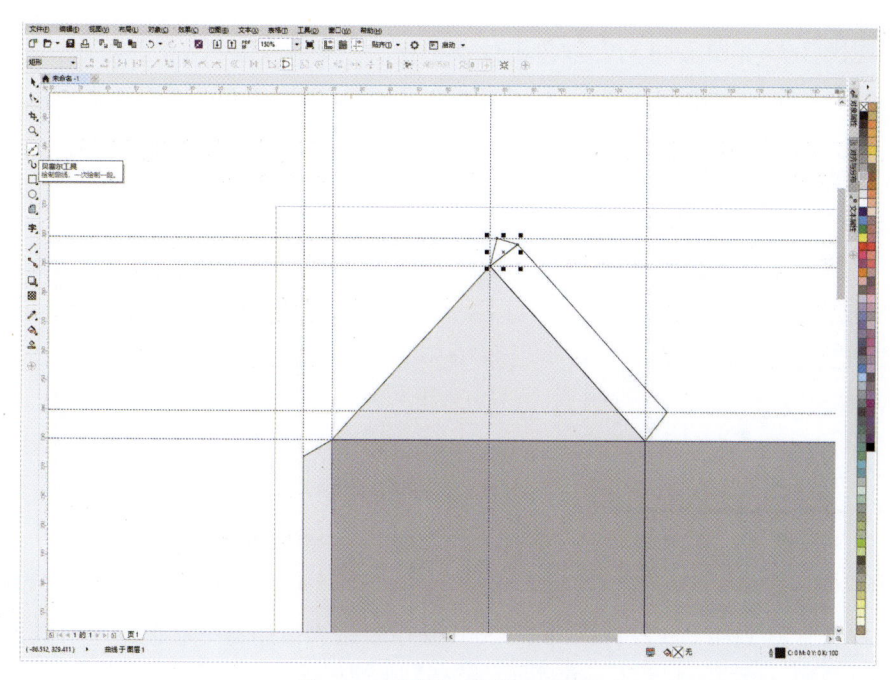

图 7-81 绘制图形并调整曲线

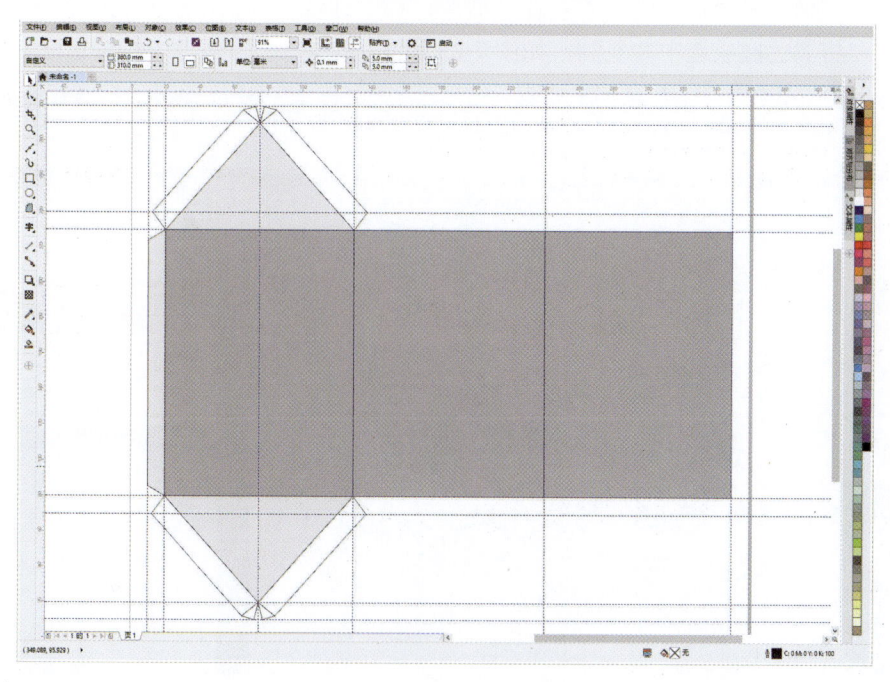

图 7-82 外盒装平面展开图

## 5. "盒装平面效果图"的制作

（1）在 Photoshop 软件中打开素材文件"盒装平面展开图.psd"，将背景层转换为图层 0，新建图层 1，并将图层 1 移至图层 0 下方。选中图层 0，单击"图层"面板中的"创建新的填充或调整图层"按钮，选择"色相/饱和度"

命令，参照图7-83和图7-84对其参数进行设置。

色相/饱和度1 色相/饱和度2

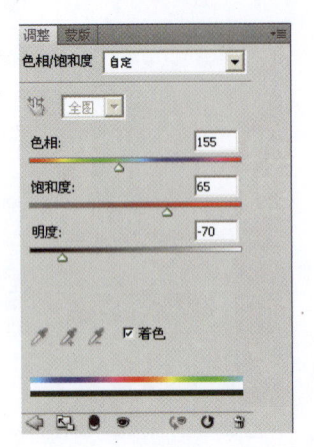

图7-83 色相/饱和度参数设置1　　图7-84 色相/饱和度参数设置2

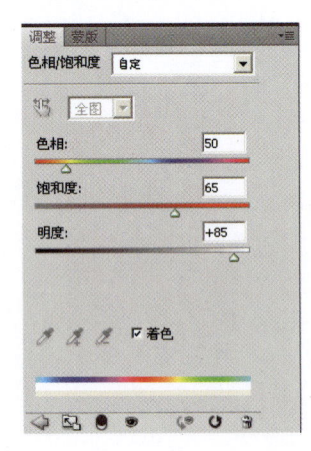

（2）打开素材文件"底纹样图.jpg"。其操作步骤为：通道→红色通道→调整→色阶→使其黑白分明→滤镜→风格化→查找边缘→复制（按Ctrl+C组合键）一个红色通道的副本。选择"图像"→"调整"→"反相"命令，在"通道"面板中选择红色通道，将其转换为选区，将黑色底纹选中并复制，如图7-85所示。

图7-85 选中并复制底纹

（3）将步骤（2）中复制的底纹粘贴（按Ctrl+V组合键）到新图层上，并设置其"不透明度"为20%。

（4）打开素材文件"二方图案.jpg"。其操作步骤为：通道→蓝色通道→调整→色阶→使其黑白分明→滤镜→风格化→查找边缘→复制一个蓝色通道的副本。选择"图像"→"调整"→"反相"命令，在"通道"面板中选择蓝色通道，将其转换为选区，将黑色底纹选中并复制。

（5）将步骤（4）中复制的图片粘贴到图层 2 上，用"魔棒"工具框选该图片，将其颜色填充为白色，并设置其大小，将图片放到如图 7-86 所示的位置。

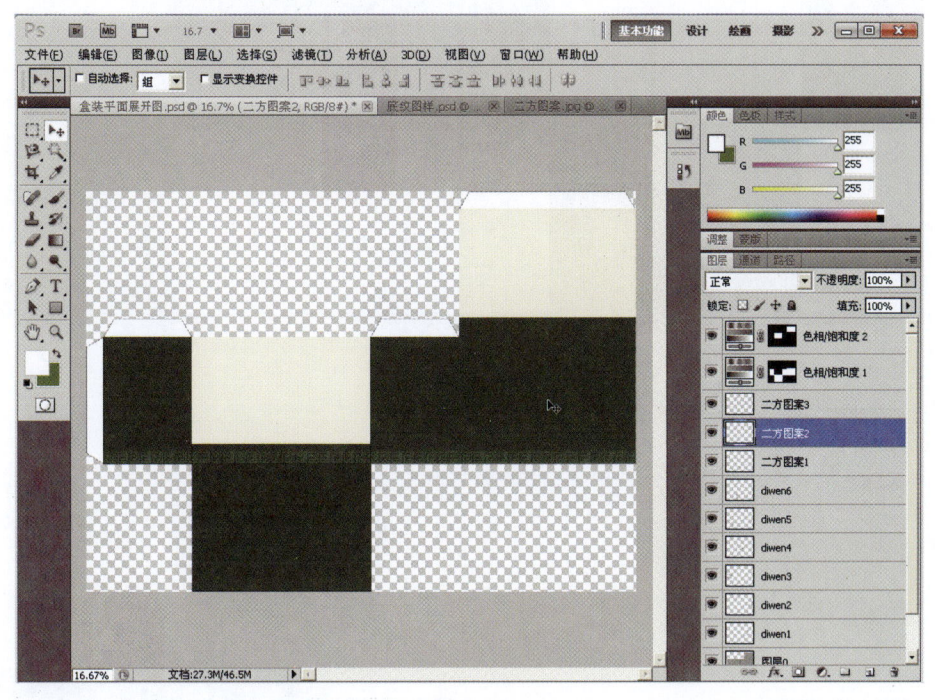

图 7-86　图片放置的位置

（6）打开素材文件"字茶.jpg"，先用"魔棒"工具框选"字茶"二字，然后用"移动"工具将其拖动到相应的图层上，复制一个该图层，并设置其"不透明度"为 3%。

（7）打开素材文件"斗茶图.jpg"，先用"磁性套索"工具将其套索出来，然后用"移动"工具将其拖动到相应的图层"斗茶图 1"和"斗茶图 2"上，复制两个该图层，并设置其"不透明度"均为 40%。

（8）打开素材文件"字绿茶.jpg"，先用"魔棒"工具框选"字绿茶"3 个字，然后用"移动"工具将其拖动到相应的图层上，复制一个该图层。

（9）在包装上输入需要的文字并编辑。设置字体为文鼎中特广告体，文字大小分别为 16 点、15 点、9 点、6 点。

（10）分别打开素材文件"茶杯.jpg"和"条形码.jpg"，先用"魔棒"工具框选茶杯，然后用"移动"工具将其拖动到相应的图层上，复制一个该图层。先用"矩形"工具框选条形码，然后用"移动"工具将其拖动到相应的图层上，如图 7-87 所示。

图 7-87　设置条形码

完成盒装平面效果版面设计，如图 7-88 所示。

图 7-88　盒装平面效果图

6. "礼盒装平面效果图"的制作

（1）打开素材文件"礼盒装平面展开图.psd"，将背景层转换为图层 0，新建图层 1，并将图层 1 移至图层 0 下方。选中图层 0，单击"图层"面板中的"创建新的填充或调整图层"按钮，选择"色相/饱和度"命令，参照图 7-83 和图 7-84 对其参数进行设置。

（2）打开素材文件"底纹样图.jpg"。其操作步骤为：通道→红色通道→调整→色阶→使其黑白分明→滤镜→风格化→查找边缘→复制一个红色通道的副本。选择"图像"→"调整"→"反相"命令，在"通道"面板中选择红色通道，将其转换为选区，将黑色底纹选中并复制，如图 7-85 所示。

（3）将步骤（2）中复制的底纹粘贴到新图层上，并设置其"不透明度"为 20%，合并底纹图层。

（4）打开素材文件"二方图案.jpg"。其操作步骤为：通道→蓝色通道→调整→色阶→使其黑白分明→滤镜→风格化→查找边缘→复制一个蓝色通道的副本。选择"图像"→"调整"→"反相"命令，在"通道"面板中，选择蓝色通道，将其转换为选区，将黑色底纹选中并复制。

（5）将步骤（4）中复制的图片粘贴到新图层上，用"魔棒"工具框选该图片，将其颜色填充为白色，并设置其大小。

（6）打开素材文件"字茶.jpg"，先用"魔棒"工具框选"字茶"二字，然后用"移动"工具将其拖动到相应的图层上，复制一个该图层，并设置其"不透明度"为 3%。

（7）打开素材文件"斗茶图.jpg"，先用"磁性套索"工具将其套索出来，然后用"移动"工具将其拖动到相应的图层"斗茶图 1"和"斗茶图 2"上，复制两个该图层，并设置其"不透明度"为 40%。

（8）打开素材文件"字绿茶.jpg"，先用"魔棒"工具框选"字绿茶"3 个字，然后用"移动"工具将其拖动到相应的图层上，复制一个该图层。

（9）在包装上输入需要的文字。设置字体为文鼎中特广告体，文字大小分别为 24 点、18 点、8 点、11 点。

（10）分别打开素材文件"茶杯.jpg"和"条形码.jpg"，先用"魔棒"工具框选茶杯，然后用"移动"工具将其拖动到相应的图层上，复制一个该图层。先用"矩形"工具框选条形码，然后用"移动"工具将其拖动到相应的图层上，如图 7-89 所示。

完成礼盒装平面效果版面设计，如图 7-90 所示。

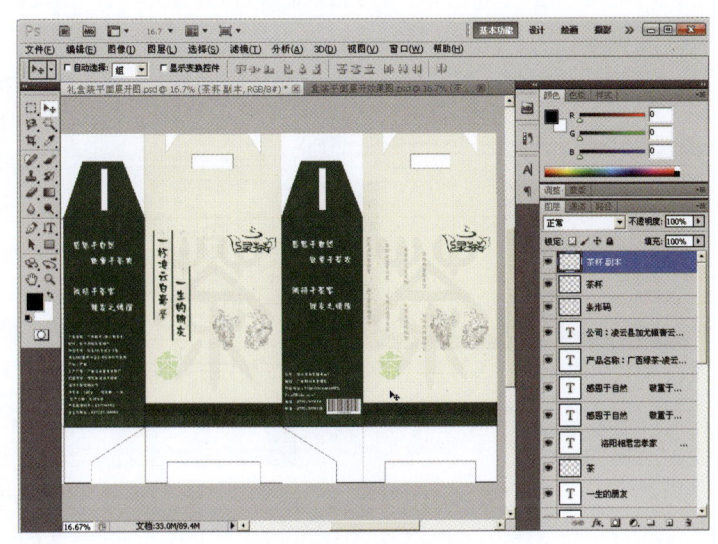

图 7-89　设置条形码

图 7-90　礼盒装平面效果图

**7. "手提袋装平面效果图"的制作**

（1）打开素材文件"手提袋装平面展开图.psd"，将背景层转换为图层 0，新建图层 1，并将图层 1 移至图层 0 下方。选中图层 0，单击"图层"面板中的"创建新的填充或调整图层"按钮，选择"色相/饱和度"命令，参照图 7-83 和图 7-84 对其参数进行设置。

（2）打开素材文件"底纹样图.jpg"。其操作步骤为：通道→红色通道→调整→色阶→使其黑白分明→滤镜→风格化→查找边缘→复制一个红色通道的副本。选择"图像"→"调整"→"反相"命令，在"通道"面板中选择红色通道，将其转换为选区，将黑色底纹选中并复制。

（3）将步骤（2）中复制的底纹粘贴到新图层上，并设置其"不透明度"为 20%，最后合并底纹图层。

（4）打开素材文件"二方图案.jpg"。其操作步骤为：通道→蓝色通道→调整→色阶→使其黑白分明→滤镜→风格化→查找边缘→复制一个蓝色通道的副本。选择"图像"→"调整"→"反相"命令，在"通道"面板中选择蓝色通道，将其转换为选区，将黑色底纹选中并复制。

（5）将步骤（4）中复制的图片粘贴到新图层上，用"魔棒"工具框选图片，将其颜色填充为白色，并设置其大小，将图片放置到如图 7-91 所示的位置。

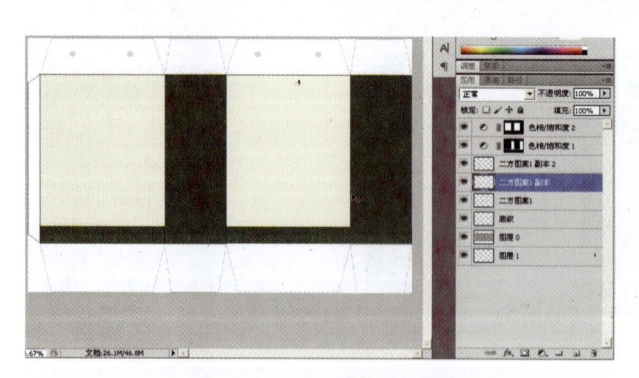

图 7-91　图片放置的位置

（6）打开素材文件"字茶.jpg"，先用"魔棒"工具框选"字茶"二字，然后用"移动"

工具将其拖动到相应的图层上,复制一个该图层,并设置其"不透明度"为3%。

(7)打开素材文件"斗茶图.jpg",先用"磁性套索"工具将其套索出来,然后用"移动"工具将其拖动到相应的图层"斗茶图1"和"斗茶图2"上,复制两个该图层,并设置其"不透明度"为40%。

(8)打开素材文件"字绿茶.jpg",先用"魔棒"工具框选"字绿茶"3个字,然后用"移动"工具将其拖动到相应的图层上,复制一个该图层。

(9)在包装上输入需要的文字。设置字体为文鼎中特广告体,文字大小分别为24点、18点、8点、12点。

(10)分别打开素材文件"茶杯.jpg"和"条形码.jpg",先用"魔棒"工具框选茶杯,然后用"移动"工具将其拖动到相应的图层上,复制一个该图层。先用"矩形"工具框选条形码,然后用"移动"工具将其拖动到相应的图层上,如图7-92所示。

完成手提袋装平面效果版面设计,如图7-93所示。

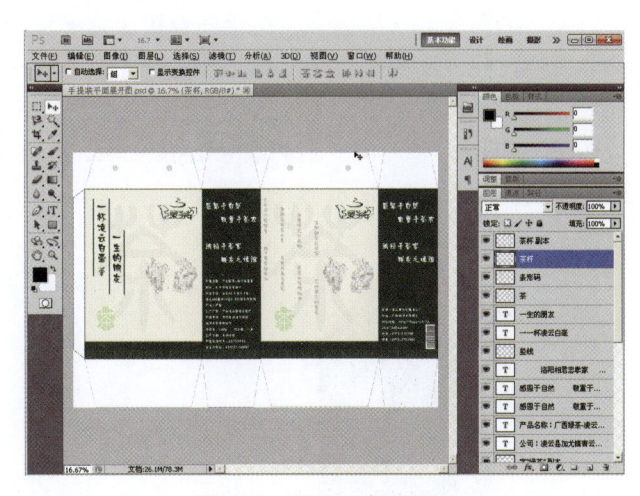

图7-92 设置"条形码"

图7-93 手提袋装平面效果图

### 8. "外盒装平面效果图"的制作

（1）打开素材文件"外盒装平面展开图.psd"，将背景层转换为图层 0，新建图层 1，并将图层 1 移至图层 0 下方。选中图层 0，单击"图层"面板中的"创建新的填充或调整图层"按钮，选择"色相/饱和度"命令，参照图 7-83 和图 7-84 对其参数进行设置。

（2）打开素材文件"底纹样图.jpg"文件。其操作步骤为：通道→红色通道→调整→色阶→使其黑白分明→滤镜→风格化→查找边缘→复制一个红色通道的副本。选择"图像"→"调整"→"反相"命令，在"通道"面板中选择红色通道，将其转换为选区，将黑色底纹选中并复制。

（3）将步骤（2）中复制的底纹粘贴到新图层上，并设置其"不透明度"为 20%，合并底纹图层，如图 7-94 所示。

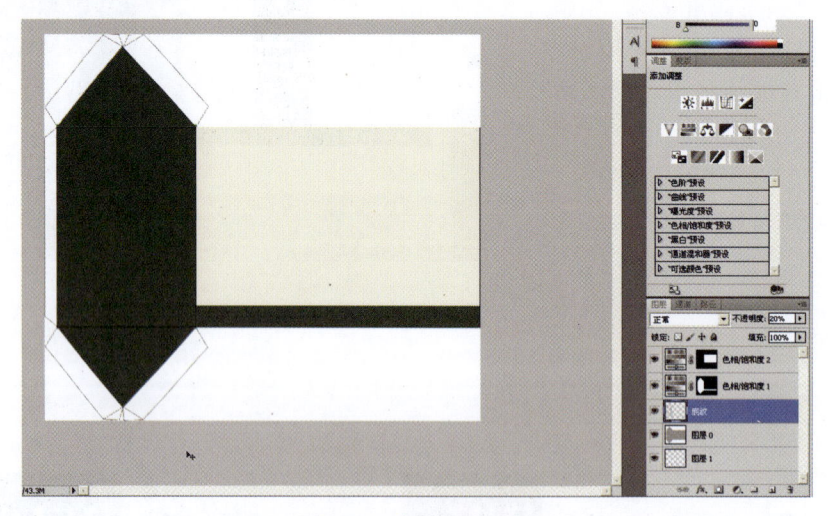

图 7-94　合并底纹图层

（4）打开素材文件"二方图案.jpg"。其操作步骤为：通道→蓝色通道→调整→色阶→使其黑白分明→滤镜→风格化→查找边缘→复制一个蓝色通道的副本。选择"图像"→"调整"→"反相"命令，在"通道"面板中选择蓝色通道，将其转换为选区，将黑色底纹选中并复制。

（5）将步骤（4）中复制的图片粘贴到新图层上，用"魔棒"工具框选图片，将其颜色填充为白色，并设置其大小，将图片放到合适的位置。

（6）打开素材文件"字茶.jpg"，先用"魔棒"工具框选"字茶"二字，然后用"移动"工具将其拖动到相应的图层上，复制一个该图层，并设置其"不透明度"为 3%。

（7）打开素材文件"斗茶图.jpg"，先用"磁性套索"工具将其套索出来，然后用"移动"工具将其拖动到相应的图层"斗茶图 1"和"斗茶图 2"上，复制两个该图层，并设置其"不透明度"为 40%。

（8）打开素材文件"字绿茶.jpg"，先用"魔棒"工具框选"字绿茶"3 个字，然后用"移动"工具将其拖动到相应的图层上，复制一个该图层。

(9) 在包装上输入需要的文字。设置字体为文鼎中特广告体，文字大小分别为 30 点、9 点、24 点、12 点。

(10) 分别打开素材文件"茶杯.jpg"和"条形码.jpg"，先用"魔棒"工具框选茶杯，然后用"移动"工具将其拖动到相应的图层上，复制一个该图层。先用"矩形"工具框选条形码，然后用"移动"工具将其拖动到相应的图层上，如图 7-95 所示。

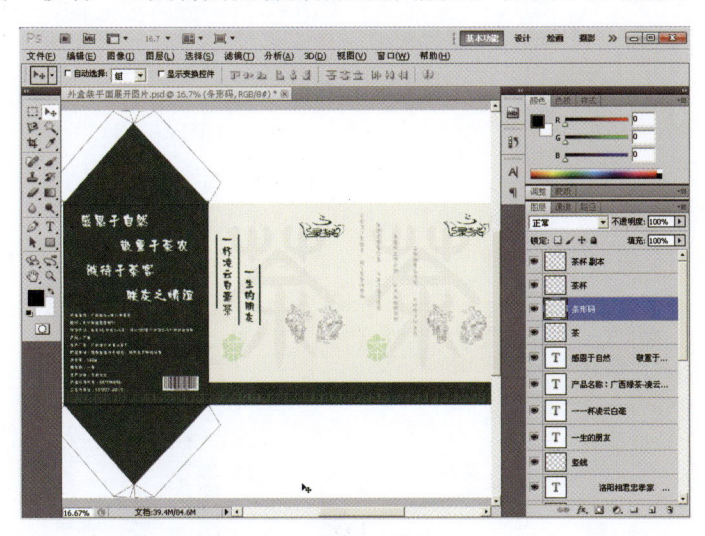

图 7-95　设置条形码

完成外盒装平面效果版面设计，如图 7-96 所示。

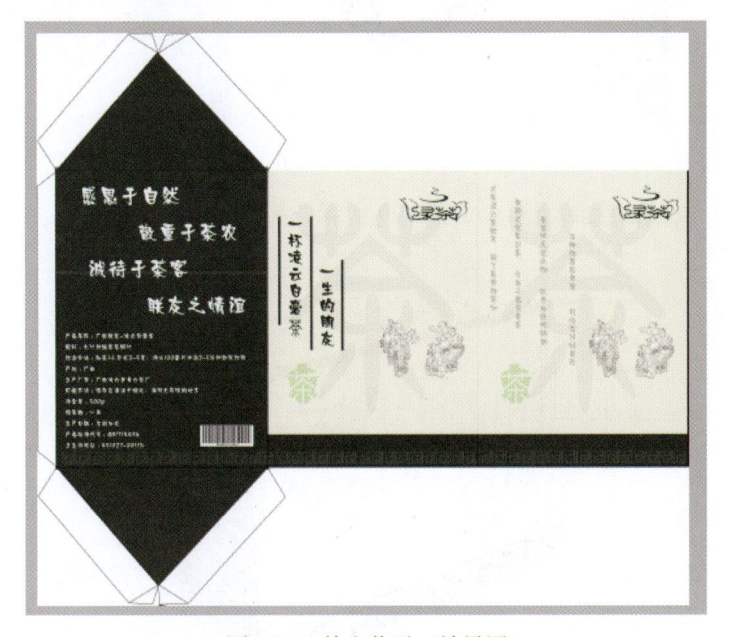

图 7-96　外盒装平面效果图

9. "盒装立体效果图"的制作

(1)运行 Photoshop 软件,选择"文件"→"新建"命令,设置图形大小,如图 7-97 所示。

(2)选择"钢笔"工具,画出所需图形,画好之后按 Ctrl+T 组合键将图形进行扭曲,并将其调整到所要达到的立体效果,设置填充颜色分别为# 104a30 和# eeece0。

(3)新建一个图形,打开盒装平面效果图,把所需图形在盒装平面效果图中用"矩形"工具框选,并用"移动"工具拖动到立体图中。将其调整到一定的大小后,按 Ctrl+T 组合键进行扭曲。

(4)对其他几个面的设置也使用步骤(3)的操作方法。参照图如图 7-98 所示。

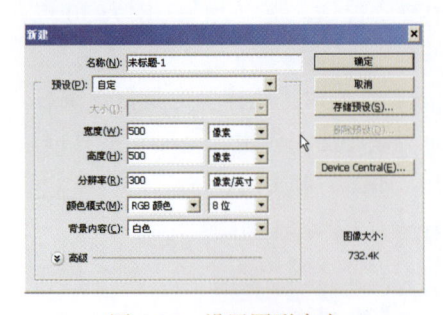

图 7-97　设置图形大小

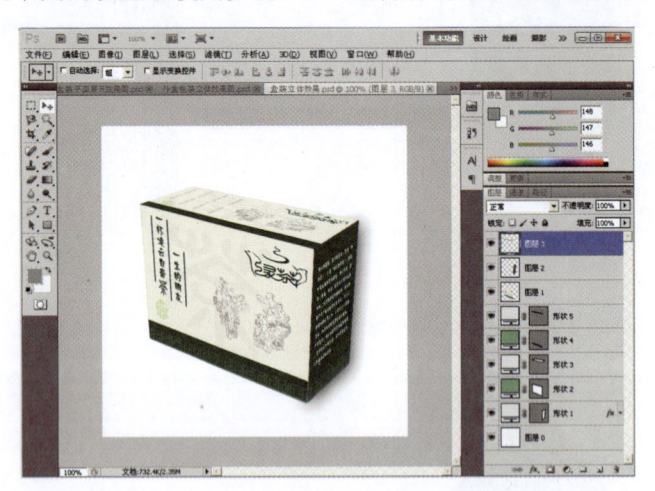

图 7-98　参照图

完成盒装立体效果版面设计,如图 7-99 所示。

图 7-99　盒装立体效果图

10. "礼盒装立体效果图"的制作

（1）运行 Photoshop 软件，选择"文件"→"新建"命令，设置图形大小，如图 7-97 所示。

（2）选择"钢笔"工具，画出所需图形，画好之后按 Ctrl+T 组合键将图形进行扭曲，并将其调整为所要达到的立体效果，设置填充颜色分别为# 104a30 和# eeece0。

（3）新建一个文件，打开盒装平面效果图，把所需图形在盒装平面效果图中用"矩形"工具框选，并用"移动"工具拖动到立体图中。将其调整到一定的大小后，按 Ctrl+T 组合键进行扭曲。

（4）对其他几个面的设置也使用步骤（3）的操作方法。参照图如图 7-100 所示。

图 7-100　参照图

完成礼盒装立体效果版面设计，如图 7-101 所示。

图 7-101　礼盒装立体效果图

## 11. "手提袋装立体效果图"的制作

（1）运行 Photoshop 软件，选择"文件"→"新建"命令，设置图形大小，如图 7-97 所示。

（2）选择"钢笔"工具，画出所需图形，画好之后按 Ctrl+T 组合键将图形进行扭曲，并将其调整为所要达到的立体效果，设置填充颜色分别为# 104a30 和# eeece0。

（3）新建一个文件，打开盒装平面效果图，把所需图形在盒装平面效果图中用"矩形"工具框选，并用"移动"工具拖动到立体图中，将其调整到一定的大小后，按 Ctrl+T 组合键进行扭曲。

（4）对其他几个面的设置也使用步骤（3）的操作方法。参照图如图 7-102 所示。

图 7-102　参照图

完成手提袋装立体效果版面设计，如图 7-103 所示。

至此，完成系列化包装整体效果版面设计，如图 7-104 所示。

图 7-103　手提袋装立体效果图

图 7-104　系列化包装整体效果图

## 12. "外盒装立体效果图"的制作

(1) 运行 Photoshop 软件，选择"文件"→"新建"命令，设置图形大小，如图 7-97 所示。

(2) 选择"钢笔"工具，画出所需图形，画好之后按 Ctrl+T 组合键将图形进行扭曲，并将其调整到所要达到的立体效果，设置填充颜色分别为# 104a30 和# eeece0。

(3) 新建一个图形，打开盒装平面效果图，把所需图形在盒装平面效果图中用"矩形"工具框选，并用"移动"工具拖动到立体图中。将其调整到一定的大小后，按 Ctrl+T 组合键进行扭曲。

(4) 对其他几个面的设置也使用步骤 (3) 的操作方法。参照图如图 7-105 所示。

图 7-105　参照图

完成外盒装立体效果版面设计，如图 7-106 所示。

图 7-106　外盒装立体效果图

## 7.3 糕点系列化包装设计

本例以三峡特产——苕酥为例，解析糕点系列化包装设计的制作理念及过程。

### 7.3.1 设计定位

**1. 三峡苕酥简介**

三峡苕酥以三峡地区土家族民间传统食品"苕丝糖"为基础，精选三峡地区沙土鲜红苕（又名番薯、甘薯或地瓜）、优质鲜糯米、鸡蛋为主要原料，采用土家族民间传统工艺精制而成。

三峡苕酥保留了鲜红苕熟化后的特有香气和风味，口感酥脆，甜味适中，爽口化渣，老少皆宜。产品风味独特，营养丰富，地域特色显著，在日常生活中深受当地人的喜爱，同时深受中外游客的青睐。

**2. 设计定位**

可以根据产品的以下几个特征来进行定位。

（1）长江三峡是著名的旅游胜地，同时也具有浓厚的历史文化，可以选用能突出旅游和其文化特征的形象作为画面的元素，体现产地特征。

（2）苕酥风味独特，是传统的特色美食，可以用其形象作为包装的主要元素。

（3）苕酥具有悠久的历史和传说，可以选择有历史特征的形象来表现。

本系列化包装因要体现同一产品针对不同消费层次的包装系列化特征，所以采用不同规格、造型、构图的系列化设计方式来体现，包含礼品盒装、手提袋装、袋装 3 种包装效果。

### 7.3.2 设计实例

以下是三峡苕酥包装的制作过程。

**1. 平面展开图的绘制**

（1）礼品盒装平面展开图的绘制。

运行 CorelDRAW 软件，新建图形，参照图 7-107 所示，设置图形大小。

图 7-107　设置图形大小

首先选择"矩形"工具，绘制一个宽度为 40 厘米、高度为 40 厘米的正方形，将其填充为红色，黑色发丝轮廓填充，其次将标尺原点设置在矩形的左上角节点处，然后参照标尺原点设置辅助线，如图 7-108 所示。

在图 7-108 的基础上，绘制一个宽度为 40 厘米、高度为 15 厘米的矩形，将其填充为红色，黑色发丝轮廓填充，并使其与辅助线对齐，如图 7-109 所示。

首先绘制一个宽度为 5 厘米、高度为 15 厘米的矩形，并将其填充为 20%黑色，黑色发丝轮廓填充。然后将矩形转换为曲线，调整曲线的位置，使其与辅助线对齐，形成梯形。

选择"对象"工具，同时选中梯形与矩形，右击，在弹出的快捷菜单中选择"组合"→"组合对象"命令。设置矩形群组如 7-110 所示。

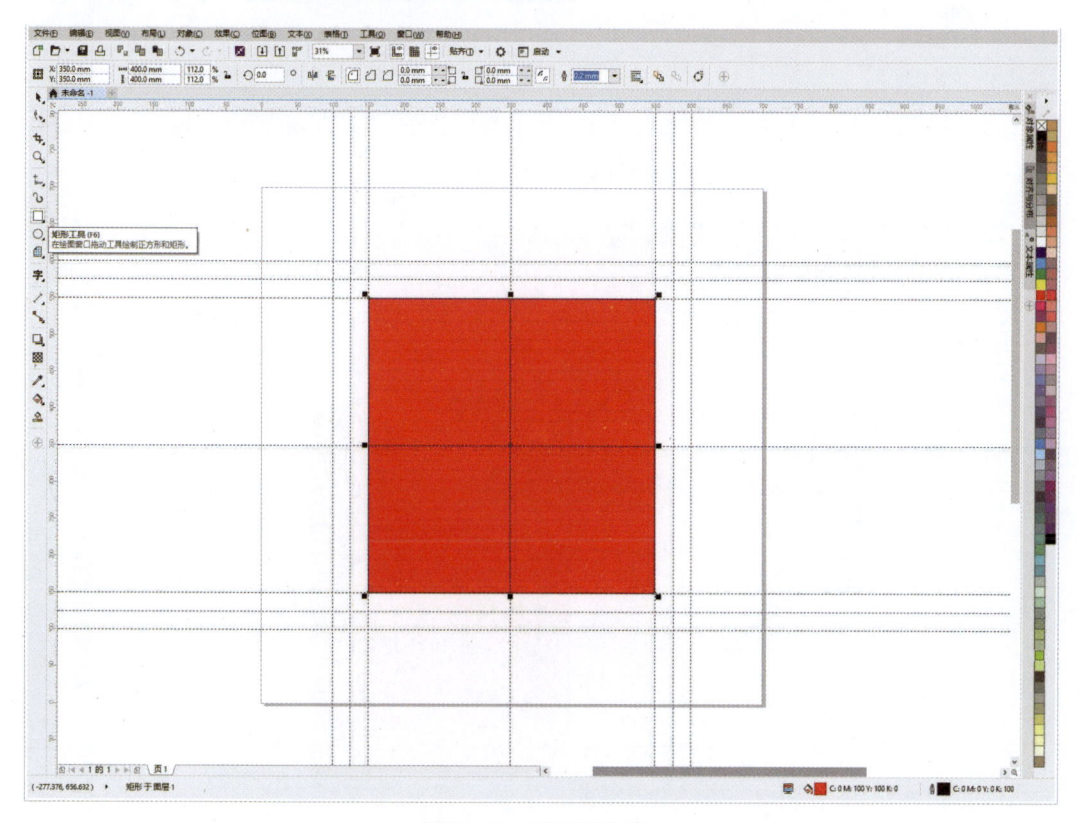

图 7-108　设置辅助线 1

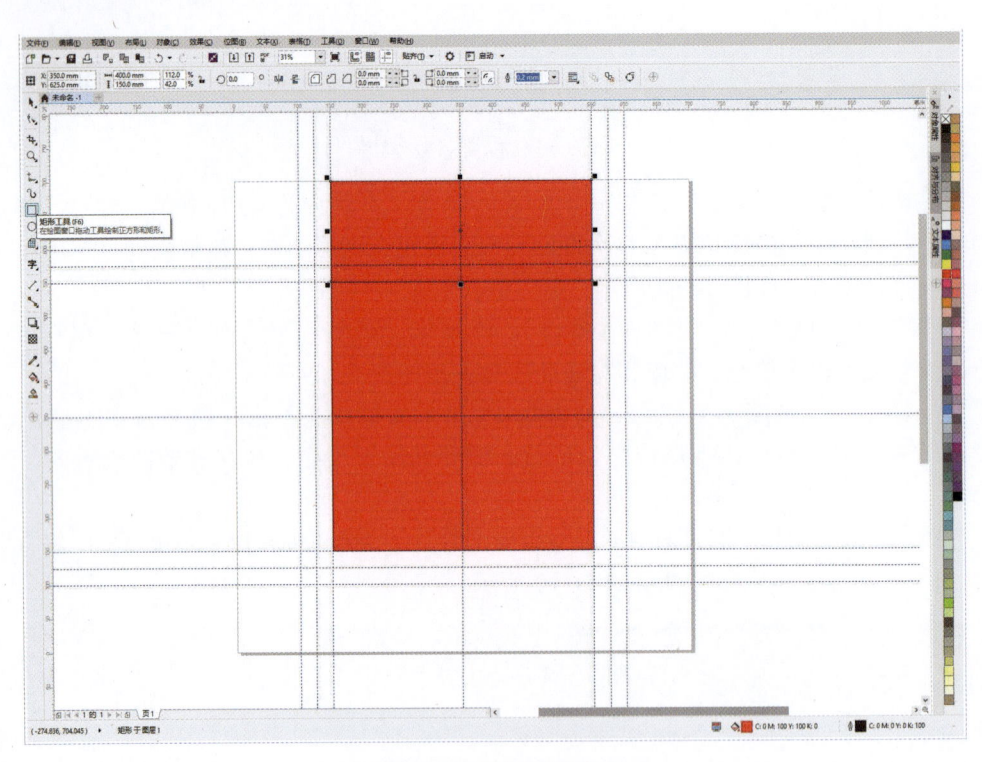

图 7-109　设置辅助线 2

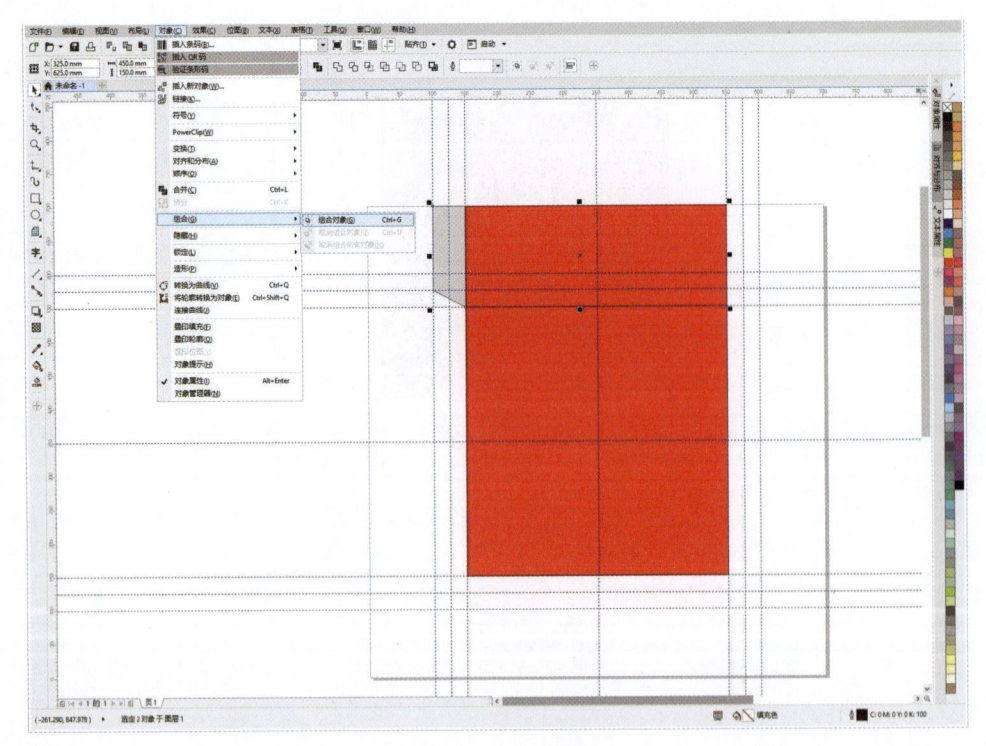

图 7-110　设置矩形群组

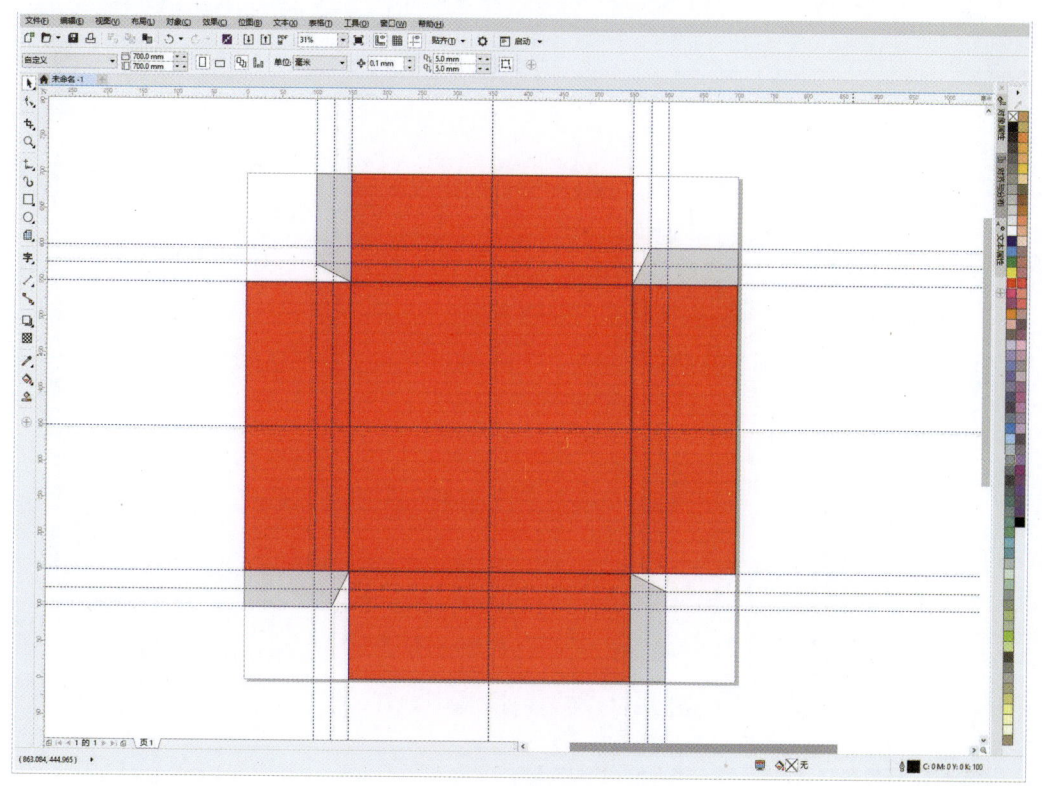

将矩形群组进行复制、旋转，最终效果如图 7-111 所示。

图 7-111　最终效果

（2）手提袋装平面展开图的绘制。

在 CorelDRAW 软件中新建图形，参照图 7-112，设置图形大小。

图 7-112　设置图形大小

首先选择"矩形"工具，绘制一个宽度为 11 厘米、高度为 15 厘米的矩形，并设置其填充颜色为 R 251 G 220 B 95，无轮廓填充，其次将标尺原点设置在矩形的左上角节点处，然后参照标尺原点设置辅助线。设置矩形与辅助线对齐，如图 7-113 所示。

制作手提袋绳孔。选择"椭圆"工具，同时按 Shift+Ctrl+Alt 组合键，绘制一个红色小圆。选择"挑选"工具，同时选中矩形与小圆，使用"后减前"工具，移除前面对象，绳孔效果如图 7-114 所示。

选择"矩形"工具，绘制一个宽度为 6 厘米、高度为 15 厘米的矩形，并设置其填充颜色为 R 251 G 220 B 95，无轮廓填充。设置矩形与辅助线对齐，如图 7-115 所示。

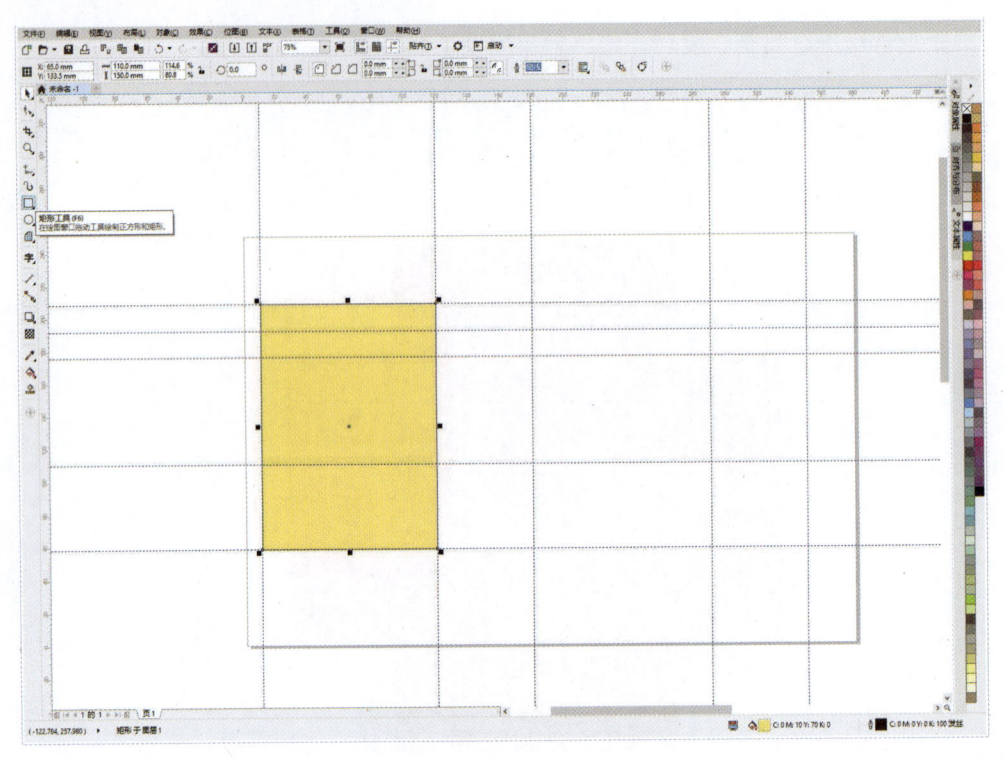

图 7-113  设置矩形与辅助线对齐

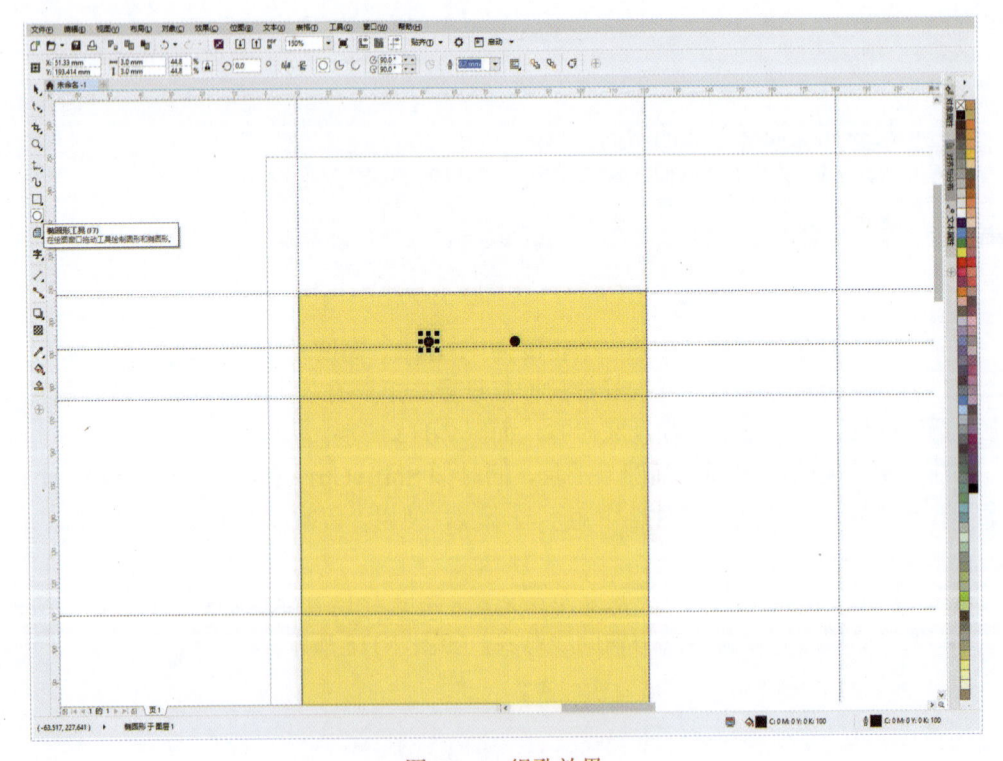

图 7-114  绳孔效果

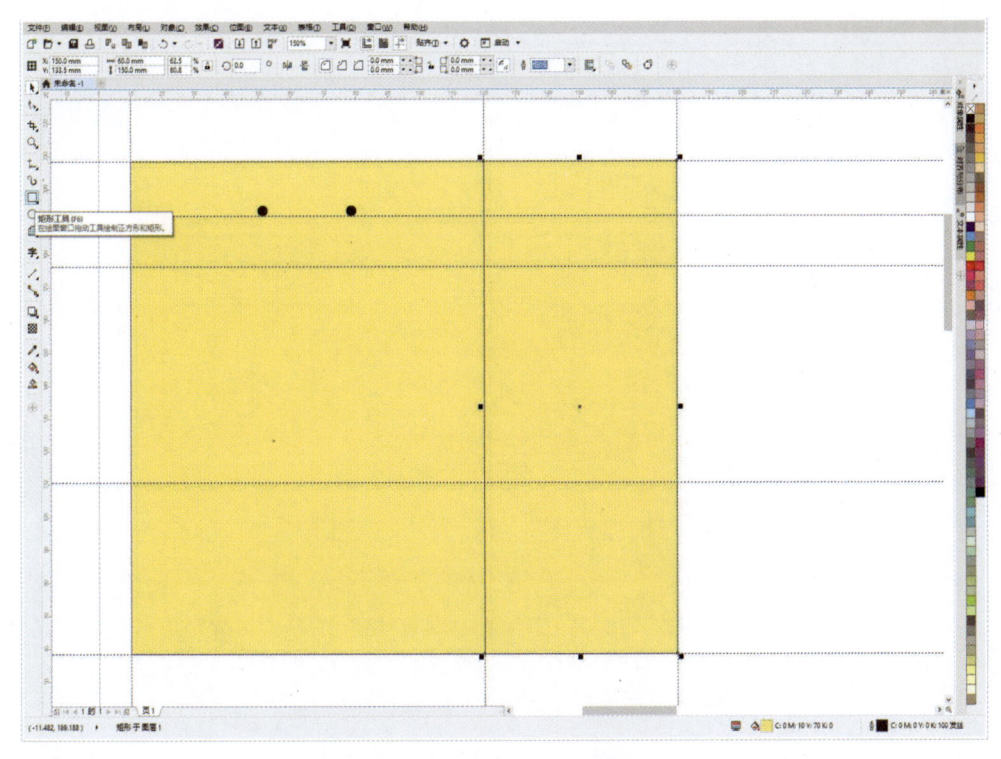

图 7-115 设置矩形与辅助线对齐

选择"矩形"工具，绘制一个宽度为 11 厘米、高度为 2.5 厘米的矩形，使用制作手提袋绳孔的操作步骤，在对称位置进行打孔设计。首先绘制一个宽度为 6 厘米、高度为 2.5 厘米的矩形，并将其填充为 10%黑色，无轮廓填充，然后将矩形转换为曲线，并进行微调整。在矩形下方分别绘制一个宽度为 11 厘米、高度为 3.5 厘米的矩形和一个宽度为 6 厘米、高度为 3.5 厘米的矩形，均将其填充为 20%黑色，无轮廓填充。选择形状工具（或按 F10 键），对其进行微调整，如图 7-116 所示。

首先选择"对象"工具，同时选中这两个矩形群组，复制图层后将其对齐，然后将矩形分别放到如图 7-117 所示的位置，使其与辅助线对齐。

选择"矩形"工具，在矩形左侧绘制一个宽度为 1 厘米、高度为 15 厘米的矩形，将其填充为 10%黑色，无轮廓填充，如图 7-118 所示。

（3）简易袋装平面展开图的绘制。

运行 CorelDRAW 软件，新建图形，参照图 7-119，设置图形大小。

首先选择"矩形"工具，绘制一个宽度为 25 厘米、高度为 35 厘米的矩形，并将其填充为 20%黑色，黑色发丝轮廓填充，其次将标尺原点设置在矩形的左上角节点处，然后参照标尺原点设置辅助线，如图 7-120 所示。

对简易袋包装进行打孔。选择"椭圆"工具，绘制一个红色椭圆。选择"挑选"工具，并同时选中矩形与椭圆，使用"后减前"工具，移除前面对象，椭圆孔效果如图 7-121 所示。

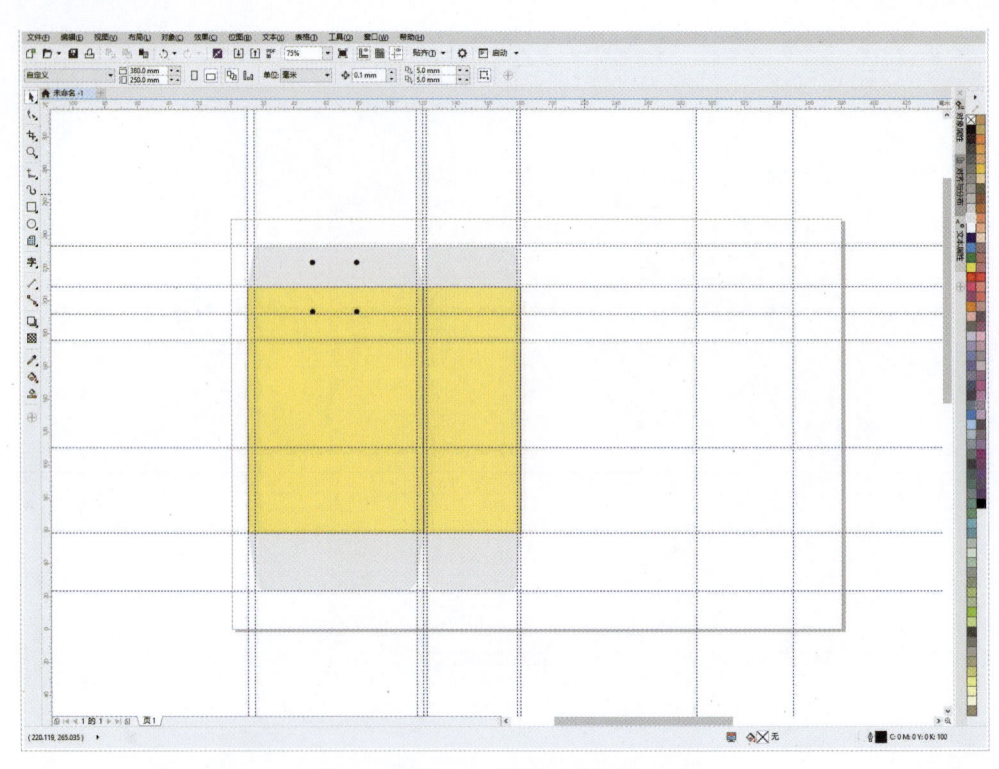

图 7-116 填充矩形并调整效果参照图

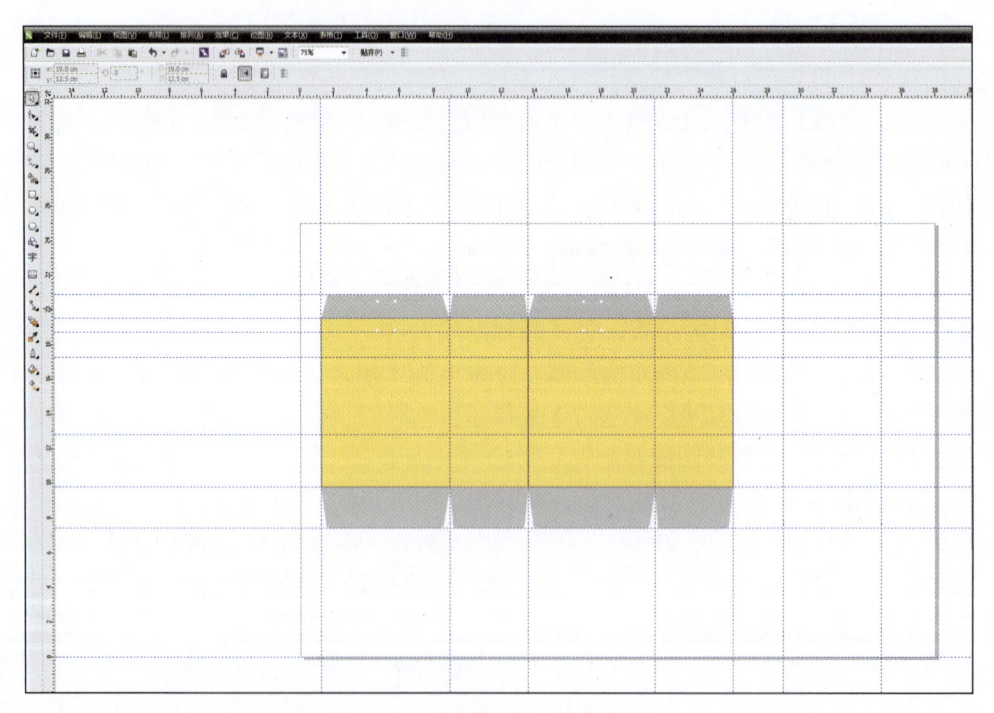

图 7-117 设置矩形与辅助线对齐

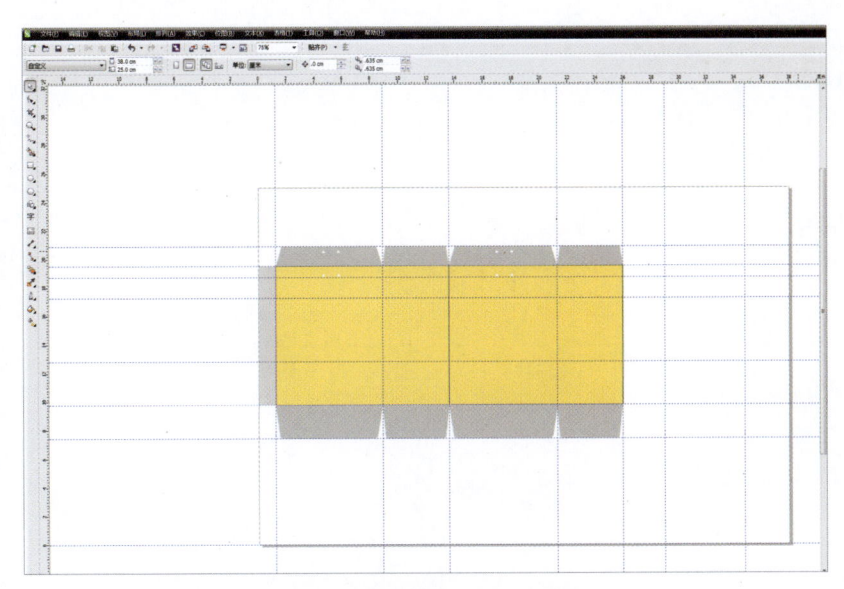

图 7-118　填充矩形效果参照图

图 7-119　设置图形大小

选择"矩形"工具，绘制一个宽度为 15 厘米、高度为 35 厘米的矩形，并将其填充为 20%黑色，黑色发丝轮廓填充。使其与辅助线对齐，如图 7-122 所示。

首先选择"挑选"工具，同时选中这两个矩形群组，复制图层后将其对齐，然后将矩形分别放到如图 7-123 所示的位置，使其与辅助线对齐。

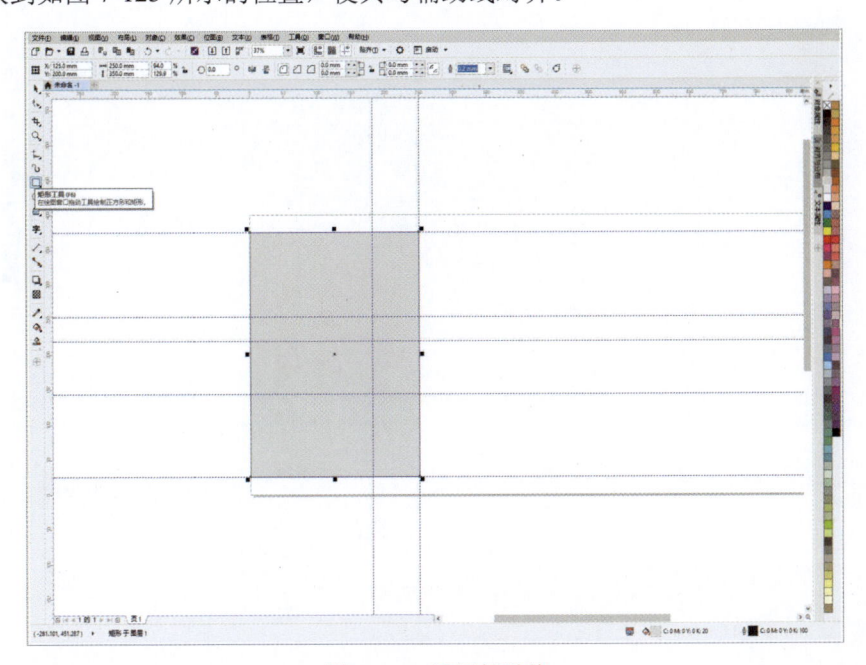

图 7-120　设置辅助线

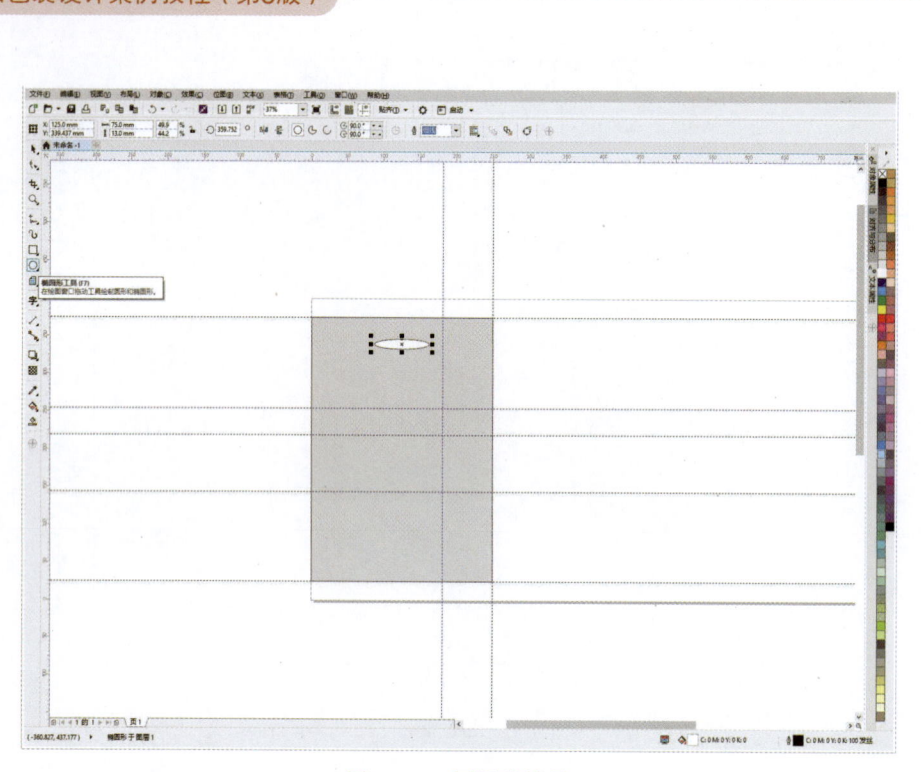

图 7-121　椭圆孔效果

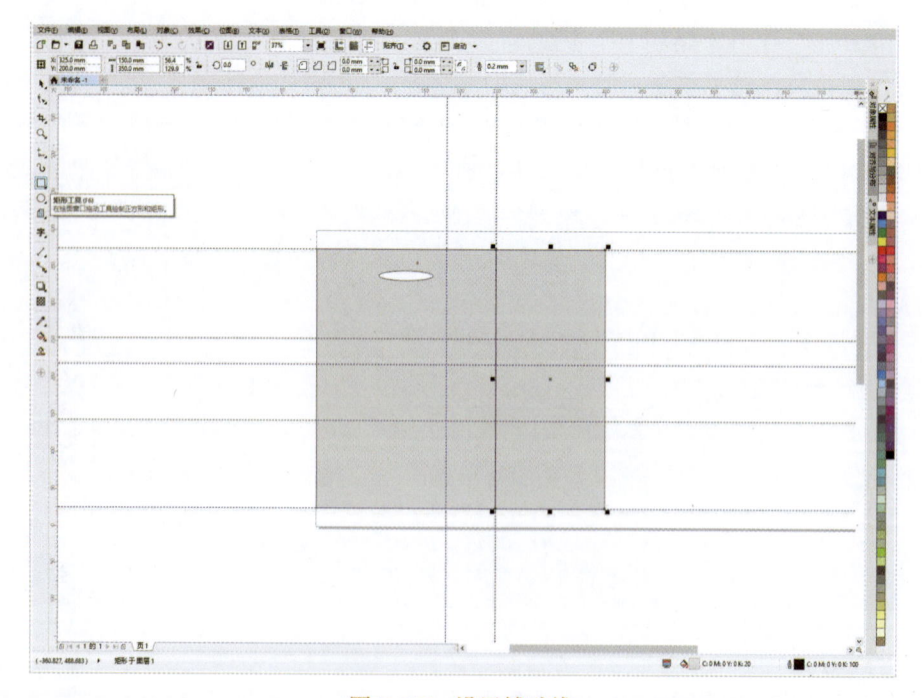

图 7-122　设置辅助线

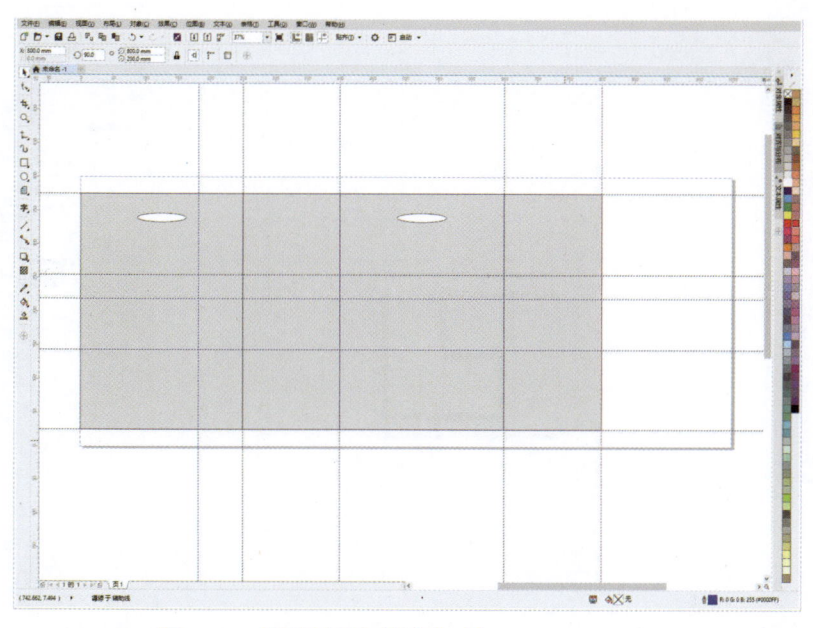

图 7-123　设置矩形与辅助线对齐

## 2. 设计包装的主版面

本例中运用 CorelDRAW 与 Photoshop 软件技术相结合，对系列化包装中的各个平面展开图进行版面设计，操作过程如下。

（1）礼品盒装主版面设计。

素材文件"二方连续图 1.cdr"的制作。运行 CorelDRAW 软件，新建图形，使用"网纸"工具画一个 3×2 的网格，使用"贝塞尔"工具画出如图 7-124 所示的网格图形。

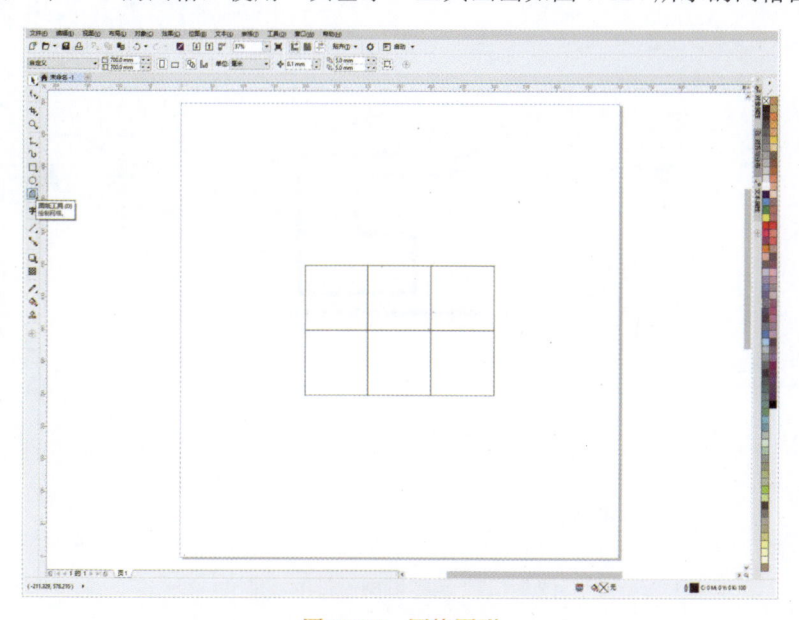

图 7-124　网格图形

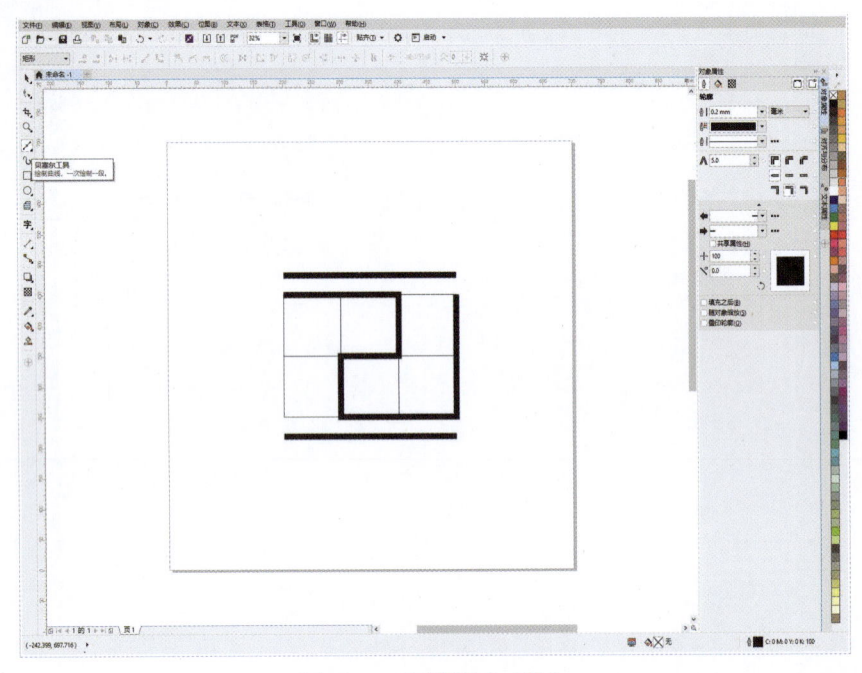

图 7-124　网格图形（续）

删除网格图形，将其余全选并再绘制，再绘制距离为单一对象宽度，再绘制数量根据自己的需要来定。先选择"对象"→"将轮廓转换为对象"命令，再选择"编辑"→"再制"→"应用到再制"命令，再绘制图形排版效果如图 7-125 所示。

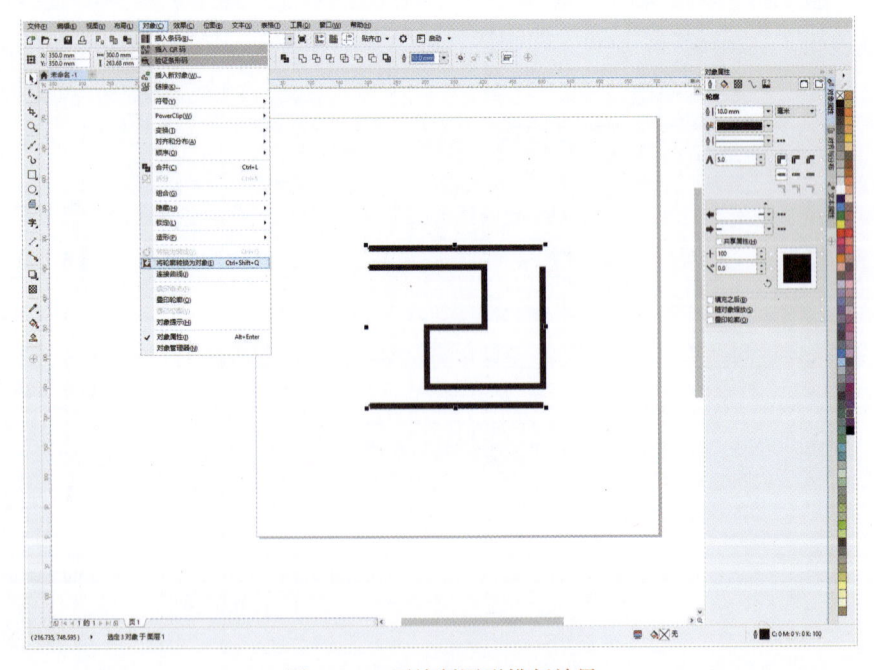

图 7-125　再绘制图形排版效果

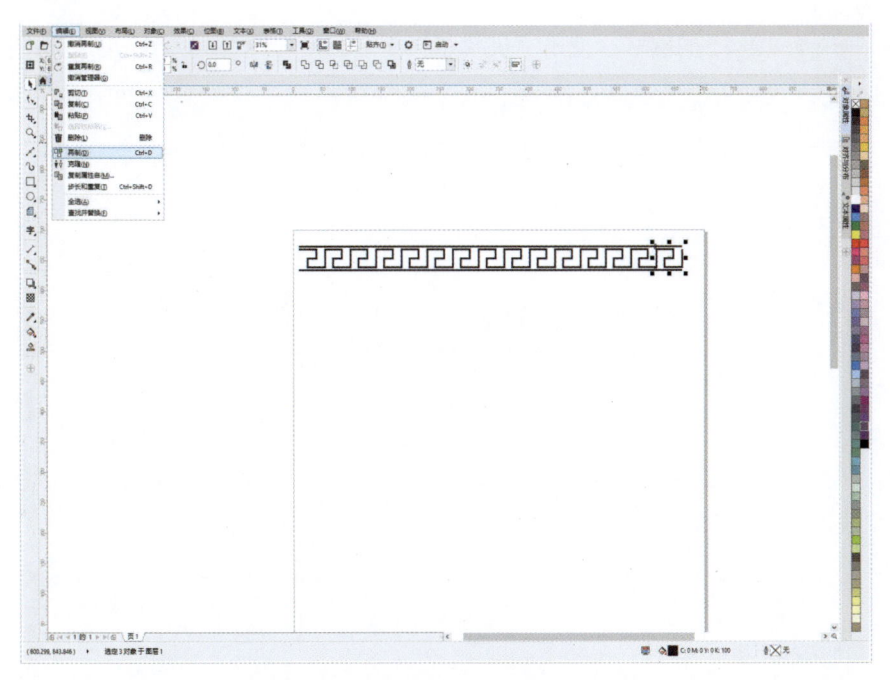

图 7-125　再绘制图形排版效果（续）

将二方图全选并群组，保存为"二方连续图 1.cdr"文件，并导入"礼品盒装平面展开图.cdr"文件，进行复制和排版，排版效果如图 7-126 所示。

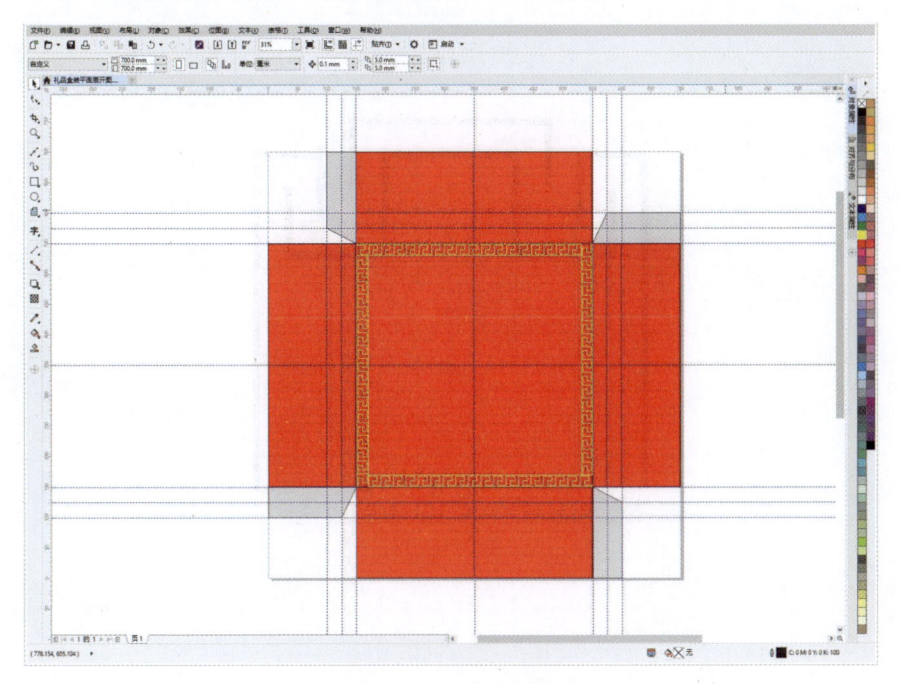

图 7-126　排版效果

素材文件"二方连续图 2.cdr"的制作。运行 CorelDRAW 软件，新建图形，使用"网纸"工具画一个 12×11 的网格,使用"贝塞尔"工具画出如图 7-127 所示的网格图形。

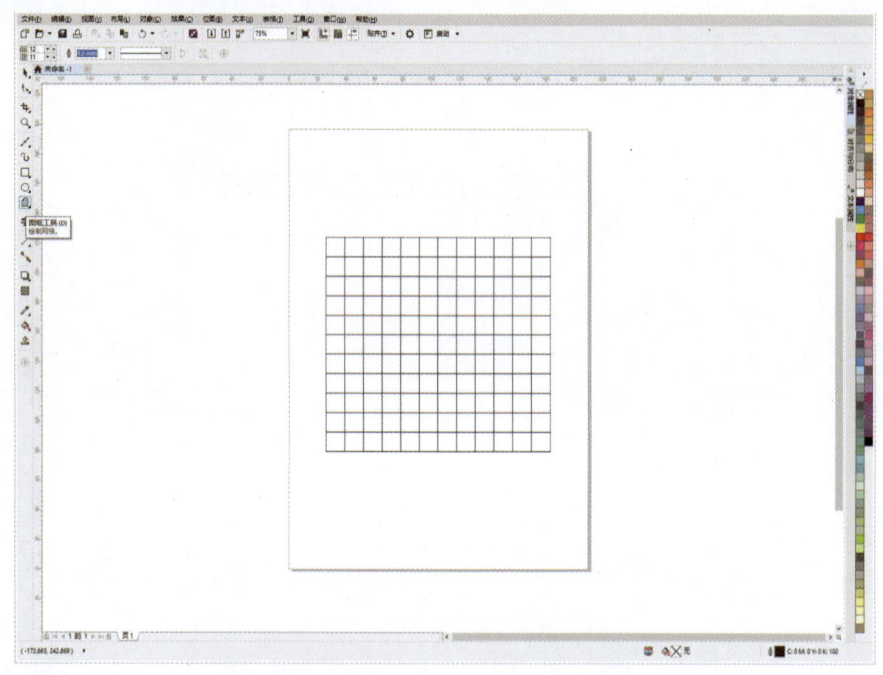

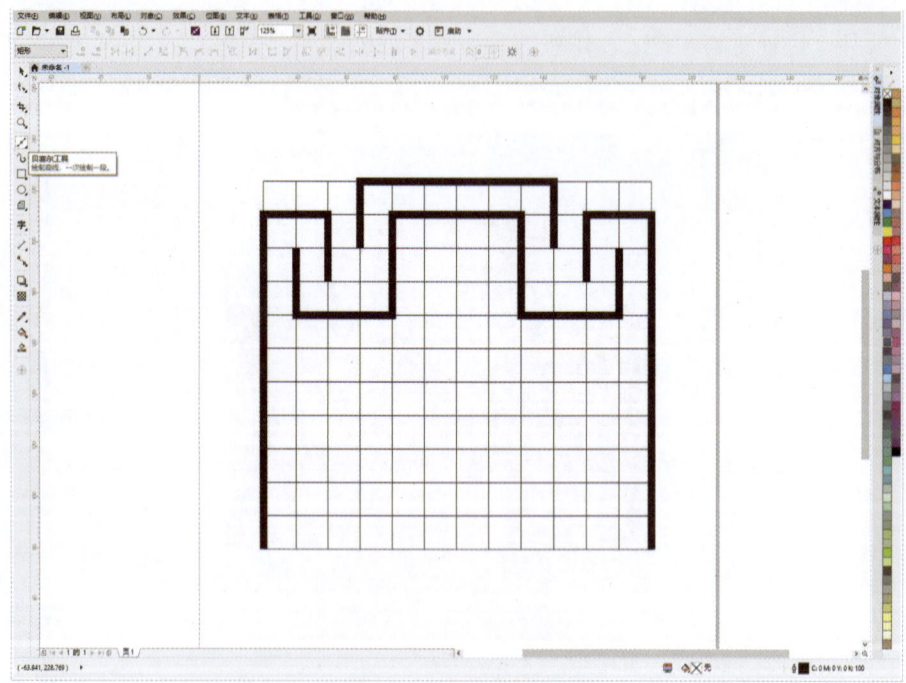

图 7-127　网格图形

删除网格图形,将其余全选并复制 3 次。先选择"对象"→"将轮廓转换为对象"命令,再选择"编辑"→"再制"→"应用到再制"命令,再绘制图形排版效果如图 7-128 所示。

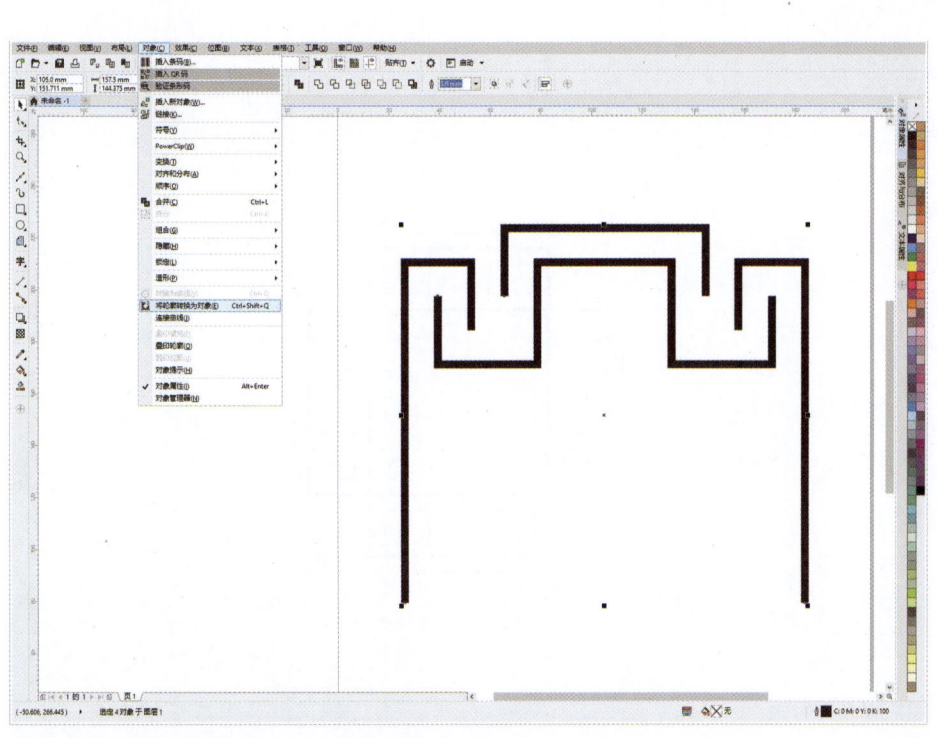

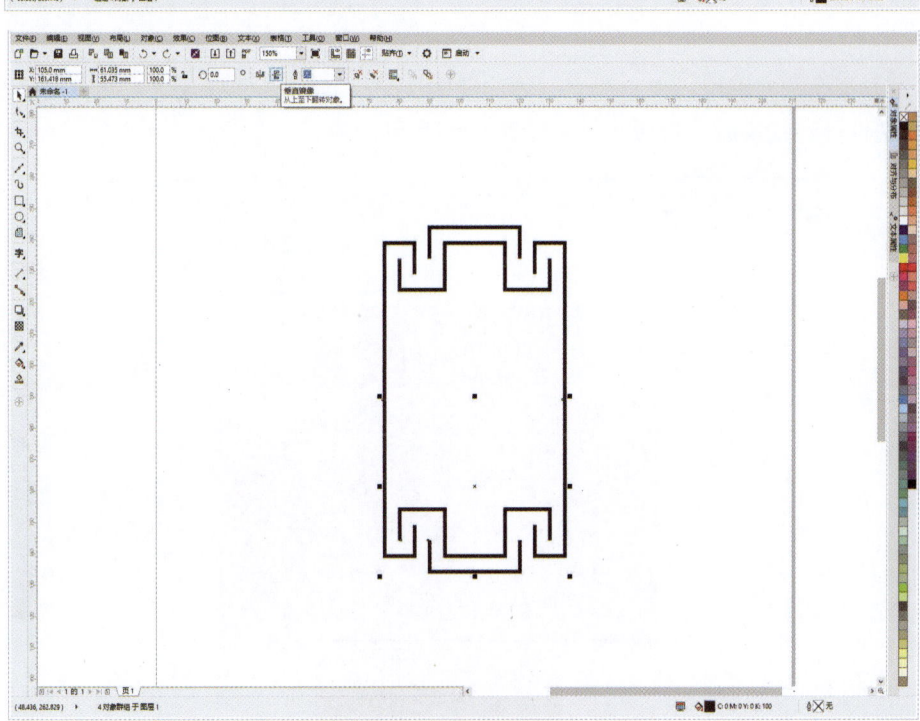

图 7-128 再绘制图形排版效果

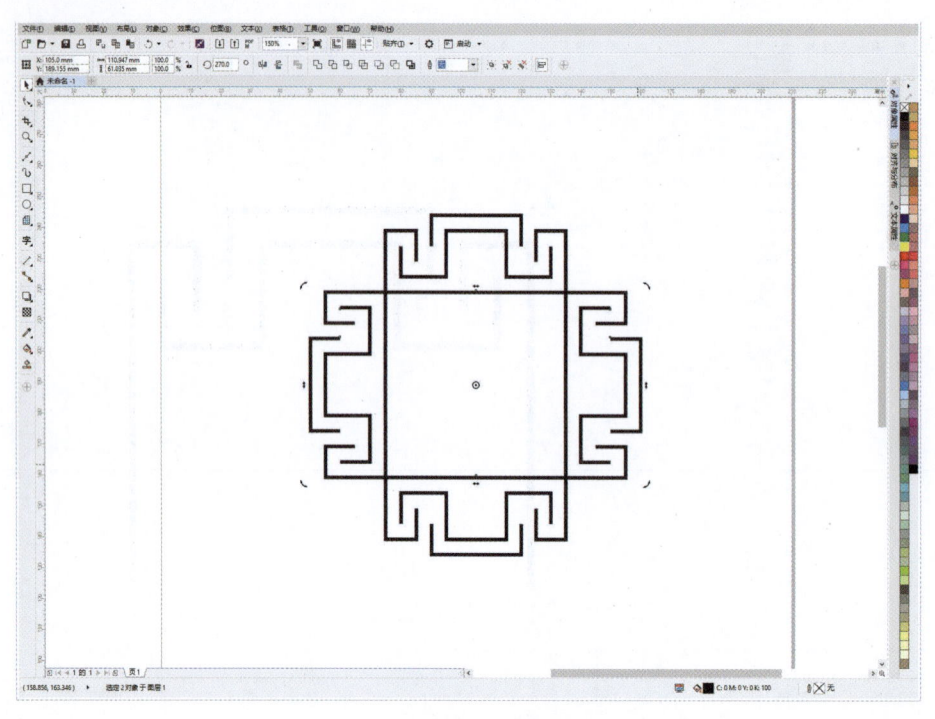

图 7-128　再绘制图形排版效果（续）

将二方图全选并群组，保存为"二方连续图2.cdr"文件，并导入"礼品盒装平面展开图.cdr"文件，进行排版，排版效果如图 7-129 所示。

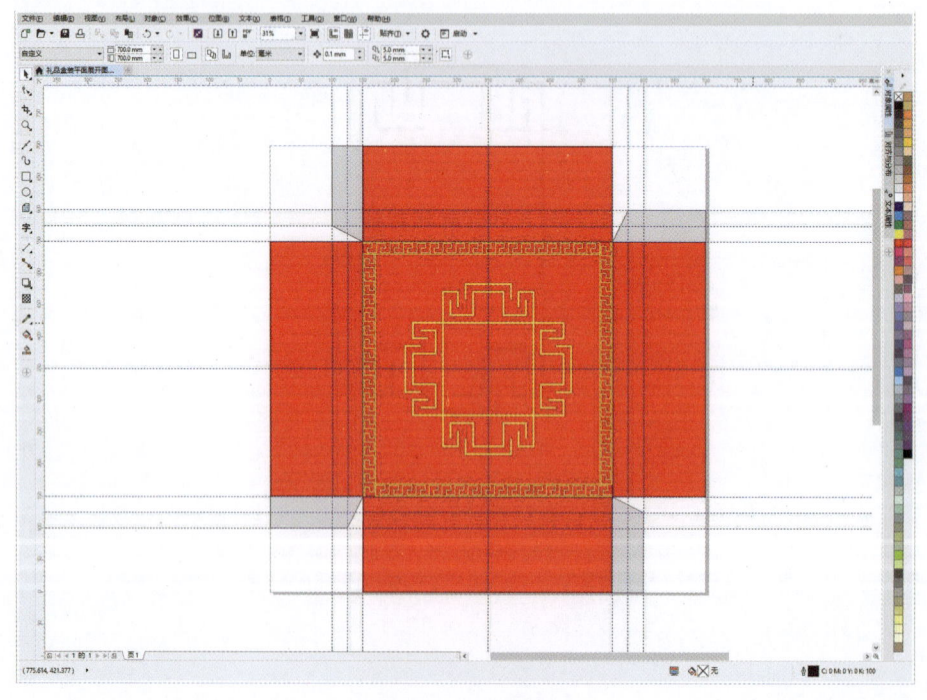

图 7-129　排版效果

选择"矩形"工具，绘制一个宽度为 14.5 厘米、高度为 14.5 厘米的矩形。选择"填充"工具对矩形进行图案填充，如图 7-130 所示。

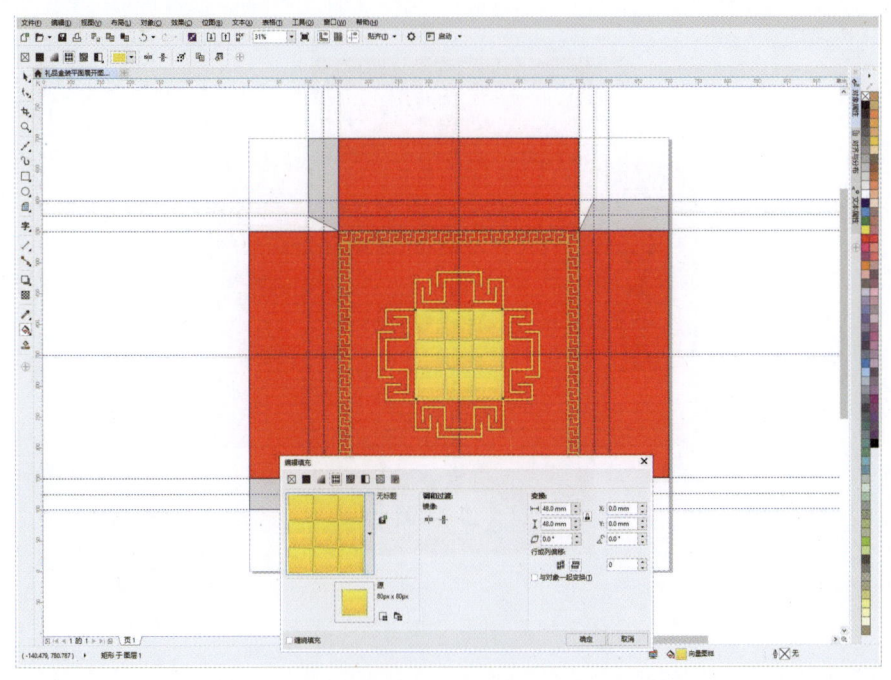

图 7-130　图案填充

将素材"标志""条形码"和"质量认证"放到合适的位置，如图 7-131 所示。

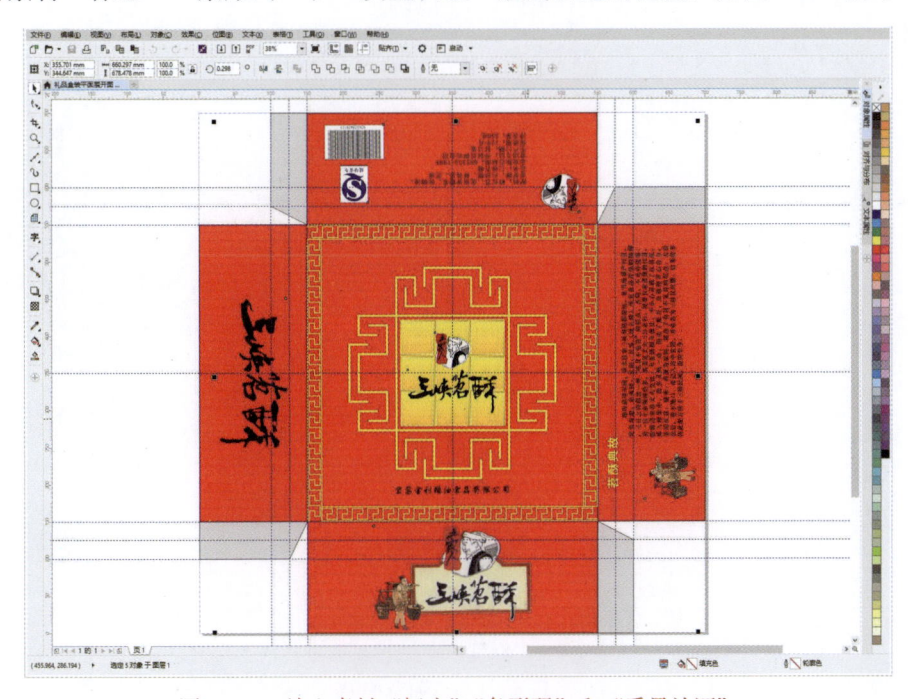

图 7-131　放入素材"标志""条形码"和"质量认证"

完成各种文字的输入和编辑，调整礼品盒装主版面设计后的效果如图 7-132 所示。

图 7-132　礼品盒装主版面设计

（2）手提袋装主版面设计。

打开素材文件"手提袋装平面展开图.cdr"，将"典故 1.jpg"和"典故 2.jpg"文件导入，使其与辅助线对齐，图片对齐效果如图 7-133 所示。

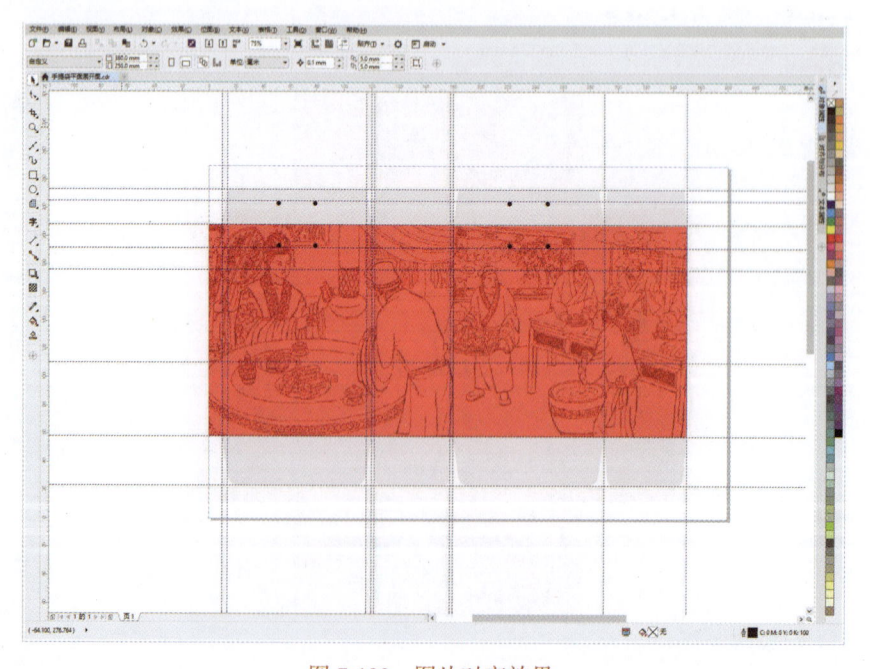

图 7-133　图片对齐效果

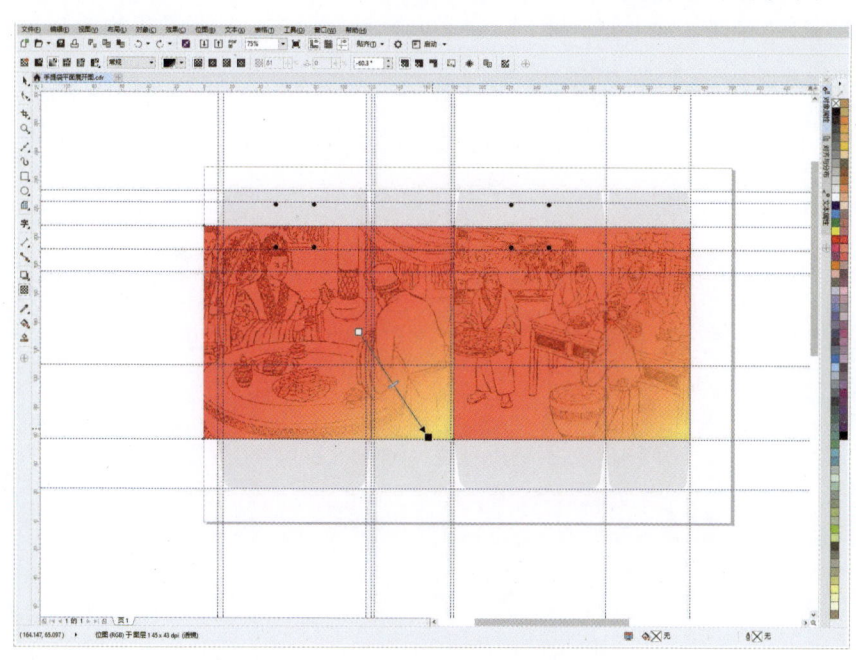

选择"交互式透明"工具，对图片进行微调整。图片微调整后的效果如图 7-134 所示。

图 7-134　图片微调整后的效果

选择"矩形"工具，绘制一个宽度为 5 厘米、高度为 9 厘米的矩形。设置矩形为无填充，将其轮廓填充为
$\begin{smallmatrix}R&159\\G&41\\B&37\end{smallmatrix}$，并设置轮廓宽度为 2.822 毫米。选中矩形，将其转换成曲线，调整其位置，使其与辅助线对齐，如图 7-135 所示。

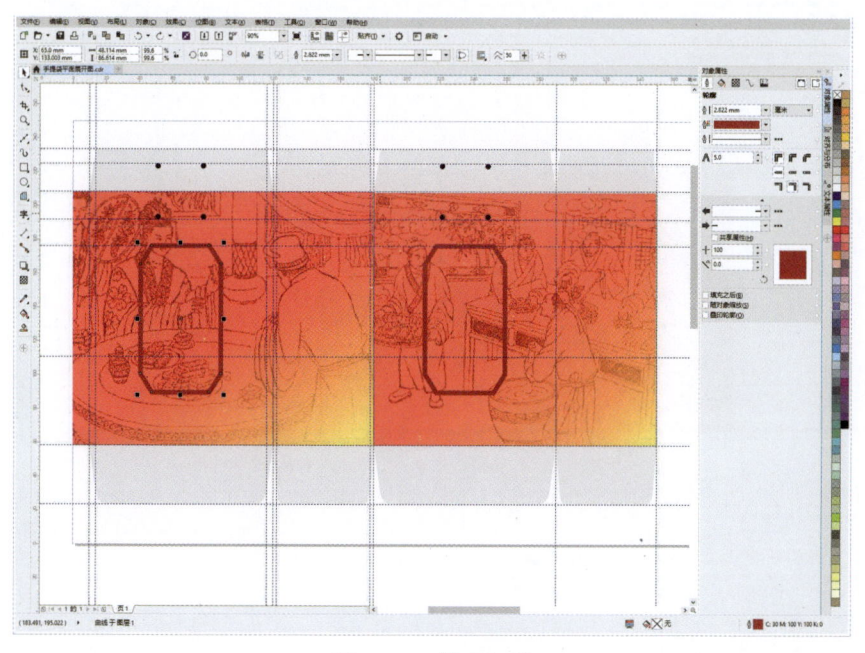

图 7-135　设置矩形

选择"手绘"工具,绘制一条线,设置其填充颜色为黄色并对其轮廓进行填充,设置轮廓宽度为1.411毫米。对其进行微调,使其与辅助线对齐,拎手效果如图7-136所示。

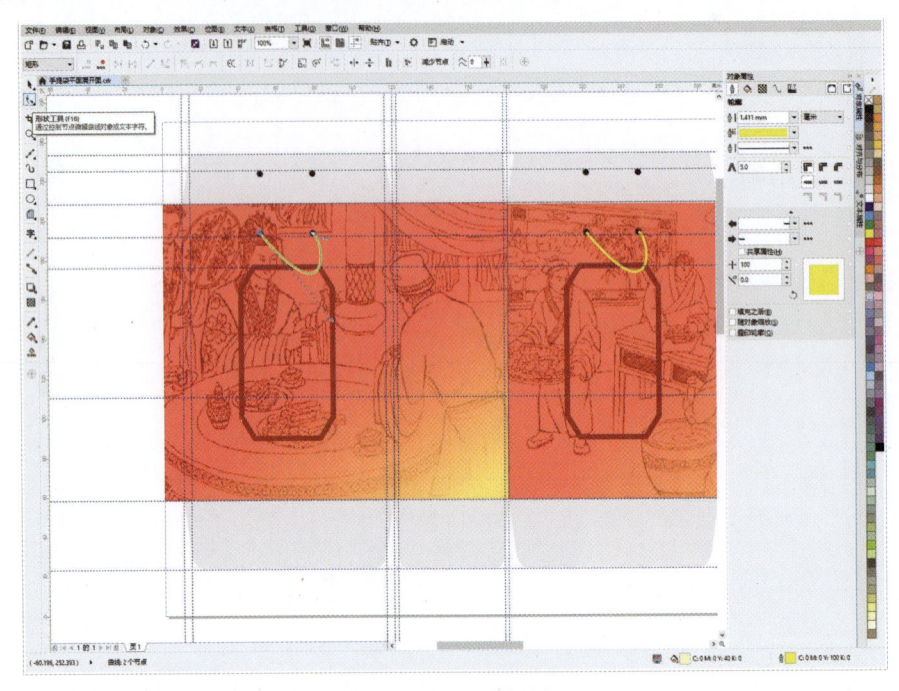

图7-136 拎手效果

导入"素材.jpg"文件,并将其复制,排版位置如图7-137所示。

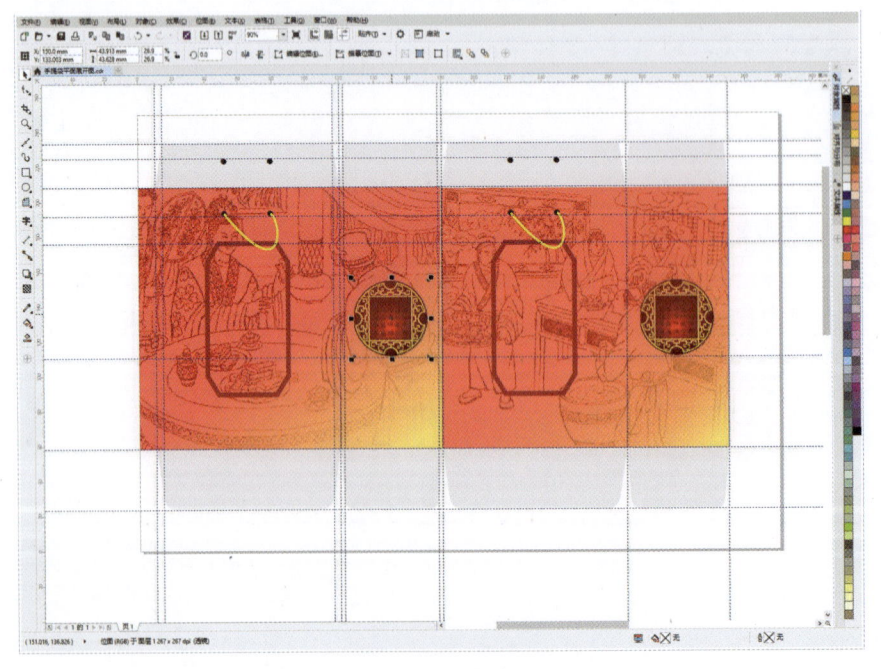

图7-137 排版位置

采用素材文件"二方连续图 1.cdr"和"二方连续图 2.cdr"的制作方法,制作素材文件"二方连续图 3.cdr"。运行 CorelDRAW 软件,新建图形,使用"网纸"工具画一个 11×6 的网格,使用"贝塞尔"工具画出图 7-138 所示的图形。

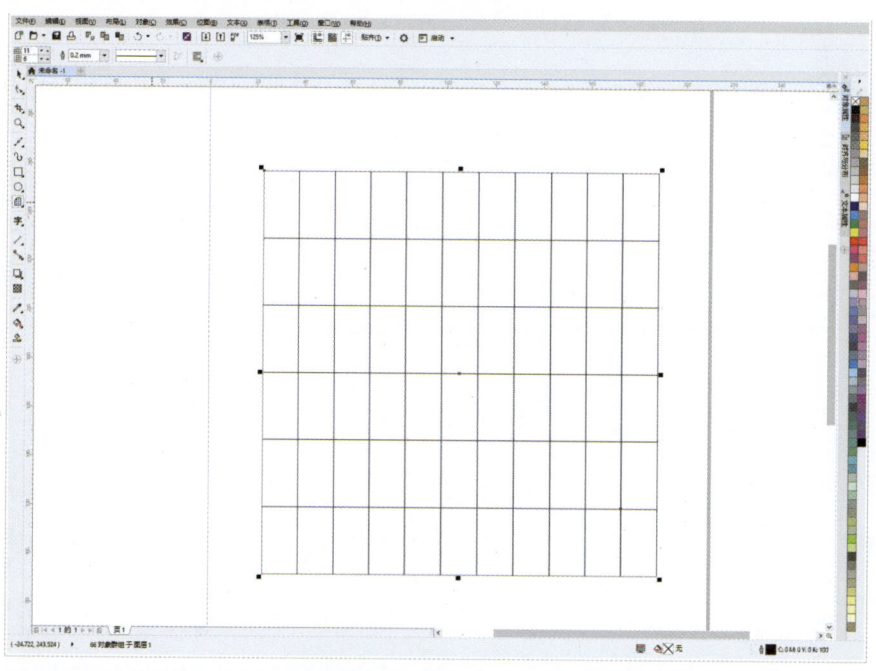

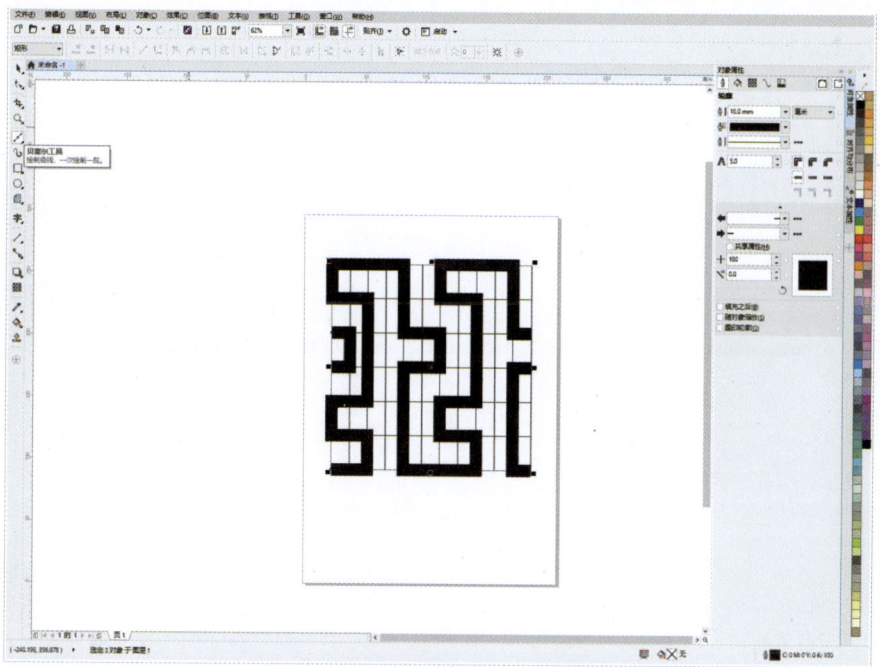

图 7-138  制作素材文件"二方连续图 3"

删除网格图形,将其余全选并再绘制,再绘制距离为单一对象宽度,再绘制数量根据自己的需要来定。选择"泊坞窗"→"变换"→"位置"→"应用到再制"命令,排版效果如图7-139所示。

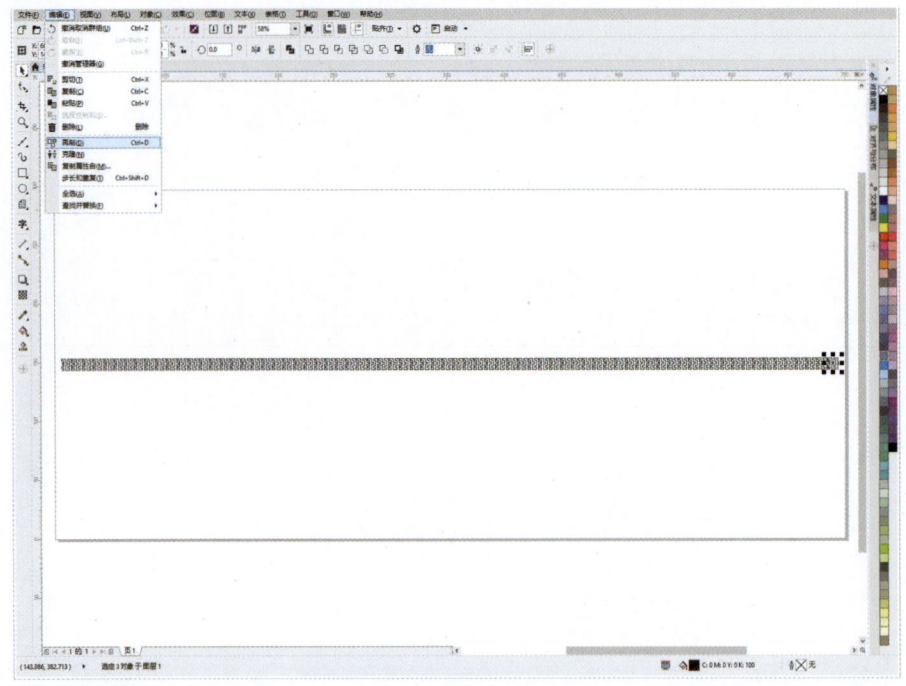

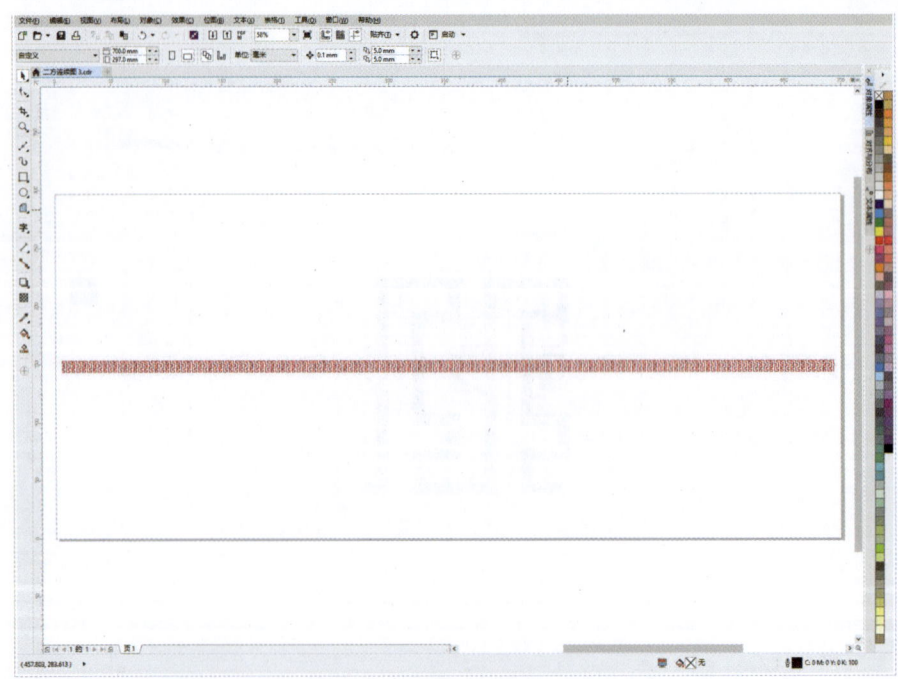

图7-139　排版效果

将二方图全选并群组,保存为"二方连续图3.cdr"文件,并导入"手提袋平面展开图.cdr"

文件，进行复制和排版，排版效果如图 7-140 所示。

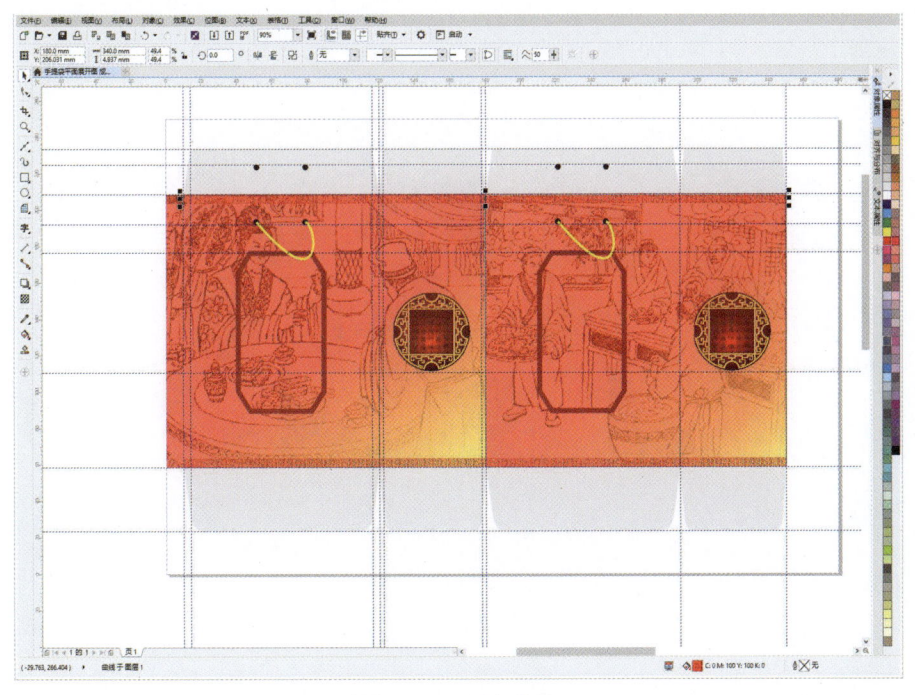

图 7-140　排版效果

导入"花边 1.psd"文件，并将其复制 3 次，使其与辅助线对齐，如图 7-141 所示。

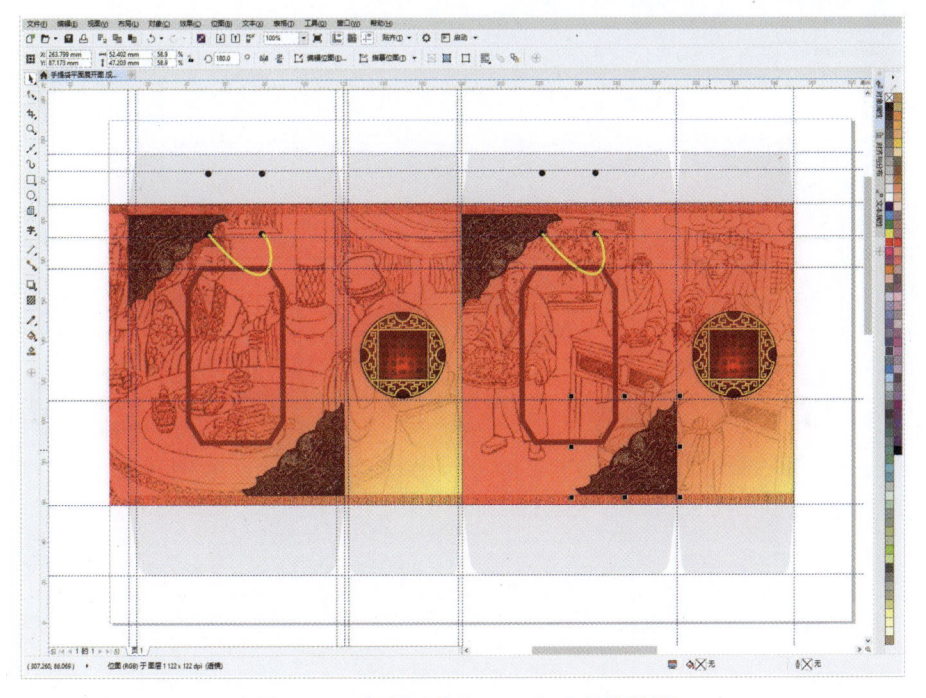

图 7-141　复制"花边 1.psd"文件的效果

导入"花边2.cdr"文件,并将其复制4次,使其与辅助线对齐,如图7-142所示。

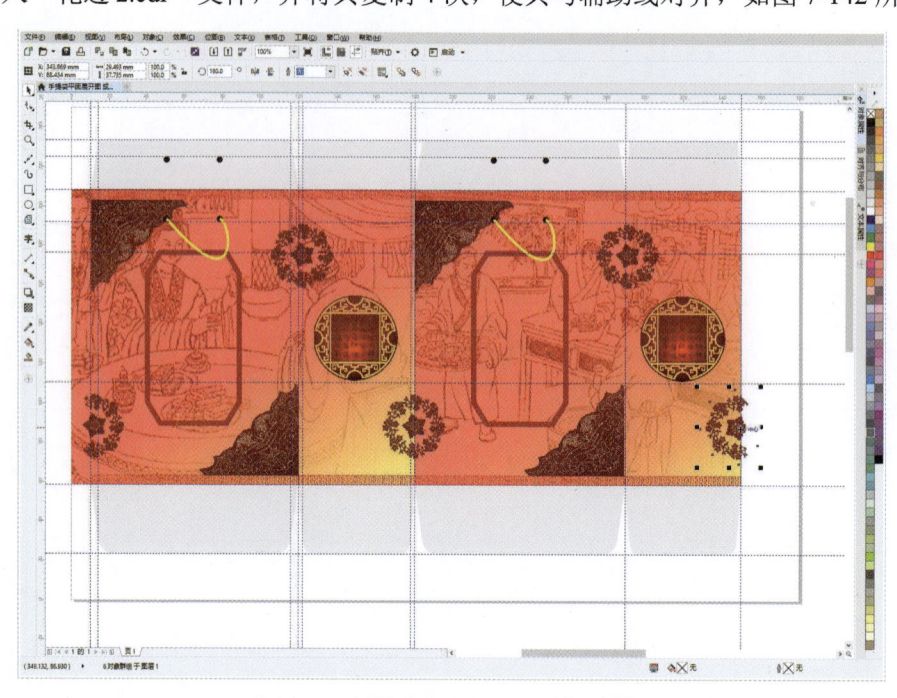

图7-142 复制"花边2.cdr"文件的效果

选择"裁剪"工具,进行裁剪,裁剪效果如图7-143所示。

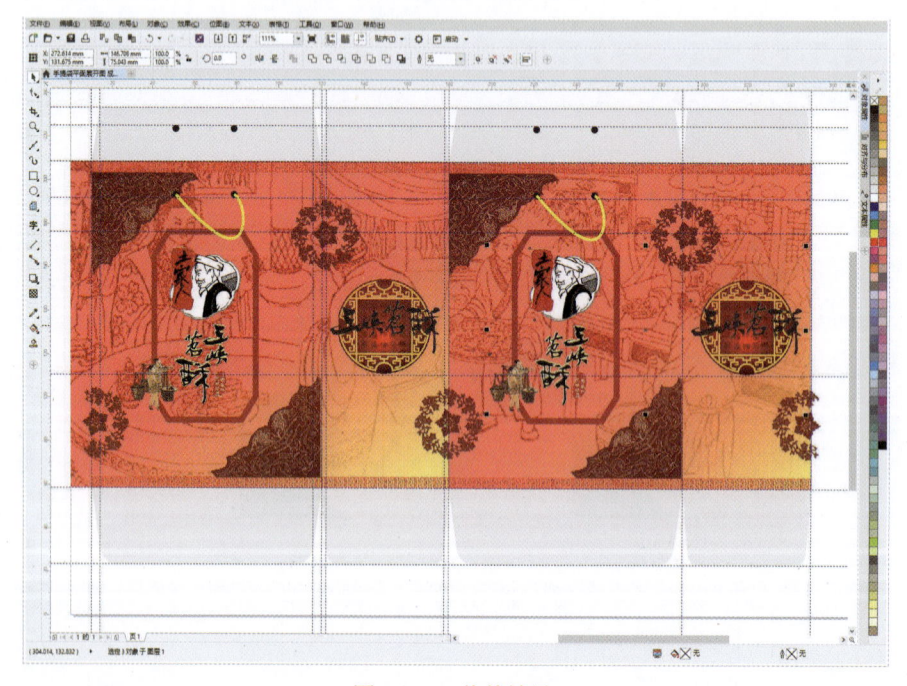

图7-143 裁剪效果

将素材"标志"放入图形中合适的位置,输入公司名称即可,如图7-144所示。

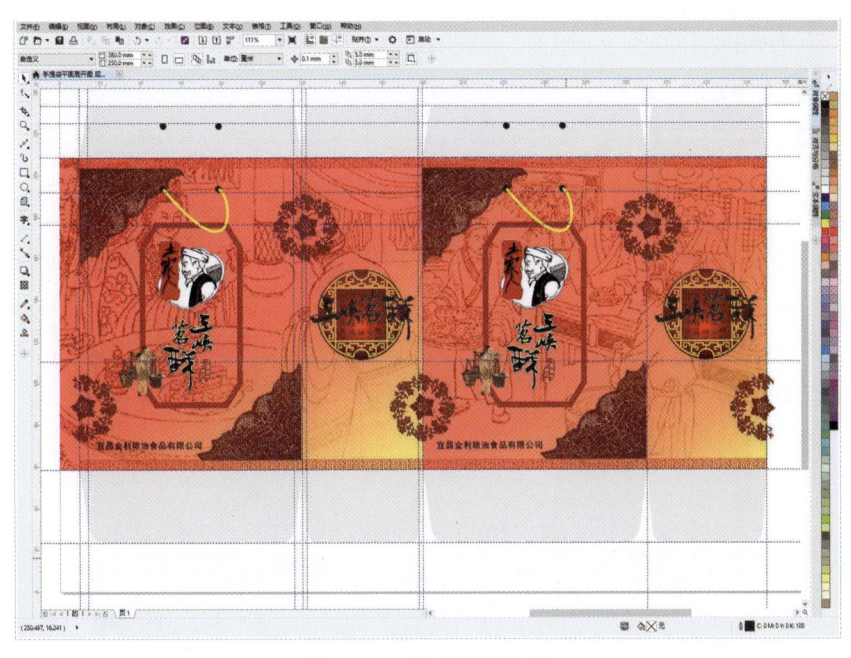

图 7-144　输入公司名称

（3）简易袋装主版面设计。

打开本节素材文件"袋装平面展开图.cdr"，选择"挑选"工具，并全选。使用填充工具中的"渐变填充方式"工具进行填充。在打开的"编辑填充"对话框中，选择"类型"为"线性"，"颜色调和"中的"自定义"选择"蓝、黄、蓝"，并调整"角度"，单击"确定"按钮。填充效果如图 7-145 所示。

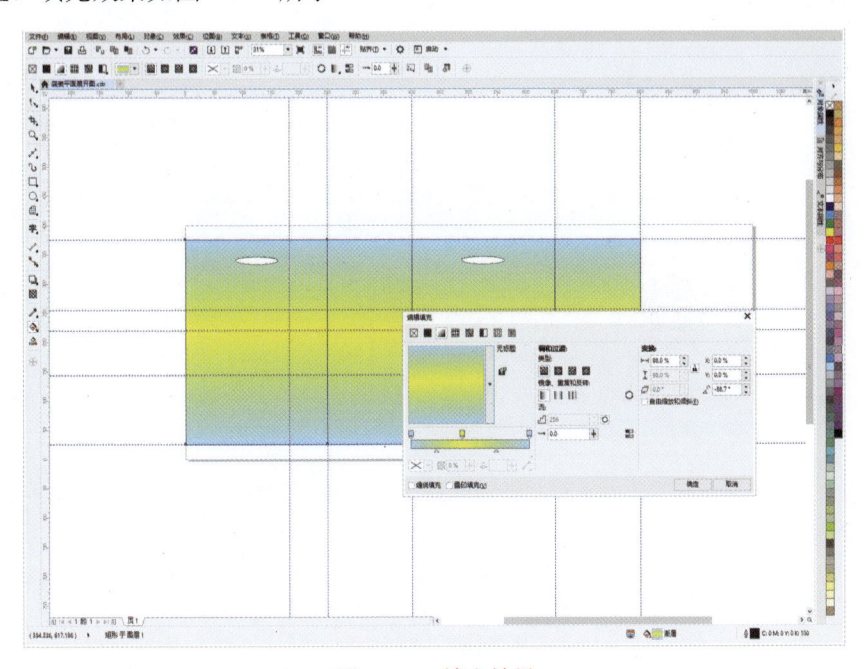

图 7-145　填充效果

将"二方连续图 1.cdr"文件导入"袋装版面设计.cdr"文件，进行复制和排版，排版效果如图 7-146 所示。

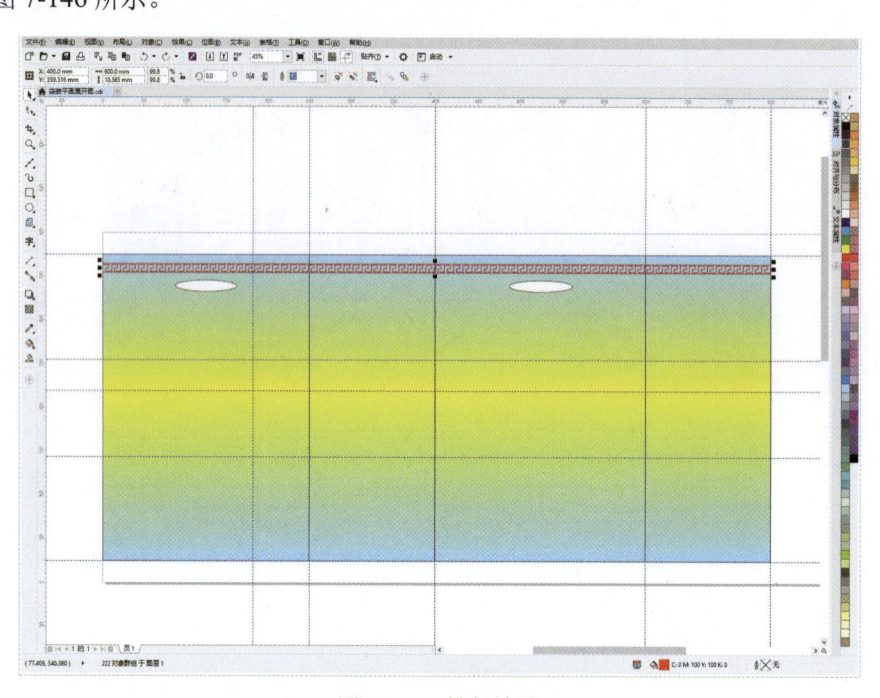

图 7-146　排版效果

导入"素材.jpg"文件，并将其复制，排版位置如图 7-147 所示。

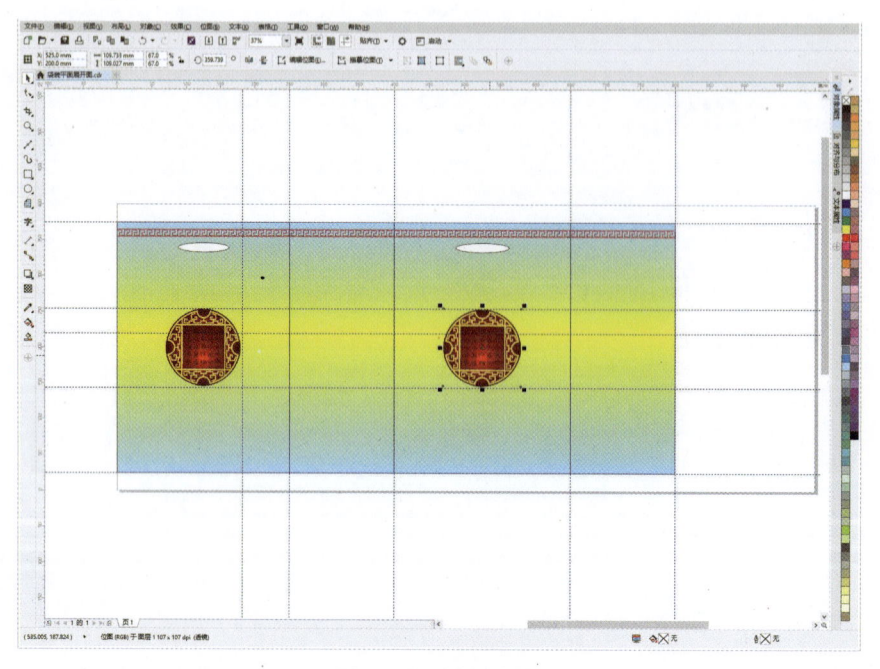

图 7-147　排版位置

将素材"标志""条形码"和"质量认证"分别放到合适的位置，如图7-148所示。

图7-148　放入素材"标志""条形码"和"质量认证"

完成各种文字的输入和编辑，调整简易袋装主版面设计后的效果如图7-149所示。

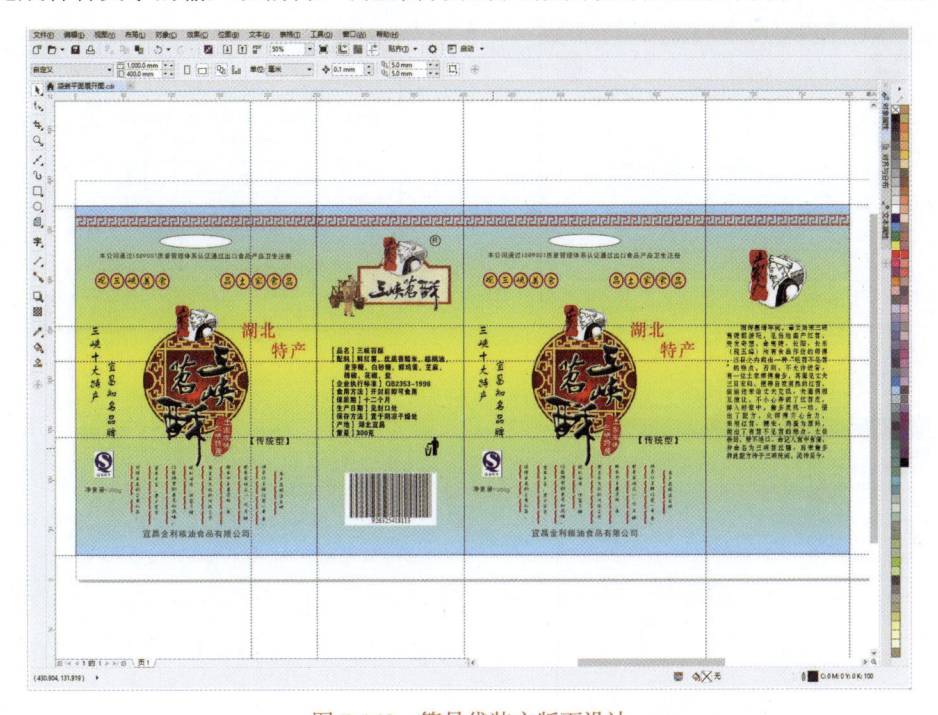

图7-149　简易袋装主版面设计

## 3. 制作立体效果图

（1）礼品盒装立体效果图。

打开 Cover Commander 软件，双击"创建新方案"按钮，如图 7-150 所示。

在打开的"新方案向导—样式类型"对话框中，选择样式类型为"包装盒"，如图 7-151 所示。

图 7-150　新建方案

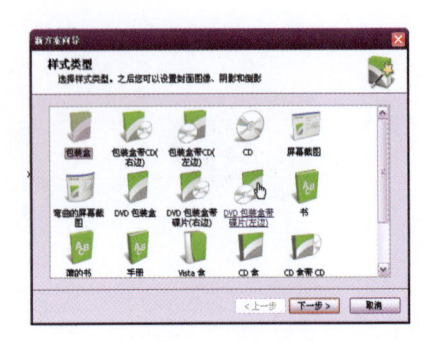

图 7-151　选择样式类型

单击"下一步"按钮，在打开的"新方案向导—模板"对话框中，选择样式模板为"2"，如图 7-152 所示。

单击"下一步"按钮，在打开的"新方案向导—封面图像"对话框中，选择封面图像，如图 7-153 所示。

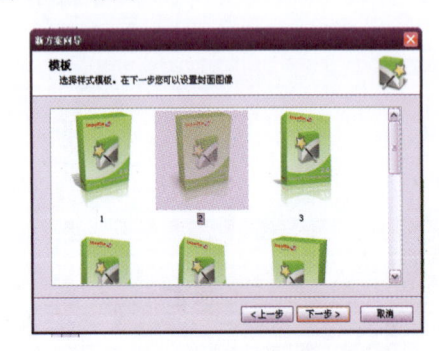

图 7-152　选择样式模板

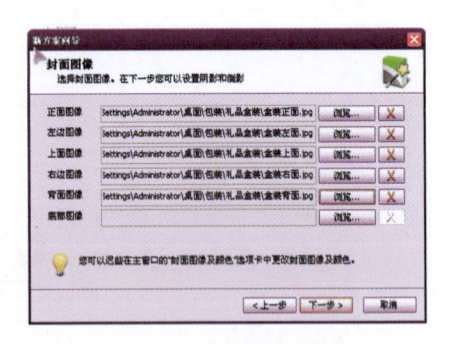

图 7-153　选择封面图像

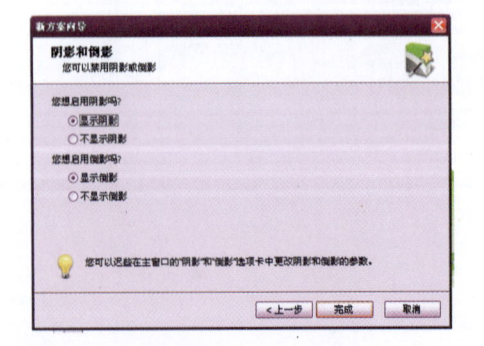

　　　　　　　　　　　　　　　　　　单击"下一步"按钮，在打开的"新方案向导—阴影和倒影"对话框中，分别选中"显示阴影"和"显示倒影"单选按钮，并单击"完成"按钮，如图 7-154 所示。

在打开的窗口左侧的"方案"面板中单击"适应大小到封面图像"按钮，如图 7-155 所示。

图 7-154　选择阴影和倒影

第 7 章 产品包装设计的案例制作

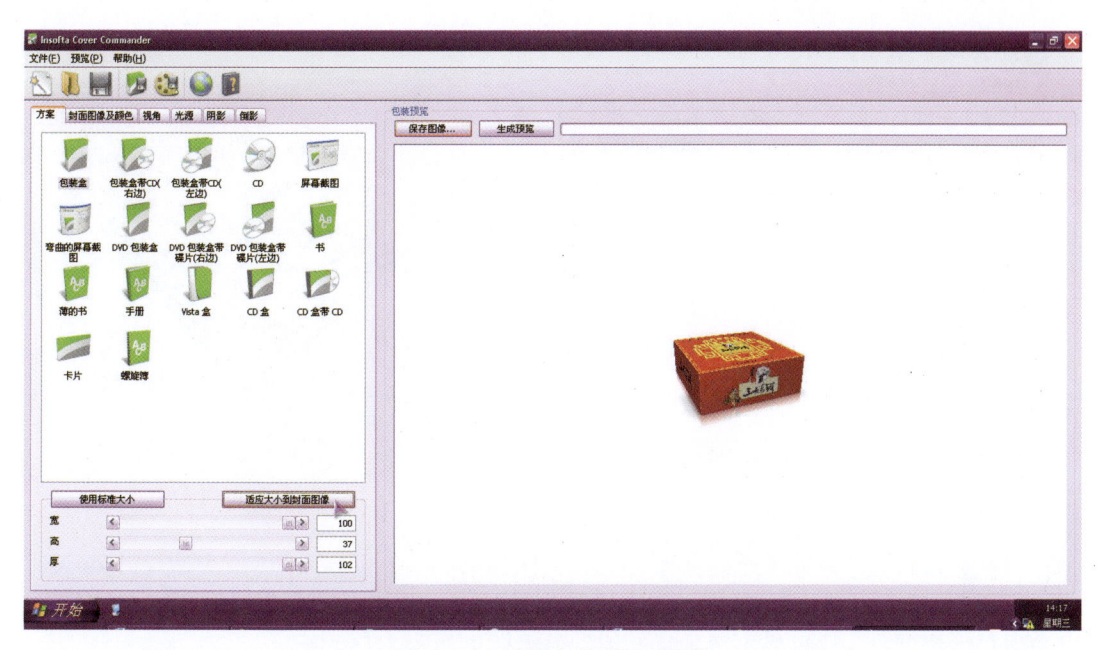

图 7-155 适应大小到封面图像

分别设置封面图像及颜色、视角、光源、阴影、倒影，最终效果如图 7-156 所示。

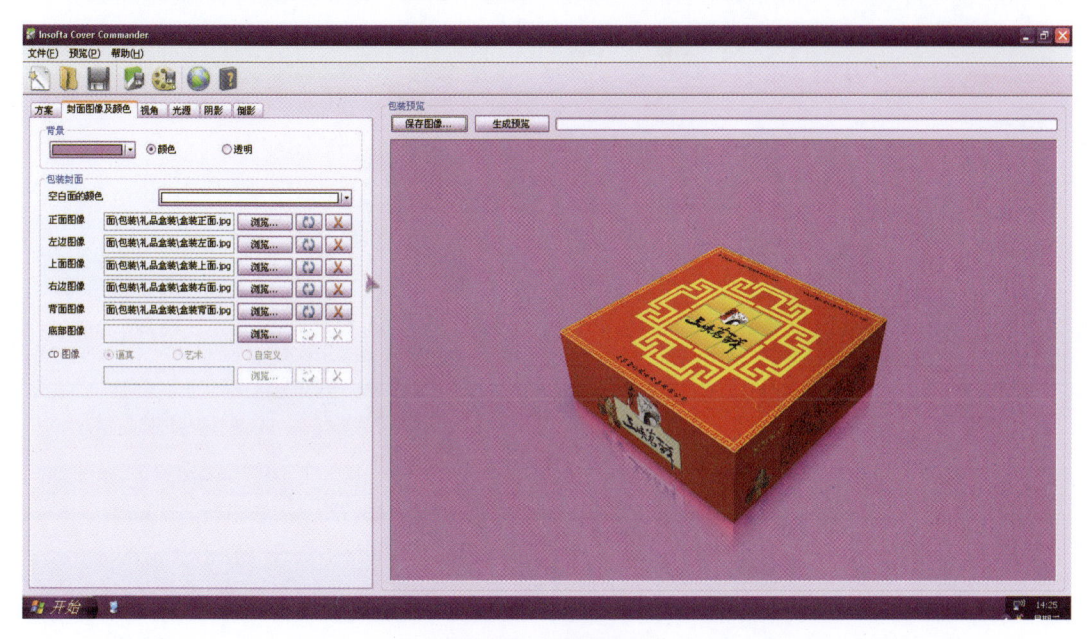

图 7-156 最终效果

生成预览，保存图像。在"图像边缘空白"选项组中设置"左""右"均为 30，"上""下"均为 50。将图像保存为 JPEG 格式，如图 7-157 所示。

礼品盒装立体效果如图 7-158 所示。

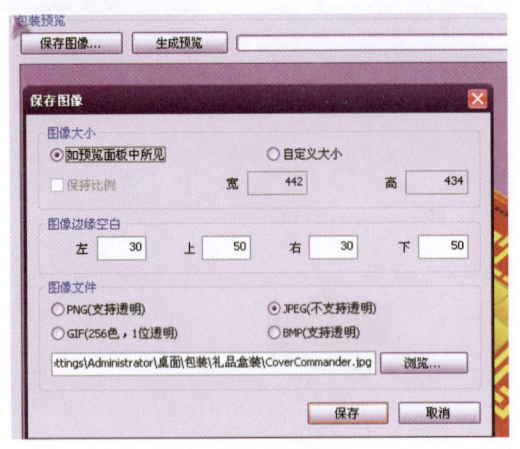

图 7-157　保存图像　　　　　　　　图 7-158　礼品盒装立体效果图

（2）手提袋装立体效果图。

打开 Cover Commander 软件，双击"创建新方案"按钮，可以使用同样的方法制作手提袋装立体效果图，这里将不再重复介绍。最终效果如图 7-159 所示。

图 7-159　最终效果

在"图像边缘空白"选项组中设置"左""右"均为 30，"上""下"均为 50。将图形保存为 JPEG 格式。手提袋立体效果如图 7-160 所示。

（3）简易袋装立体效果图。

运行 CorelDRAW 软件，打开"袋装版面设计.cdr"文件。

选择"挑选"工具，对 4 个矩形分别进行群组，如图 7-161 所示。

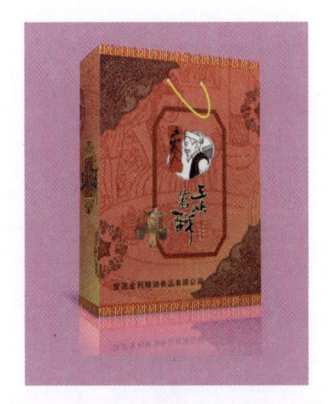

图 7-160　手提袋装立体效果图

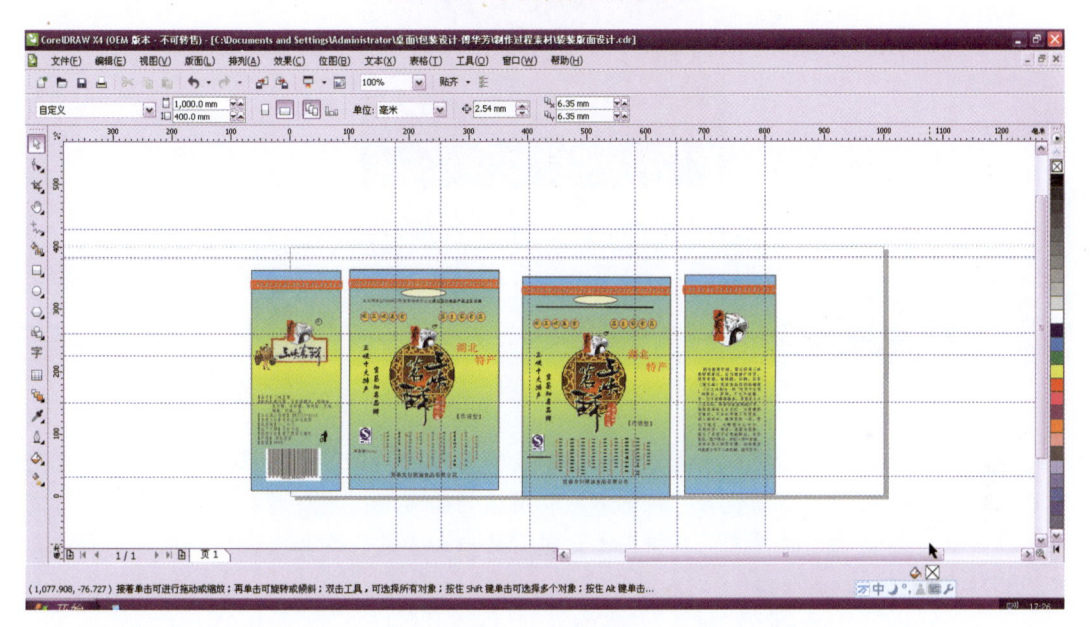

图 7-161　群组矩形

将矩形转换为曲线，并调整曲线的位置，简易袋装立体效果如图 7-162 所示。

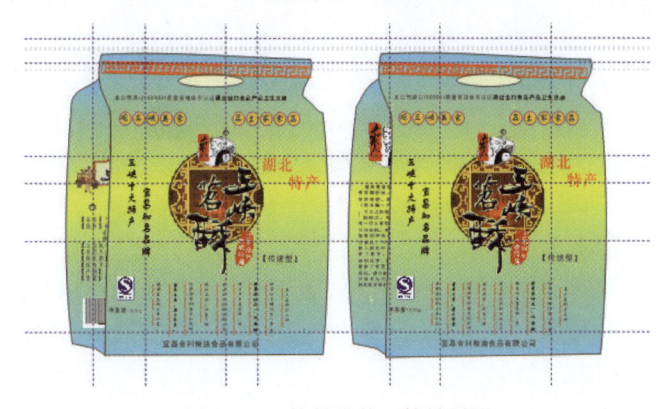

图 7-162　简易袋装立体效果图

系列化包装立体效果如图 7-163 所示。

图 7-163　系列化包装立体效果图

## 思政园地

包装设计的实践，需要基于实际项目中的互动与交流，将理论知识融入生活，以提高观察生活、体验生活的感知能力。设计者应拓展设计的视野，重视对本土文化的挖掘与应用，通过呈现创新意识的作品，将中国文化进行传播和发展，在真实的设计项目实践中真正做到持身中正、与时俱进。

## 实训

1. 采用系列化包装设计或礼品包装的形式去开发设计一款家乡土特产品或名优产品包装。包装设计的课程设计题目定为：×××系列化（或礼品）包装设计。
2. 设计的内容包括以下几个部分。
（1）各个包装设计平面展开图一套。
（2）包装设计效果图一套（独立包装效果各一幅、整体效果一幅）。
**注意**：以上平面展开图及效果图均分别存为 CDR 格式、JPG 格式的电子版。
（3）包装设计说明书一份。

3．设计要求包括以下几点。

（1）设计的土特产包装要体现独特的地方特色。

（2）包装设计一套（不少于3件），表现手法统一，规格、颜色可变化，长、方、扁、圆等不同形式任意选择。容器、盒子造型结构合理，符合功能要求。每一套设计内容包含容器（瓶式、袋式）、包装盒、手提袋。

（3）包装设计定位适当，合乎消费者的需求。具有良好的识别性，有关说明资料齐全。

（4）平面构图安排合理，达到美感。包装色彩、图形、字体设计水准高，整体具有鲜明的审美特色。

（5）要强调产品的保护功能，考虑土特产的便携性与保存功能，要注意土特产包装的容量大小。

（6）设计说明书标题统一为：×××包装设计说明。

条理清晰，内容包含产品包装定位分析、包装设计构思、创意说明、规格尺寸等。

# 参考文献

[1] 崔嘉惠. 浅谈包装设计中的设计策划[J]. 大众文艺, 2013（17）: 77-78.

[2] 赵侠, 徐俊. 产品包装的功能化设计[J]. 包装工程, 2012, 30（20）: 125-128.

[3] 徐子云. 现代包装装潢设计的探讨[J]. 中国新技术新产品, 2011（13）: 254.

[4] 阎琰. 浅析包装容器设计中的造型设计[J]. 艺术品鉴, 2015（12）: 19.

[5] 李欣. 论包装设计的色彩要素[J]. 大舞台, 2011（7）: 169-170.

[6] 陈茂流. 包装设计的构思[J]. 湖州职业技术学院学报, 2004（4）: 69-71.

[7] 吴爱峰. 汉字在标志设计中的运用[J]. 大众文艺, 2013（21）: 128-129.

[8] 保罗·B·卡罗尔, 梅振家. 设计创新策略四大原则[J]. 科技创业, 2011（4）: 24-25.

[9] 阚广滨. 包装设计的功能及设计原则[J]. 艺术教育, 2013（9）: 179.

[10] 阳培翔, 谢亚, 牟信妮. 节约型社会纸包装结构设计应用[J]. 包装工程, 2013, 34（7）: 126-129.

[11] 霍甜. 纸包装结构设计研究[J]. 黑龙江科技信息, 2012（25）: 93+214.

[12] 李文雅. 浅谈包装容器造型的设计创新[J]. 赤峰学院学报（自然科学版）, 2012, 28（6）: 103-104.

[13] 叶晶晶. 论现代系列化包装[J]. 上海包装, 2012（6）: 41-42.

[14] 张战天. 产品包装色彩设计的运用[J]. 艺海, 2014（7）: 138-139.

[15] 苏淑娟. 包装视觉形象的图形设计[J]. 大舞台, 2012（7）: 126-127.

[16] 孟刚. 包装的平面设计研究[J]. 美术教育研究, 2012（24）: 90.

[17] 蒋璐璐. 杂志广告的编排与设计探微[J]. 美术教育研究, 2013（12）: 47.